大数据应用人才能力培养
新形态系列

Python

数据挖掘
实战
微课版

王磊 邱江涛◎主编

陈智 高强 丁丹◎副主编

U0265218

人民邮电出版社
北　京

图书在版编目（CIP）数据

Python数据挖掘实战 : 微课版 / 王磊，邱江涛主编
. -- 北京 : 人民邮电出版社，2023.8
（大数据应用人才能力培养新形态系列）
ISBN 978-7-115-62039-2

Ⅰ. ①P… Ⅱ. ①王… ②邱… Ⅲ. ①软件工具-程序
设计-教材 Ⅳ. ①TP311.561

中国国家版本馆CIP数据核字(2023)第114920号

内 容 提 要

数据挖掘旨在发现蕴含在数据中的有价值的数据模式、知识或规律，是目前非常热门的研究领域。理解数据挖掘模型的原理、方法并熟练掌握其实现技术是数据挖掘从业者必备的能力。

本书从理论模型和技术实战两个角度，全面讲述数据挖掘的基本流程、模型方法、实现技术及案例应用，帮助读者系统地掌握数据挖掘的核心技术，培养读者从事数据挖掘工作的基本能力。全书共12章，主要内容包括数据探索、数据预处理、特征选择、基础分类模型及回归模型、集成技术、聚类分析、关联规则分析、时间序列挖掘、异常检测、智能推荐等。除第1章、第2章外，本书以一章对应一个主题的形式完整描述相应主题的数据挖掘模型，简洁、清晰地介绍其基本原理和算法步骤，并结合 Python 语言介绍数据挖掘模型的实现技术，同时结合案例分析数据挖掘模型在数据挖掘中的应用。此外，书中还通过大量的图、表、代码、示例帮助读者快速掌握相关内容。

本书适合作为相关专业本科生和研究生的数据挖掘课程的教材，也可以作为数据挖掘技术爱好者或从业者的入门参考书。

◆ 主　编　王　磊　邱江涛
　　副主编　陈　智　高　强　丁　丹

　　责任编辑　许金霞

　　责任印制　王　郁　陈　犇

◆ 人民邮电出版社出版发行　　北京市丰台区成寿寺路 11 号
　　邮编　100164　电子邮件　315@ptpress.com.cn
　　网址　https://www.ptpress.com.cn
　　三河市兴达印务有限公司印刷

◆ 开本：787×1092　1/16
　　印张：17.5　　　　　　　　2023 年 8 月第 1 版
　　字数：427 千字　　　　　　2024 年 12 月河北第 4 次印刷

定价：69.80 元

读者服务热线：(010)81055256　印装质量热线：(010)81055316
反盗版热线：(010)81055315
广告经营许可证：京东市监广登字 20170147 号

随着大数据、物联网、云计算、人工智能等技术的日新月异，人们从商业、科学研究等领域获得的数据量极速增长，但是这也带来了数据的价值密度越来越低的问题。人们经常面临着"数据丰富、知识贫乏"的尴尬境地。为了让数据充分发挥为人类社会服务的价值，我们迫切需要一类从"数据汪洋"中发现并提取有价值的信息或知识的技术，这促使数据挖掘技术的诞生和快速发展。数据挖掘融合了统计学、机器学习、数据库、信号处理等多个学科的知识，是目前数据科学领域非常热门且具挑战性的技术。

数据挖掘是对理论知识和实践操作要求都非常高的技术。对广大数据挖掘领域的工作人员和研究人员来说，需要面对的数据类型多种多样、千差万别。因此，他们应该掌握扎实的数据探索和可视化技术，以便了解数据的特点和分布规律；应该擅长对各种数据进行预处理，以提高数据的质量和可用性；应该熟悉大量的数据挖掘模型的原理、特点和适用范围，以便针对数据的特点选择或设计比较恰当的模型来提取蕴藏在数据中的知识，熟练地掌握模型的实现技术并最终完成数据挖掘任务。

党的二十大报告指出，教育领域要"加强基础学科、新兴学科、交叉学科建设"。数据挖掘近十年的发展已经展现出了非常强的交叉学科的特色，并在很多领域得到广泛应用。例如，在经济学、管理学、社会学领域都有大量的学者通过数据挖掘的理论和技术解决其在研究领域的相关问题。为了满足相关从业人员或研究人员系统性学习数据挖掘技术的需要，本书以Python语言为基本实现工具，以贴近实战的角度讲述数据挖掘的主要模型的原理和方法、模型的实现技术及其在多个典型案例中的应用。本书具有如下4个明显特点。

（1）理论与实战有机结合。在介绍数据挖掘技术时，本书做到了理论原理和模型实战并重。一方面，我们避免过度陷入对数据挖掘模型的数学理论推导，把重心放在简明扼要地讲解模型的基本原理和算法步骤上，帮助读者对模型特点建立清晰的认识；另一方面，我们结合具体案例展示模型的实现技术和主要结果，帮助读者对模型的性能有直观的认识。两方面的讲述互为一体，相辅相成。

（2）以Python作为模型实现工具。Python是数据科学领域的主流计算机语言，具有简单易学、易于理解、数学计算功能强大、开源等特点，通过Scikit-learn、Pandas、NumPy等可扩展模块的支持，可以比较轻松地给出数据挖掘模型的实现，并完成可视化、模型评价等工作。本书在介绍数据挖掘模型的实现时，采用了多个可扩展模块，并详细地给出了它们的安装、配置和使用方法，便于读者快速掌握。

（3）重视数据探索和数据预处理方面的知识讲解。在实际的数据挖掘工作中，探索数据和对数据进行预处理是不可或缺的工作，通常占据了全部工作量的大半部分，然而，目前许多教材都忽略了这些方面的描述。本书用 3 章较为完整、系统地介绍了数据探索、数据预处理和特征选择方面的常用技术，并通过多个案例帮助读者深刻理解它们的作用。

（4）图、表、代码等内容丰富。为了更简洁、直观地帮助读者理解数据挖掘模型的原理、实现过程和结果，本书通过大量的图、表、代码等方式描述数据挖掘模型的相关结构、处理流程、函数、实现代码、可视化结果等内容。

本书共 12 章，主要分为三大部分，主要内容如下。

第一部分（包括第 1 章、第 2 章）介绍数据挖掘的基础知识，主要包括数据挖掘的主要概念、一般流程、工具和环境、常用的数据挖掘模块等内容。

第二部分（包括第 3～5 章）介绍与提高数据质量有关的前期工作，主要包括统计描述、可视化方法等数据探索方法（第 3 章），数据集成、数据清洗、数据变换、数据规约等预处理方法（第 4 章），以及三类特征选择方法（第 5 章）。

第三部分（包括第 6～12 章）介绍七大类数据挖掘模型，包括基础分类模型及回归模型（第 6 章）、集成技术（第 7 章）、聚类分析（第 8 章）、关联规则分析（第 9 章）、时间序列挖掘（第 10 章）、异常检测（第 11 章）和智能推荐（第 12 章）。

本书由王磊、邱江涛、陈智、高强、丁丹编写。另外，晏子锐、张志远、赵文超、苏中惠和刘铭洋参与了本书的审校工作。限于编者水平，书中不妥之处在所难免，恳请广大读者批评和指正。

编者
2023 年 7 月

目录

1

数据挖掘（Data Mining），又称为"知识发现"（Knowledge Discovery），旨在从各种各样的应用数据中发现有价值的数据模式或者知识，是目前非常热门的研究领域。本章将介绍数据挖掘的相关概念、典型应用场景、演化历程、一般流程，以及数据挖掘环境的配置。

1.1 数据挖掘概述

Anaconda 的按照、配置和使用

当今世界正在经历第三次科技革命——信息革命，社会形态也正快速向信息化社会迈进。特别是近 20 年来，随着计算机的处理能力、存储性能的不断提高，互联网技术、云计算、大数据、数据库等技术的飞速发展，越来越多的信息系统或自动化系统被应用在生产、政治、经济、科学研究等领域，并存储了海量的数据，这些数据呈现爆炸式指数级增长的趋势。例如，根据全球互联网数据中心（Internet Data Center, IDC）的估计，2020 年，全球互联网共计产生了 64ZB[1]的数据，约比 2018 年增长了 1 倍。如果把 64ZB 的数据全部存在 DVD 中，那么 DVD 叠加起来的高度将是月球和地球距离的 8.4 倍（月球和地球的最近距离约为 39.3 万千米），或者绕地球 81 圈（一圈约为 4 万千米）。据有关机构统计，2020 年全球用户平均每天发送超 3000 亿封电子邮件，在搜索网站上进行 350 亿次搜索，在 Facebook 上发送 3.5 亿张照片，而且，这些数字还在以惊人的速度增长。再如，中国人民银行称，2020 年中国金融系统共计发生电子支付业务 2300 余亿笔，金额达 2700 万亿元，年增长率在 20%以上。类似的情况还显著体现在智能驾驶、卫星导航、智能穿戴计算、生物医药、电子商务等领域。

人们普遍意识到，数据的爆炸式增长、广泛可用性和巨大数量，使其成为未来世界的重要资产。人们迫切需要能从数据海洋中发现有价值的信息和知识的技术，去粗取精、去伪存真，让数据真正发挥为人类社会服务的价值。这种需求促使了数据挖掘技术的诞生。

1.1.1 基本概念

在给出数据挖掘的定义之前，我们首先给出数据、信息和知识的定义，它们之间的关系如图 1-1 所示。

数据（Data）：是以文本、数字、图形、声音和视频等形式对现实世界中的某种实体、对

---

1 一般，用 B、KB、MB、GB、TB、PB、EB、ZB、YB、BB 表示计算机中数的存储单位，它们之间的关系：1KB（千字节）=2^{10}B=1024B，1MB（兆字节）=1024KB，1GB（吉字节）=1024MB，1TB（万亿字节，又称太字节）=1024GB，1PB（千万亿字节，又称拍字节）=1024TB，1EB（百亿亿字节，又称艾字节）=1024PB，1ZB（十万亿亿字节，又称泽字节）=1024EB=1.1805916207174113×10^{21}B，1YB（一亿亿亿字节，又称尧字节）=1024ZB，1BB（一千亿亿亿字节）=1024YB。

图 1-1 数据、信息、知识的关系

象、事件、状态或活动的记录和表示，是未经加工和修饰的原料，可以被存储、传递和处理。

信息（Information）：是为了实现特定的目的，对数据进行过滤、融合、标准化、归类等一系列处理后得到的有价值的数据流。

知识（Knowledge）：是通过对信息进行归纳、演绎、提炼和总结，得到的更具价值的观点、规律或者方法论。

举例：如果北京某气象站的仪器 10 月 1 日 9:00 测量的气温为 25℃，这些被记录在信息系统中的数字是一组原始数据；北京广播电视台以此发布"10 月 1 日 9:00，北京城区的气温为 25℃"，这是一条信息；北京市气象局进一步比较、研究后发现，"今年 10 月北京白天的平均气温比历史同期低 3℃左右，并预测未来有进一步下降的趋势"，这是一条知识。

我们可以从技术和商业的角度给出数据挖掘的定义。

从技术的角度定义，数据挖掘是从大量的、不完全的、有噪声的、模糊的、随机的实际应用数据中，提取隐含在其中的、人们事先不知道的，但又是潜在的、有用的、目标明确的、针对性强的信息和知识的过程，提取的知识可以表示为概念、规则、规律、模式等形式。需要注意的是，数据挖掘面对的数据通常是真实的、大量的、含噪声的、不完全的，而目标是挖掘用户感兴趣的、有应用价值的领域知识。

从商业的角度定义，数据挖掘是一种新的商业信息处理技术，能够对商业数据库中的大量业务数据进行抽取、转换、分析和处理，提取出辅助商业决策的关键性知识，例如，市场规律、客户行为模式等。

从原则上讲，数据挖掘可以在任何来源及类型的数据上进行，包括来自各种数据库系统中的记录、文本文件、Web 文档、日志、图像、视频、语音等。其中，高级数据库系统包括面向对象和对象—关系数据库、面向特殊应用的数据库（如空间数据库、时间序列数据库、文本数据库和多媒体数据库）。这些数据从组织形式上可以分为结构化数据（各类数据库中的数据，也包括以文本文件保存的遵循数据格式与规范的数据）、非结构化数据（文本、图像、视频、语音等）和半结构化数据（Web 页面、日志等）。图 1-2 给出数据挖掘任务中的代表性数据，其中，数据（a）和（b）是结构化数据，数据（c）是半结构化数据，数据（d）是非结构化数据。

卡号	金额/元	日期	渠道
300011	3000.00	20/1/5	网络
300012	1850.00	20/1/11	POS
300013	29999.00	20/3/24	POS
300015	120.00	20/3/8	柜台

（a）信用卡消费记录表

交易 ID	商品列表
T100	西瓜、苹果、香蕉
T200	苹果、石榴、香蕉、无花果
T300	西瓜、橙子、梨、石榴
T400	石榴、梨

（b）水果超市的销售事务数据表

```
<div class="post_body">
<p id="1IOQMQCS">一个民族的复兴需要强
大的物质力量，也需要强大的精神力量。以中
国式现代化全面推进中华民族伟大复兴，既
需要不断厚植现代化的物质基础，也需要模
而不舍、一以贯之抓好社会主义精神文明建
设，促进物的全面丰富和人的全面发展。</p>
</div>
```

（c）某网站的 Web 页面文件（节选）

（d）Mnist 手写字符图像

图 1-2 数据挖掘任务中的代表性数据

1.1.2　数据挖掘的典型应用场景

数据挖掘是传统数据管理和分析技术的进一步拓展，已经在各行各业取得了广泛的应用，尤其在金融、电子商务、医学、市场营销、科学研究等领域获得了非常好的效果。这里，我们列举几个典型的应用场景。

1.　信贷风险控制

金融机构在对客户提供贷款服务时，需要对客户的信贷风险或信用等级进行评估。客户信用等级与很多因素有关，例如，贷款期限、负债率、偿还与收入比率、客户收入水平、受教育程度、居住地区、信用历史等。数据挖掘方法能够利用数据库中的历史信贷记录，从这些影响因素中选择合适的变量，建立一个信贷风险评估模型。当发生新的贷款业务时，能够利用该模型给出信贷风险的准确预测。

2.　反洗钱监测

金融交易活动是洗钱犯罪行为的一个重要环节，通过分析金融机构的客户信息、交易数据，运用合适的数据挖掘方法，可以识别出可疑金融交易记录。例如，根据贝叶斯判定原理，综合各个层次的可疑信息，得到交易记录的整体可疑度，为反洗钱监测提供快速、准确的参考。

3.　客户关系管理

企业在开展客户关系管理时，需要在维护客户关系的同时，降低客户管理总成本。不同类型的客户对于企业的价值是不同的。根据著名的"二八原则"，约 20%的重点客户给企业创造了约 80%的价值，应该对其提供最优质的服务。数据挖掘方法可以从企业维护的大量客户资料和业务数据中，使用聚类或者协同过滤的方法，将客户划分为不同的组，并找出客户的代表性特征，从而对每个组开展针对性的客户服务。

4.　地震预警

科学家通过高精度的测量仪器实时收集了地震带的大量震动信号，但这些数据的规模和时空特性使得传统的数据统计分析方法已经不适合分析它们。数据挖掘技术可以从这些震动信号中识别关键特征，建立有效的地震实时预警模型，预测地震的震级、强度、震中位置等，帮助人们减轻地震灾害造成的影响。

5.　个性化推荐

在电子商务活动中，可以根据客户的基本信息、购物历史数据、社交关系等数据，分析客户的兴趣和偏好，向客户推荐其潜在感兴趣的商品，从而提高营销的精准性。

1.1.3　数据挖掘的演化历程

数据挖掘是一门多学科交叉的新兴学科，融合了数据库、统计、机器学习、高性能计算、神经网络、数据可视化、信息提取、图像与信号处理和空间数据分析等多种理论、方法和技术。

数据挖掘的最早提出可以追溯到 1989 年在美国底特律召开的第十一届国际人工智能联

合会议（IJCAI）的专题讨论会，当时数据挖掘被称为"知识发现"；1995 年，在加拿大召开了第一届知识发现和数据挖掘国际学术会议；1997 年，数据挖掘拥有了该领域的第一本学术刊物——*Knowledge Discovery and Data Mining*；随后，一大批研究成果、论文和软件工具相继出现，数据挖掘逐渐成为计算机领域的一个热门方向。

而在数据挖掘出现之前，人们对数据的处理方式先后经历了数据搜集、数据访问、数据仓库和决策支持等阶段，表 1-1 列出了这些阶段的特点和差别。由表 1-1 可见，数据挖掘对数据的分析和利用结果通常是预测性、前瞻性的，实现了更高层次的数据利用，更能满足人们利用数据资产的需求。

表 1-1　　　　　　　　　　　　数据挖掘的演化历程

比较项	数据搜集 （20 世纪 60 年代）	数据访问 （20 世纪 80 年代）	数据仓库和决策支持 （20 世纪 90 年代）	数据挖掘（20 世纪 90 年代至今）
数据特点	历史性的静态数据	历史性的、记录级别的动态数据	历史性的、多层次、多维度的动态数据	预测性、前瞻性的数据与信息
支持技术	计算机和磁带等存储技术	关系数据库、结构化查询语言、开放式数据库连接（ODBC）	联机分析处理（OLAP）、多维数据库、数据仓库	高级算法、海量数据库、多处理器计算机
典型应用	计算"过去 3 年某连锁超市的总销售额是多少？"	查询"过去两个月某连锁超市在成都地区的销售额是多少？"	查询"过去两个月某连锁超市在成都地区的销售额是多少？并具体到门店编号为 s001 的超市。"	预测"下个月某连锁超市在成都地区的销售额是多少？"

从前面的讨论可知，数据挖掘应用广泛，其采用的技术和方法也多种多样。通常，可以将数据挖掘任务分为预测性任务和描述性任务两类。

- **预测性任务**：目标是选用一些说明变量（统计学中称为"自变量"，本书也称为"特征"或"属性"），通过在历史数据上训练建立数据挖掘模型，建立它们和目标变量（或因变量）之间的关系，从而能够对新数据的目标值进行预测。
- **描述性任务**：目标是通过训练模型发现数据自身潜在的模式或规律，例如，发现簇、关联关系、异常等。

根据在训练数据挖掘模型的过程中是否需要目标变量参与，数据挖掘任务也可以分为有监督式数据挖掘（需要目标变量）、无监督式数据挖掘（不需要目标变量），以及半监督式数据挖掘（只需要少量数据的目标变量）。

更具体地，根据应用场景和任务需求不同，数据挖掘任务可以细分为分类（Classification）、回归预测（Regression）、聚类（Clustering）、关联分析（Association Analysis）、异常检测（Anomaly Detection）、智能推荐（Intelligent Recommendation）、时间序列分析（Time Series Analysis）等。表 1-2 列出了几类数据挖掘任务的特点和典型应用场景。

表 1-2　　　　　　　　　　数据挖掘任务的特点和典型应用场景

任务类型	任务描述	典型应用场景
分类	目标变量为离散型的类别标号，将数据划分为训练集和测试集。在训练集上建立数据挖掘模型，在测试集上进行预测，并评价模型的性能	客户信用评价、反洗钱监测、手写字符图像识别、垃圾邮件识别等

任务类型	任务描述	典型应用场景
回归预测	主要数据挖掘过程与分类任务类似,区别是目标变量为连续值	房屋价格预测、地震预警、信贷风险评价、产品质量评分等
聚类	发现数据自身中存在的簇或者类结构,将数据聚集成不同的簇,并且簇的数量事先未知,聚类的目的是使得簇内部的数据更相似,簇之间存在明显差别	客户聚类、文本聚类、社交网络中的群体识别、城市规划、图像分割等
关联分析	对于事务型数据,每条数据都包含若干项,关联规则挖掘旨在发现这些项之间的关联,获得反映数据隐含规律的一般性规则	购物篮数据分析、电子商务推荐、股票交易策略设计、DNA 序列分析等
异常检测	发现数据中的异常模式或者异常点	信用卡欺诈检测、网络异常检测、机器故障诊断等
智能推荐	通过客户的历史行为、人口统计特征、社交网络等数据发现其兴趣和偏好,产生客户可能感兴趣的商品列表	电子商务推荐、新闻网站内容推荐等
时间序列分析	在具有时间序列特点的数据上,训练数据挖掘模型,揭示数据随时间变化的内在规律,并对未来的情况进行预测	上市公司股票价格预测、PM2.5 指数预测等

1.2 数据挖掘的一般流程

我们已经知道,数据挖掘是从各种数据中提取隐含在其中的有用信息和知识的过程。一般来说,数据挖掘的过程可以分为以下 7 个阶段,如图 1-3 所示。

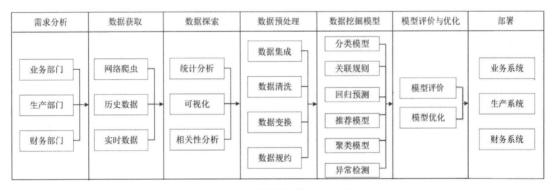

图 1-3 数据挖掘的一般流程

(1)**需求分析**:从业务、生产、财务等部门了解数据挖掘任务的准确需求,确定挖掘的目标,完成后能够达到的效果,因此,必须了解相关的应用背景知识,熟悉业务情况,弄清楚具体的业务需求。对业务需求做清晰的定义是数据挖掘能够取得成功的前提。

(2)**数据获取**:在对数据挖掘的需求和目标有了清晰的定义后,接下来需要选取与挖掘目标相关的数据集,这些数据可能源于数据库中的历史数据、实时数据、利用爬虫获得的网络数据。选取数据时需要遵循时效性、可靠性和相关性三大原则,即必须保证选取的样本数据是最新的、真实的、可靠的,并且与挖掘目标是高度相关的,而不必是全部的业务数据。

(3)**数据探索**:获取样本数据之后,需要对数据进行进一步分析、探究,包括数据之间是否存在易被察觉的规律或者趋势,其统计意义上的集中度和发散度趋势是怎样的,数据属性之间的相关性如何，是否存在异常值、缺失值等。在此过程中，可以使用可视化技术更直观地观察数据的分布特点，从而弄清楚所获取的数据是否能够满足数据挖掘模型的需要。

（4）**数据预处理**：数据预处理的目的是提高数据的质量，保证数据的准确性、完整性和一致性，通常包括数据集成、数据清洗、数据变换、数据规约等处理步骤。其中，数据集成是指将多个来源的数据组合在一起，并去除冗余数据；数据清洗是指消除数据中的不一致、噪声、缺失值等情况；数据变换是对数据进行规范化、属性构造、离散化、数值化等操作，以满足数据挖掘模型的要求；数据规约的目的是对数据进行简化，降低数据挖掘的复杂度，涉及特征提取、特征选择、数据压缩等技术。

（5）**数据挖掘模型**：数据预处理之后，就可以开始构建数据挖掘模型，并考虑本次建模是数据挖掘的哪一类任务（分类、回归预测、聚类分析、关联分析、时间序列分析和异常检测等），针对具体的任务类别选取合适的算法进行模型构建。这一阶段是数据挖掘的核心工作，通常，我们将样本分为训练样本和测试样本，训练样本用来构建模型，测试样本用来评价模型在新数据上的性能。

（6）**模型评价与优化**：选用合适的性能评价指标，在测试集上对数据挖掘结果进行客观评价。通常，在建模过程中会得到一组模型（由不同的算法、参数或实验方法得到的结果），模型评价阶段会从这些模型中选择一个性能最佳的模型作为数据挖掘的最终结果。另外，如果模型的性能无法满足需求，还需要通过参数优化、算法改进等方法对模型进行优化，以达到更好的效果。

（7）**部署**：模型的构建和评价工作的完成，并不代表整个数据挖掘流程的结束，往往还需要最后的应用部署，在业务系统、生产系统、财务系统中进行实际检验，并判断是否真正达到了预期的目标。

1.3 数据挖掘环境的配置

1.3.1 常用的数据挖掘工具

数据挖掘是一个包含多个步骤的复杂数据处理流程，在实施过程中必须依赖特定的数据挖掘工具或软件，才能取得较好的效果。目前，常用的数据挖掘工具包括以下 3 类。

1. 商业化的数据挖掘软件

例如，SAS 的 Enterprise Miner、IBM 的 SPSS Modeler、Oracle 的 Data Miner 等。这些软件工具都已经非常成熟，不仅提供了易用的可视化界面，还集成了数据获取、处理、建模、评估等一整套功能。这些数据挖掘工具通常价格不菲，适合企业级的数据挖掘任务。

2. 开源的数据挖掘工具

例如，Weka、RapidMiner 和 KNIME。这些开源数据挖掘工具也都提供了图形界面的支持，可以方便地实施数据的预处理、可视化、建模、评价等数据挖掘操作，且采用 Java 语言实现了一些常用的数据挖掘模型，可以快速地完成一些简单的数据挖掘任务。图 1-4、图 1-5分别给出了 Weka 和 RapidMiner 的工作界面。与其他工具相比，开源的数据挖掘工具对模型的支持相对较少，不够灵活，缺少对 Python、R 等脚本语言的支持。

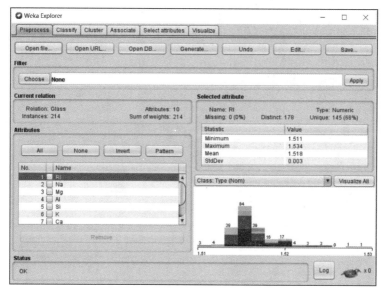

图 1-4　Weka 的工作界面

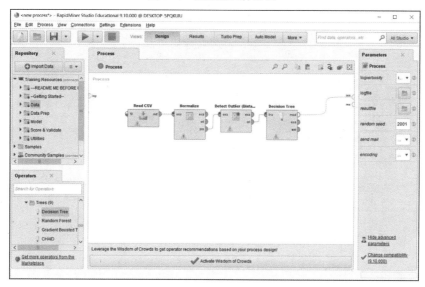

图 1-5　RapidMiner 的工作界面

3．基于脚本语言的数据挖掘工具

Python 和 R 是目前两种非常流行的针对数据分析任务的脚本语言，具有简单易学、易于理解、数学计算功能强大、可扩展性强等特点。使用开源的可扩展模块，开发人员可以轻松编写和实现数据挖掘的脚本程序，并可根据任务需求灵活地完成数据预处理、模型构建、可视化和评价等操作。例如，在 Python 语言中，NumPy、Pandas、Scikit-learn 和 Matplotlib 等模块提供了对大部分数据挖掘任务的支持。与前面两类工具不同，使用 Python 和 R 脚本语言进行数据挖掘时，需要集成开发工具的支持。其中，Python 语言常用的开发工具包括 PyCharm、Spyder、Jupyter Notebook 等，R 语言常用的开发工具包括 RStudio、RKward 等。图 1-6、图 1-7 给出了 Spyder 和 RStudio 的工作界面。

7

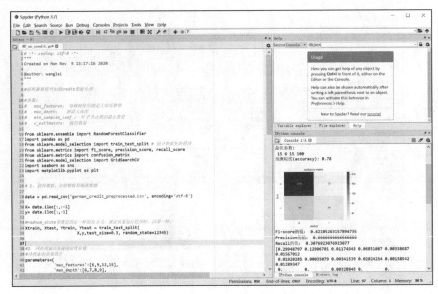

图 1-6　Spyder 的工作界面

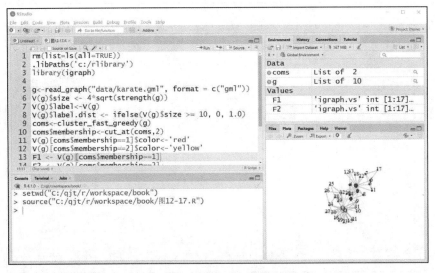

图 1-7　RStudio 的工作界面

在本书中，我们选用 Python 作为数据挖掘语言，并采用 Anaconda 3 自带的 Spyder 和 Jupyter Notebook 作为其开发平台。

1.3.2　Anaconda 3 下载和安装

Anaconda 是一个数据科学平台，它集成了 Python 语言的运行环境、开发工具，也集成了 NumPy、Pandas 等超过 250 个科学计算模块及其依赖项，能够非常方便地搭建数据分析和机器学习平台，避免了自己配置 Python 环境时需要安装大量第三方模块的问题，以及经常遇到的依赖关系错误。Anaconda 支持在 Windows、Linux、MacOS 这 3 种操作系统下安装，其中，Anaconda 3 发行版支持 Python 的 3.4、3.5、3.6、3.7、3.8、3.9 等多个版本。读者可以到其官方网站下载免费的个人版，如图 1-8 所示。

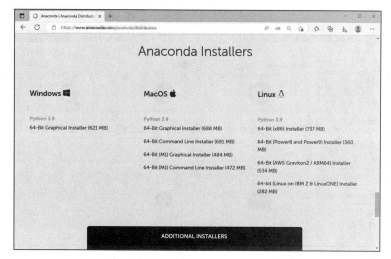

图 1-8　Anaconda 的官方下载网站

下面以 Windows 10 操作系统为例，介绍 Anaconda 3 的安装过程。选择并下载 Windows 64-Bit Graphical Installer 版本。

运行安装程序，基本按照默认的设置步骤执行安装过程，主要步骤如图 1-9 所示。

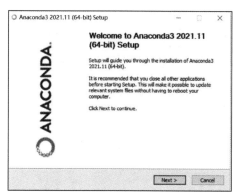 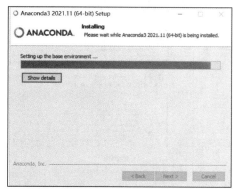

图 1-9　Anaconda 3 的部分安装过程

安装程序结束后，将在 Windows 的主菜单中显示 Anaconda 3 程序组，如图 1-10 所示。

可见，Anaconda 3 包含 Jupyter Notebook 和 Spyder 两种 Python 程序的开发工具，可以直接在程序组中启动它们。本书建议首先启动 Anaconda Navigator，它是 Anaconda 的一个综合的图形用户界面，能够轻松管理 Anaconda 下已配置的 Python 环境、第三方模块和应用程序。Anaconda Navigator 启动后的图形用户界面如图 1-11 所示。

在图 1-11 所示的界面中，用户可以在"Home"菜单中的

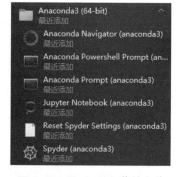

图 1-10　Windows 主菜单中的 Anaconda 3 程序组

"Applications on"下拉列表中选择已配置的 Python 环境，可以单击应用程序下方的"Launch"按钮启动应用程序，可以在"Environments"菜单中管理 Python 环境中已安装的模块。

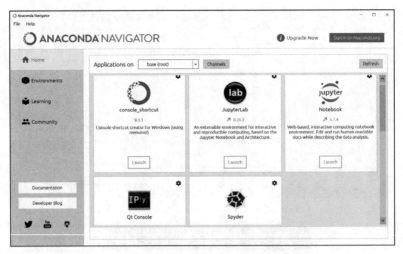

图 1-11　Anaconda Navigator 图形用户界面

单击 Jupyter Notebook 下方的"Launch"按钮，启动 Jupyter Notebook 开发工具，如图 1-12 所示。它是一种基于 Web 的交互式 Python 开发环境，能够将代码、运行结果、文本、公式、图表以富文本的形式一起展示在网页中，是一种广受欢迎的 Python 开发工具。关于它的使用方法，读者可以自行查阅相关教程，本书不再介绍。

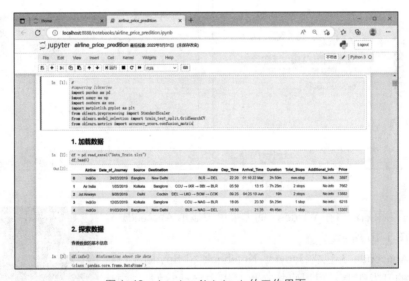

图 1-12　Jupyter Notebook 的工作界面

单击 Spyder 下方的"Launch"按钮，启动 Spyder 开发工具，如图 1-13 所示。它的工作界面主要分为代码编辑窗口、IPython 交互式控制台、多功能窗口 3 个区域。

典型的 Python 程序开发流程包括：

（1）单击 按钮新建".py"程序文件。

（2）在代码编辑窗口编写 Python 程序。

（3）单击 按钮保存文件。

（4）单击 按钮执行程序。

（5）在 IPython 交互式控制台中观察程序执行结果。

此外，读者也可以采用菜单操作完成上述流程。

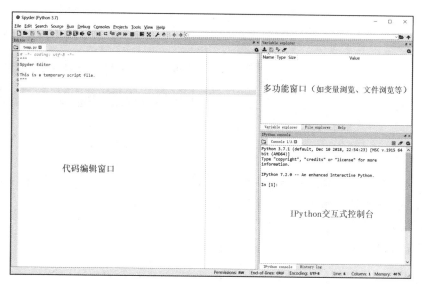

图 1-13　Spyder 的工作界面

需要说明的是，Spyder 中的 IPython 交互式控制台功能较为强大，可以直接在其中输入 Python 语句并执行。

在 Linux、MacOS 等操作系统下安装和运行 Anaconda 3 的基本流程与上述步骤类似，读者需要注意下载正确的 Anaconda 3，安装过程本书不再赘述。

1.4　本章小结

本章主要介绍了数据挖掘的基本概念、典型应用场景、一般流程和常用工具。这部分内容将帮助读者初步形成对数据挖掘技术的认识，理解数据挖掘和传统的数据统计分析方法的不同之处。

在后续的章节中，本书将首先介绍基于 Python 的数据挖掘模块（第 2 章），然后按照数据挖掘的流程，依次介绍数据探索（第 3 章）、数据预处理（第 4 章）、特征选择（第 5 章）。此外，第 6 章介绍基础分类模型及回归模型，第 7 章介绍集成技术，第 8 章介绍聚类分析，第 9 章介绍关联规则分析，第 10 章介绍时间序列挖掘，第 11 章介绍异常检测，第 12 章介绍智能推荐。

习题

1．请简述数据挖掘的主要流程。

2．半监督分类任务是指当训练数据集中的带标签的样本比较少时，可以同时采用少量的带标签样本和大量的无标签样本进行模型训练。请自行查阅资料，谈一谈半监督分类模型有哪些优点及应用场景。

3．请简要说明 Jupyter Notebook 开发工具有何优点，并自行学习其常用的操作和命令。

第 2 章 Python 数据挖掘模块

Python 是一门简单易学且功能强大的编程语言。与其他高级编程语言相比，使用 Python 语言所编写的代码简洁、易懂，通常能以最短的代码完成任务。

本章将着重介绍数据挖掘任务中的常用模块：NumPy、Pandas、Matplotlib 和 Scikit-learn。这些模块能够帮助我们高效地完成数据挖掘任务。

2.1 NumPy

Python 是动态类型的解释型语言，在代码解释执行的过程中会引入类型检查、编译执行等额外操作，使得原生的 Python 代码在执行效率上往往显著慢于其他高级语言程序。为了在保留 Python 简约编程风格的同时满足基本的性能需求，像 NumPy 这样由 C/C++语言编写的、可通过 Python 无缝调用的高性能计算模块应运而生。

NumPy 是 Numerical Python 的缩写，是高性能计算和数据分析的基础包，也是本章接下来要讲解的 Pandas、Matplotlib、Scikit-learn 等模块的构建基础。NumPy 除了提供一些高级的数学运算机制以外，还具备非常高效的向量运算和矩阵运算功能。这些功能对于数据挖掘任务尤为重要。因为不论是数据的特征表示，还是参数的批量运算，均离不开更加方便、快捷的向量运算和矩阵运算。需要特别强调的是，NumPy 的内置函数处理数据的速度均为 C/C++语言级别，因而在编写程序时，应尽量使用 NumPy 的内置函数，以避免效率瓶颈问题，尤其在涉及循环操作时。

NumPy 主要提供以下几个主要功能。

- Ndarray 数据对象：NumPy 的多维数组对象，用于存储和处理数据。
- 提供可用于对数组数据进行快速运算的数学函数。
- 提供可用于读写磁盘数据的工具。
- 提供常用的线性代数、傅里叶变换和随机数操作。
- 提供可调用 C/C++和 FORTRAN 代码的工具。
- 提供能够无缝、快速地与各种数据库集成的工具。

在 Windows 等操作系统中，可在 Anaconda 命令行终端（Prompt）中通过 pip 命令或者 conda install 方便地安装 NumPy 模块。

```
pip install numpy          #使用 pip 命令安装
conda install numpy        #使用 conda 命令安装
```

也可以指定要安装的 NumPy 模块的版本，如图 2-1 所示。

```
pip install numpy == 1.19
```

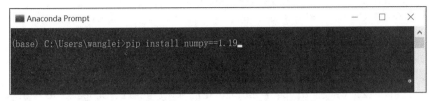

图 2-1　在 Anaconda 的命令行终端安装指定版本的 NumPy

安装好 NumPy 模块以后，需要对其进行引用才可使用。通常情况下，使用 np 作为 NumPy 的别称，例如：

```
import numpy as np
```

2.1.1　Ndarray 的创建

在 NumPy 中，最核心的数据结构是多维数组，即 Ndarray。Ndarray 是一个快速、灵活的数据容器，该容器与 Python 内置的列表（List）和元组（Tuple）有显著不同：列表和元组中存储的数据可以为不同类型，但在 Ndarray 中，所有元素的数据类型必须相同。

创建 Ndarray 常用的函数有 array()、arange()、linspace()、zeros()、ones()、zeros_like()、Ones_like()，以及各种随机生成函数。

1．array()函数

使用 NumPy 自带的 array()函数，可以将 Python 的列表、元组或者其他序列类型数据转化为 Ndarray。代码 2-1 中展示了将一个有 5 个整数元素的 Python 列表转化为 Ndarray 的过程。

代码 2-1　使用 array()函数生成 Ndarray

```
import numpy as np
a = np.array([1,2,3,4,5], dtype = np.int64)
print(a)
```

上述代码的输出结果为

```
[1 2 3 4 5]
```

代码 2-1 中，array()函数在创建数组时，其参数有：①Python 列表[1,2,3,4,5]；②数组的 dtype 属性。第一个参数用于设置所生成数组的具体数值，而参数 dtype=np.int64 是设置所生成数组的数据类型为 int64（有符号 64 位整型数据）。

2．arange()函数

在 NumPy 中，arange()函数用于创建一个等差数组，arange()方法的完整函数形式：

```
arange([start,] stop [,step], dtype=None)
```

arange()函数可以在区间[start, stop)上以 start 为起点，以 step 为步长构建一个等差数组。其中，start 是可选参数，代表数组的起始值，默认值为 0。stop 是截止值，所生成的数组中并不包含该值。step 是可选参数，设置的是步长，默认值为 1。代码 2-2 展示了使用 arange() 函数生成数组的过程。

代码 2-2　使用 arange()函数生成 Ndarray

```
import numpy as np
a = np.arange(5)                #只给定 stop 参数值
print("数组对象a: \n", a)

b = np.arange(2, 5.0)           #给定 start 和 stop 参数值，生成一个浮点型数组
print("数组对象b: \n", b)

c = np.arange(2, 6, 2, dtype = np.int32)   #给定 start、stop、step 和 dtype 参数值
print("数组对象c: \n", c)
```

上述代码的输出结果为

```
数组对象a:
 [0 1 2 3 4]
数组对象b:
 [2. 3. 4.]
数组对象c:
 [2 4]
```

代码 2-2 中，对象 b 的 stop 参数设置为浮点型的 5.0，NumPy 推断所生成的数组为浮点型。对象 c 设置起始值、截止值和步长分别为 2、6 和 2，获得了一个在区间[2,6)中以 2 为步长的等差数组，即[2 4]。

3. linspace()函数

linspace()函数也用于创建一个等差数组，其完整函数形式为

```
linspace(start, stop, num=50, endpoint=True, dtype=None)
```

该函数可以将区间[start, stop]等分为具有 num 个元素的等差数组。其中，endpoint 参数用于控制所生成的数组是否包含 stop。代码 2-3 展示了使用 linspace()函数创建 Ndarray 的方法。

代码 2-3　使用 linspace()函数创建 Ndarray

```
a = np.linspace(0, 3, 4, endpoint = True)   #数组包含截止值3
print("数组对象a: \n", a)
```

上述代码的输出结果为

```
数组对象a:
 [0. 1. 2. 3.]
```

代码 2-3 中，使用 linspace()方法在区间[0, 3]上生成了一个具有 4 个元素的等差浮点型数组。由于 endpoint 参数设置为 True，所生成的数组包含截止值 3.0。

4. zeros()、ones()、zeros_like()、ones_like()函数

这些函数可以用于生成一个指定形状，且初始值全为 0 或者 1 的数组。不同的是，在指定形状时，zeros()和 ones()函数接收一个元组作为所生成数组的形状，而 zeros_like()和 ones_like()函数接收一个现有 Ndarray 为参数，生成与给定数组的形状相同的全 0 或者全 1 数组。

- zeros()：生成全 0 数组，参数为一个指示数组形状的元组。
- ones()：生成全 1 数组，参数为一个指示数组形状的元组。
- zeros_like()：生成全 0 数组，参数为一个现有数组。
- ones_like()：生成全 1 数组，参数为一个现有数组。

代码 2-4 中展示了使用 zeros()和 zeros_likes()函数生成全 0 数组的典型方式。

代码 2-4　使用 zeros()和 zeros_like()函数生成全 0 数组

```
a = np.zeros((2, 3), dtype = np.int32)    #生成 2×3 形状的全 0 数组
print("数组对象a: \n", a)

a = np.array([1,2,3,4])
b = np.zeros_like(a)      #生成与数组 a 形状相同、数据类型也相同的全 0 数组
print("数组对象b: \n", b)
```

上述代码的输出结果为

```
数组对象a:
 [[0 0 0]
 [0 0 0]]

数组对象b:
 [0 0 0 0]
```

代码 2-4 中，数组对象 a 是一个 2×3 形状的全 0 数组，数据类型为浮点型，其形状由元组(2,3)给定。数组对象 b 则是一个与现有数组 a 形状、数据类型相同的全 0 数组。另外，ones()函数和 ones_like()函数的使用方法与它们类似，此处不再赘述。

5．随机生成函数

NumPy 的 random 模块提供了多种随机生成函数，用于生成指定形状且符合特定分布的随机 Ndarray，常用的随机生成函数如下。

- NumPy.random.rand(d0,d1,…)：生成一个值在区间[0,1)上均匀分布的随机数组。数组的形状由 d0、d1 等参数给定。
- NumPy.random.randn(d0,d1,…)：生成一个符合标准正态分布的随机数组，数组的形状由 d0、d1 等参数给定。
- NumPy.random.randint(low, high=None, size=None)：生成一个在区间[low,high)上均匀分布，形状为 size 的整数数组（注意，生成的数组中不包含 high）。如果参数 high=None，则在区间[0,low)上生成随机整数数组。

代码 2-5 中展示了使用随机生成函数获得 Ndarray 的过程。

代码 2-5　使用随机生成函数获得指定形状的 Ndarray

```
import numpy as np
a = np.random.rand(4)        #生成有 4 个元素的一维随机数组
print("数组对象a: \n", a)

b = np.random.randn(2, 3)    #生成形状为 2×3，符合正态分布的随机数组
print("数组对象b: \n", b)

c = np.random.randint(1, 3, size = (2, 3))
#生成形状为 2×3，符合均匀分布的随机整数数组，取值区间为[1,3)
print("数组对象c: \n", c)
```

上述代码的输出结果为

```
数组对象a:
 [0.36745442 0.60517773 0.17980316 0.16890639]
数组对象b:
 [[ 0.68690373 -0.09365227 -1.16567108]
 [-1.14932686 -0.63358122 -1.24105667]]
数组对象c:
 [[2 1 1]
 [2 2 1]]
```

2.1.2　Ndarray 的属性

Ndarray 有 dtype（数据类型）、ndim（维数）和 shape（形状）3 个重要的属性。

1．dtype 属性

与 Python 内置的列表和元组不同，在同一个 Ndarray 中，所有元素的数据类型必须相同。NumPy 中常用的数据类型如表 2-1 所示。

表 2-1　　　　　　　　　　　　　　NumPy 的常用数据类型

数据类型	说明
bool	布尔型数据
int8、uint8	有符号 8 位整型数据和无符号 8 位整型数据，表示范围分别为[−127, 127]和[0, 255]
int16、uint16	有符号 16 位整型数据和无符号 16 位整型数据
int32、uint32	有符号 32 位整型数据和无符号 32 位整型数据
int64、uint64	有符号 64 位整型数据和无符号 64 位整型数据
float16	使用 16 位二进制存储的半精度浮点型数据
float32	使用 32 位二进制存储的标准单精度浮点型数据
float64	使用 64 位二进制存储的标准双精度浮点型数据
object	Python 对象类型

表 2-1 中所列举的数据类型均为 NumPy 内嵌的数据类型，因此在使用时需要使用 NumPy 类来引用。例如，调用 int8 这一数据类型，需要使用语句：np.int8。

需要特别注意的是，每种数据类型的表示范围和精度均不相同，使用者需要根据具体场景的不同，选择恰当的数据类型。例如，np.int8 使用有符号的 8 位二进制数表示一个整数，其中最高位二进制表示数据的正负，剩余 7 位表示整数的绝对值。因此，np.int8 的数据表示范围为[−127, 127]。如果运算结果超过了该范围，则会发生溢出，此时不应该选择 np.int8 这一数据类型。

在使用 2.1.1 节的函数创造 Ndarray 时，均可通过设置 dtype 参数指定其数据类型。对于已有数组，可以通过查看数组对象的 dtype 属性确认其数据类型，也可以使用 astype()函数对数组对象的类型进行转换。代码 2-6 展示了查看和转换数据对象的类型的操作。

代码 2-6　对数组的数据类型进行操作

```
import numpy as np
a = np.ones((2, 3), dtype = np.float32)    #生成 2×3 形状的 float32 数组
print("数组对象 a 的类型: \n", a.dtype)

a = a.astype(np.int32)    #将 float32 数据转换为整型数组
print("数组对象 a 的类型: \n", a.dtype)
```
上述代码的输出结果为
```
数组对象 a 的类型:
  float32
数组对象 a 的类型:
  int32
```

2. ndim 和 shape 属性

ndim 属性用来参看数组对象的维数，即具有多少个维度。shape 属性可以获得数组对象的形状，即在每个维度的具体大小。代码 2-7 展示了使用它们查看数组维数和形状的操作。

代码 2-7　ndim 和 shape 属性的使用

```
import numpy as np
a = np.ones((3, 4), dtype = np.int32)
print("数组 a 的维数: ", a.ndim)
print("数组 a 的形状: ", a.shape)
```

上述代码的输出结果为

```
数组 a 的维数: 2
数组 a 的形状: (3, 4)
```

2.1.3　索引和切片

与 Python 的内置列表相似，NumPy 可以通过索引的方式获取 NumPy 数组中的某个元素，或者通过切片的方式获取数组中的一块数据。与原生 Python 一旦切片就需要重新创建列表的高开销不同，NumPy 中引入了视图（View）的概念，避免了数组的重新创建，从而显著提高了效率。常用的索引和切片方法包括普通索引、切片和布尔索引。

1. 普通索引

NumPy 数组提供了与 Python 列表相同的普通索引方式，将每个维度的索引值单独放到一个方括号"[]"中，拼接多个维度的索引值来获得某一个元素值。例如，为了在一个 3×4 形状的 NumPy 数组中获得一个元素，可以使用代码 2-8 中所示的方式。

代码 2-8　NumPy 数组的普通索引

```
import numpy as np
a = np.array([[0, 1, 2, 3], [4, 5, 6, 7], [8, 9,10,11]])
b = a[0][1]
print("数组 a 的第 0 行第 1 列元素为: \n", b)
```

上述代码的输出结果为

```
数组 a 的第 0 行第 1 列元素为
 1
```

除了支持 Python 原生的索引方式，NumPy 也对基本的索引方式进行了扩展，可以通过将每个维度的索引值集中放到一个方括号中来获得对应的元素值。例如，下面的代码可以获得与代码 2-8 中相同的索引效果。

```
        b = a[0, 1]
```

2. 切片

NumPy 中的切片用于获取 NumPy 数组的一块数据，其操作方式与 Python 列表中的切片很相似，均使用"[]"指定索引实现。代码 2-9 给出了 NumPy 数组的常用切片操作。

在代码 2-9 中，第 1 个切片操作展示了最完整的方式：每个维度上使用冒号":"分隔起始位置、截止位置（切片时不包含该位置）与步长，逗号","用于区分不同维度上的切片操作，用省略号"…"表示切片操作遍历所有剩余的维度。第 2 个切片操作的效果与第 1 个的等价，但使用了更精简的切片方式：省略了起始位置（默认为 0）、步长（默认为 1）和省略号（默认遍历剩余所有维度）。

代码 2-9　NumPy 数组的常用切片操作

```
import numpy as np
a = np.arange(24).reshape(2, 3, 4)       #生成形状为(2,3,4)的数组
print("数组对象a: \n", a)

b = a[0:1:1, 0:2:1, ...]                 #第1次切片：在第0个和第1个维度上进行切片
print("\n第1次切片的结果: \n", b)

c = a[:1, :2]                            #第2次切片：更精简的切片方式
print("\n第2次切片的结果: \n", c)
```

上述代码的输出结果为

```
数组对象a:
 [[[ 0  1  2  3]
  [ 4  5  6  7]
  [ 8  9 10 11]]

 [[12 13 14 15]
  [16 17 18 19]
  [20 21 22 23]]]
第1次切片的结果:
 [[[0 1 2 3]
  [4 5 6 7]]]
第2次切片的结果:
 [[[0 1 2 3]
  [4 5 6 7]]]
```

　　获得切片后，可以对其进行运算或赋值。例如，如果希望将数组对象 a 中的部分数据设置为 0，可以在切片后直接执行赋值操作，示例代码如下：

```
a[:1, :2] = 0
```

3. 布尔索引

　　除了提供与原生 Python 类似的索引和切片功能，NumPy 还可提供直接的数组比较。数组比较以后会产生布尔值，这些布尔值可用于定位特定的元素并为其赋值。

　　代码 2-10 展示了使用单条件布尔索引进行数组操作的过程。其中，表达式 a<=0 产生一个形状与数组对象 a 相同的布尔型数组，它被用作布尔索引访问 Ndarray 对象 a 中的数据，并且只访问索引值为 True 的对应位置上的数据。

代码 2-10　NumPy 数组中的单条件布尔索引的使用

```
import numpy as np
a = np.random.randint(-5, 6, size = (3, 4))
print("数组对象a的原始值: \n", a)

index = (a <= 0)        #单条件索引
print("单条件索引的布尔数组: \n", index)
a[index] = 0            #将布尔索引取值为True的对应位置上的数据赋值为0
print("数组对象a的新值: \n", a)
```

上述代码的输出结果为

```
数组对象a的原始值:
 [[-2 -4  2 -1]
 [ 0  0 -4 -4]
 [ 4  0 -5 -5]]
单条件索引的布尔数组:
 [[ True  True False  True]
```

```
  [ True  True  True    True]
  [False  True  True    True]]
数组对象 a 的新值:
 [[0 0 2 0]
  [0 0 0 0]
  [4 0 0 0]]
```

2.1.4　排序

NumPy 提供了排序函数 sort()来实现数组对象的排序。

NumPy 的 sort()函数与 Python 中列表的 sort()函数功能类似，可以得到按值排序后的数组。稍微不同的是，NumPy 中的 sort()函数可以使用 axis 参数来指定在具体维度（轴）上进行排序。

在 NumPy 中，调用 sort()函数的方式有以下两种。

（1）np.sort(Ndarray 对象)。

（2）Ndarray 对象.sort( )。

两种调用方式的排序结果相同，但是前一种方式会返回一个排列好的新数组，不会对原数组的顺序做修改。后一种调用方式会直接在原数组上进行重新排序。代码 2-11 展示了使用 sort()函数排序。

代码 2-11　使用 sort()函数排序

```
import numpy as np
a = np.random.randint(-5, 6, size = (3, 4))
print("排序前的数组对象 a: \n", a)

b = np.sort(a, axis = 1)    #对数组对象 a 按行排序
print("对数组对象 a 行排序后的结果: \n", b)
```

上述代码的输出结果为

```
排序前的数组对象 a:
 [[ 5 -3  0  2]
  [-4  2  4 -4]
  [-5  2 -3  2]]
对数组对象 a 行排序后的结果:
 [[-3  0  2  5]
  [-4 -4  2  4]
  [-5 -3  2  2]]
```

2.1.5　NumPy 的数组运算

NumPy 数组的一大特色就是批量化运算。批量化，就是对一个复杂的对象进行整体操作，而不是对其中的单个元素逐个进行循环操作。显然，这种方式计算效率更高。

1. 数组与数值的算术运算

NumPy 支持数组和数值之间进行加、减、乘、除、求余、乘方等算术运算。当一个数组与数值进行算术运算时，NumPy 是将数组中的每个元素与数值进行对应的算术运算。代码 2-12 的第 1 部分展示了 NumPy 数组与数值的算术运算的一些例子。

2. 数组与数组的算术运算

NumPy 数组与数组进行运算时，如果两个数组的形状相同，则运算过程为两个数组对应

位置的元素进行相应算术运算。如果形状不同，则要利用 NumPy 的"广播"特性进行计算。广播是指不同形状的数组之间，借助维度相容性完成数值计算的一种特性。例如，在代码 2-12 中计算 a+2 时，可以看作广播特性将数值 2 扩展成了一个和数组 a 形状相同的数组，即[2, 2, 2, 2, 2]，然后与数组 a 进行对应元素的加法操作。

当两个形状不同的数组进行运算时，只要它们的形状"相容"，就可以利用广播特性在两个数组上进行算术运算。代码 2-12 的第 2 部分展示一个三维数组与一个二维数组进行乘法广播运算的例子。

代码 2-12　NumPy 的算术运算例子

```
import numpy as np
# NumPy 数组与数值的算术运算的例子
a = np.array([1, 2, 3, 4, 5], dtype = np.int32)
b1 = a+2                #算术加
b2 = a*2                #算术乘
b3 = a**2               #算术乘方

# NumPy 数组与数组的算术运算的例子
a = np.arange(24).reshape(2, 3, 4)          #生成形状为(2,3,4)的三维数组
weight = np.random.random(size = (3, 4))    #生成二维的权重数组
b4 = a*weight                               #利用广播特性实现数组和数组相乘
```

上述代码的第 2 部分，数组 a 和数组 weight 的形状分别是(2, 3, 4)和(3, 4)，并不一致。但是它们满足形状相容，可以利用广播特性进行算术运算。这里，相容是指参与运算的两个数组，它们的形状从后向前比较时，每一个维度的形状都相同或者其中一个数组的前面一部分维度的形状均为 1。

上述代码中的数组相乘计算过程中，数组 a 和数组 weight 的最后一维均为 4，倒数第 2 个维度均为 3，a 的倒数第 3 个维度为 2，但是 weight 对应的维度缺失。此时，NumPy 自动将算术运算时缺失的维度补齐为 1，以满足相容条件。在进行乘法运算时，NumPy 利用广播特性，将数组 weight 广播到数组 a 的第 1 个维度上，分别与此维度上的两个形状为(3,4)的子数组进行数组相乘。

如果对不满足相容条件的两个数组进行算术运算，程序将报错。

2.1.6　NumPy 的统计函数

NumPy 支持一组统计函数对数组进行统计分析，例如，计算数组的均值、中位数、方差、最大值和最小值等。表 2-2 列举了 NumPy 的统计函数的使用。

表 2-2　　　　　　　　　　　　NumPy 的统计函数的使用

函数	说明	输出结果（a = np.arange(6)）
np.sum(a)或 a.sum()	对数组中的全部或部分元素进行求和	15
np.mean(a)或者 a.mean()	对数组元素求平均	2.5
np.var(a)或 a.var()	计算数组的方差	2.917
np.std()或 a.std()	计算数组的标准差	1.708
np.min(a)或 a.min()	计算最小值	0
np.max(a)或 a.max()	计算最大值	5

续表

函数	说明	输出结果（ a = np.arange(6)）
np.argmin(a)	返回数组 a 最小值的索引	0
np.argmax(a)	返回数组 a 最大值的索引	5
np.ptp(a)	计算全距，即最大值和最小值的差	5
np.percentile(a, 90)	计算给定的 90% 分位数在对象中的值	4.5
np.median(a)	计算中位数	2.5

使用 Pandas 读取
Excel 文件

2.2　Pandas

Pandas 是基于 NumPy 构建的一个数据分析模块，它也是 Python 语言中非常强大和重要的数据分析和处理模块。Pandas 与 NumPy 的编码风格和功能均有相似之处，但两者的不同之处在于：Pandas 是一个专门为处理表格和混杂数据而设计的高效模块，而 NumPy 更适合处理统一的数值数据。Pandas 纳入了大量的库和标准数据模型，这使得使用 Python 处理海量数据变得非常快速和容易。

Pandas 模块的安装与 NumPy 的类似，可以在 Anaconda 命令行终端中使用 pip 命令（见图 2-2）或者 conda 命令进行安装：

```
pip install pandas            #使用 pip 命令安装
conda install pandas          #使用 conda 命令安装
```
或者安装指定版本的 Pandas：
```
pip install pandas == 0.9.1   #使用 pip 命令安装指定版本的 Pandas
conda install pandas == 0.9.1 #使用 conda 命令安装指定版本的 Pandas
```

图 2-2　在 Anaconda 的命令行终端安装 Pandas

2.2.1　Pandas 的数据结构

Pandas 提供了 Series 和 DataFrame 两种重要的数据结构。Series 类似于 NumPy 中的一维数组。除了可以调用 NumPy 一维数组的所有函数与方法外，Series 还支持通过索引对数据进行选择和操作。DataFrame 类似于 NumPy 的二维数组，支持调用 NumPy 二维数组的所有函数和功能。

使用 Series 和 DataFrame 时，需要先引用 Pandas 模块，本书默认使用下面的引用方式：
```
import pandas as pd
```
在引用 Pandas 以后，直接使用 pd.Series 和 pd.DataFrame 进行数据处理。

1. Series

Series 由一组数据（可以是不同数据类型）和与之对应的索引值组成。创建一个 Series

对象时，可以通过向 pd.Series 传递一个 Python 列表、字典或者 NumPy 一维数组来实现。对于名字为 s 的 Series 对象，可以分别使用 s.index 和 s.values 查看其索引和值。

代码 2-13 展示了 3 个创建 Series 对象的例子。

代码 2-13　Series 对象的创建方法

```
import numpy as np
import pandas as pd

#使用列表创建 Series 对象，并指定索引
s1 = pd.Series([0, 1, 2, np.nan], index = ['a', 'b', 'c', 'd'])
print("使用列表创建的 Series 对象 s1: \n", s1)

dic = {'张三': 97, '李四': 68, '王五': 88}
s2 = pd.Series(dic)              #使用字典创建 Series 对象
print("使用字典创建的 Series 对象 s2: \n", s2)

arr = np.arange(4)              #使用 NumPy 数组创建 Series 对象
s3 = pd.Series(arr)
print("使用 NumPy 数组创建的 Series 对象 s3: \n", s3)
```

上述代码的输出结果为（第 1 列均为索引）

```
使用列表创建的 Series 对象 s1:
a    0.0
b    1.0
c    2.0
d    NaN
dtype: float64

使用字典创建的 Series 对象 s2:
张三    97
李四    68
王五    88
dtype: int64

使用 NumPy 数组创建的 Serie 对象 s3:
0    0
1    1
2    2
3    3
dtype: int32
```

在代码中，Series 对象 s1 通过传入一个列表作为参数进行创建，并设置了每个元素对应的索引为['a', 'b', 'c', 'd']。对象 s2 通过传入一个字典作为参数进行创建，其中，字典的键被识别为 Series 对象的索引，字典的值作为数据。对象 s3 通过传入一个 NumPy 一维数组作为参数进行创建，由于没有指定索引，Pandas 为其设置了 0~3 的整数作为自动索引。

2．DataFrame

DataFrame 是一个表格型数据结构，类似于 Excel 的二维表格。一个 DataFrame 对象由多个列组成，每列的数据类型可以不同（数值、文本等）。DataFrame 对象既有行索引，也有列索引，因此可以通过指定行、列索引精准地操作 DataFrame 对象中的值。

创建 DataFrame 对象的典型方法是向 pd.DataFrame()方法传入二维列表、二维数组或者字典。代码 2-14 展示了创建 DataFrame 对象的几种常见方法。

代码 2-14　DataFrame 对象的创建方法

```python
import numpy as np
import pandas as pd

#使用二维列表创建
df1 = pd.DataFrame([['a', 1, 2], ['b', 3, 4], ['c', 7, 8]], columns = ['x', 'y', 'z'])
print("使用二维列表创建 DataFrame 对象: \n", df1)

#使用 NumPy 二维数组创建
df2 = pd.DataFrame(np.zeros((3, 3)), columns = ['x', 'y', 'z'])
print("使用 NumPy 二维数组创建 DataFrame 对象: \n", df2)

#使用字典创建
dic = { '语文': [98, 88, 78],
        '数学': [89, 72, 93],
        '英语': [84, 85, 77]}
df3 = pd.DataFrame(dic, index = ['张三', '李四', '王五'])
print("使用字典创建 DataFrame 对象: \n", df3)
```

上述代码的输出结果为

```
使用二维列表创建 DataFrame 对象:
   x  y  z
0  a  1  2
1  b  3  4
2  c  7  8

使用 NumPy 二维数组创建 DataFrame 对象:
     x    y    z
0  0.0  0.0  0.0
1  0.0  0.0  0.0
2  0.0  0.0  0.0

使用字典创建 DataFrame 对象:
      语文  数学  英语
张三    98   89   84
李四    88   72   85
王五    78   93   77
```

在此代码中，DataFrame 对象 df1 使用 Python 的二维列表来创建，并指定了其列索引为 ['x', 'y', 'z']。由于未提供行索引，Pandas 为 df1 创建了一个从 0 到 $N–1$（N 表示传入数据的行数）的整数序列作为自动行索引。对象 df2 通过传入一个 3×3 的 NumPy 二维数组作为参数创建。对象 df3 使用了包含"键—值"对的字典作为参数进行创建，其中，字典的"键"被作为对象的列索引，对应的"值"被作为对象的列的内容。也可以通过 index 参数为 df3 对象设置行索引['张三', '李四', '王五']。

2.2.2　查看和获取数据

1．查看和设置数据

在创建一个 DataFrame 对象后，可以使用对象的一些内置函数和属性对它的基本信息进行观察和设置。常用的操作如下（以名为 df 的 DataFrame 对象为例）。

- 获取 df 的行数：df.shape[0]或者 len(df)。
- 获取 df 的列数：df.shape[1]。
- 获取 df 的维数：df.shape。
- 获取 df 的列名或者行名：df.columns 或 df.index。
- 重新定义列名称：df.columns = ['A', 'B', 'C']。
- 更改某些列的名称：df.rename(columns = {'x': 'X'}, inplace = True) 。

需要注意，如果不设置参数 inplace = True，Python 会为 df 新建一个名称为'X'的新列，不会更改原列的名称。

- 查看 df 的概要信息：df.info()。
- 查看 df 中前 *n* 行的数据信息：df.head(n)。
- 查看 df 最后 *n* 行的信息：df.tail(n)。

2. 获取数据

与 NumPy 模块类似，Pandas 也支持使用索引和切片等方式获取 DataFrame 中的值，进而进行计算或者修改。

Pandas 进行数据索引和切片的方式通常有以下 3 种。

- 通过列索引获得对象中的一列或者多列。此时，使用一个列名或者一个列名列表作为参数传入 DataFrame 对象的 "[]" 索引操作，即可获得目标列。例如，代码 2-15 中的 df1 和 df2 对象均是通过这种方式获得的。
- 通过对象的 loc[]函数或 iloc[]函数获取指定行索引、列索引位置上的数据。两个函数的区别：前者使用 DataFrame 对象的自定义索引，后者使用对象的自动索引（0,1,2,…）。值得注意的是，如果只传入一个索引或索引列表给 loc[]函数和 iloc[]函数，该索引参数一定是列索引，表示获取对象的一列或多列；如果传入两个索引或索引列表给函数，则第一个索引参数是行索引，第二个索引参数是列索引。代码 2-15 中的 df3、df4、df5 对象是通过这些函数获得的。
- 使用条件索引获得满足条件的部分数据或切片。DataFrame 还支持使用 df['语文'] > 85 这样的条件公式产生一个布尔数组，再以该布尔数组作为条件索引，使用 "[]" 索引操作获得满足条件的数据或切片。代码 2-15 中的 df6 对象是通过条件索引的方式产生的。

代码 2-15　DataFrame 进行数据获取操作
```
import pandas as pd
dic = {'语文': [98, 88, 78],
       '数学': [89, 72, 93],
       '英语': [84, 85, 77]}
df = pd.DataFrame(dic, index = ['张三', '李四', '王五'])

df1 = df['语文']
print("获取 DataFrame 对象的一列: \n", df1)

df2 = df[['语文', '英语']]
print("获取 DataFrame 对象的多列: \n", df2)

df3 = df.iloc[1]
print("使用 iloc 函数获得 DataFrame 对象的一行: \n", df3)
```

```
df4 = df.iloc[1:, 1:]
print("使用 iloc 函数获得 DataFrame 对象的多行多列（切片）: \n", df4)

df5 = df.loc['王五', '英语']
print("使用 loc 函数获得 DataFrame 对象中的指定行列索引的一个数据: \n", df5)

df6 = df[df['语文'] > 85]
print("使用条件索引获得满足条件的行: \n", df6)
```

上述代码的输出结果为

```
获取 DataFrame 对象的一列:
张三    98
李四    88
王五    78
Name: 语文, dtype: int64

获取 DataFrame 对象的多列:
     语文   英语
张三   98   84
李四   88   85
王五   78   77

使用 iloc 函数获得 DataFrame 对象的一行:
语文    88
数学    72
英语    85
Name: 李四, dtype: int64

使用 iloc 函数获得 DataFrame 对象的多行多列（切片）:
     数学   英语
李四   72   85
王五   93   77

使用 loc 函数获得 DataFrame 对象中的指定行列索引的一个数据:
 77

使用条件索引获得满足条件的行:
     语文   数学   英语
张三   98   89   84
李四   88   72   85
```

2.2.3　Pandas 的算术运算

Pandas 支持将 Series 或 DataFrame 对象当作一个整体进行算术运算。

Pandas 提供了两种算术运算方法。第一种方法是直接采用 "+" "-" "*" "/" 等算术运算符实现；第二种方法是使用 add()、sub()、mul()、div()、mod()等函数实现两个 DataFrame 对象或 Series 对象的加、减、乘、除、余等算术运算。

但是，与 NumPy 的算术运算不同的是 NumPy 数组之间只要满足相容性原则即可进行广播算术运算，而 Pandas 在对两个对象进行算术运算时，只有对应索引（行索引和列索引）相同的两个数据才可以进行算术运算，而不同索引的数据不能直接进行算术运算，默认情况下，它们会以 NaN 的形式出现在计算结果中。

代码 2-16 展示了两个不同索引的 DataFrame 对象进行算术运算的例子。其中，在执行

df3 = df1+df2 运算时，生成的 df3 的行索引（列索引）是 df1 对象和 df2 对象的行索引（列索引）的并集，两个对象的索引都相同的位置上数据类型也相同时，才会得到正确的加法计算结果；否则，对应索引位置上的计算结果自动填充为 NaN。df4 对象的算术运算使用函数实现，计算结果和前一个例子一致。

代码 2-16　Pandas 的算术运算

```
import numpy as np
import pandas as pd

df1 = pd.DataFrame(np.arange(6).reshape(2, 3), index = ['x', 'y'], columns = ['a',
'b', 'c'])
df2 = pd.DataFrame(np.arange(9).reshape(3, 3), index = ['x', 'y', 'z'], columns =
['a', 'b', 'c2'])

df3 = df1 + df2
print('使用运算符相加的结果: \n', df3)

df4 = df1.add(df2)
print('使用 add( )函数相加的结果: \n', df4)
```
上述代码的输出结果为
```
使用运算符相加的结果:
     a    b    c    c2
x  0.0  2.0  NaN  NaN
y  6.0  8.0  NaN  NaN
z  NaN  NaN  NaN  NaN

使用 add( )函数相加的结果:
     a    b    c    c2
x  0.0  2.0  NaN  NaN
y  6.0  8.0  NaN  NaN
z  NaN  NaN  NaN  NaN
```

Pandas 汇总和描述性统计函数的使用

2.2.4　Pandas 的汇总和描述性统计函数

Pandas 提供了一系列的统计函数，用于对数据进行汇总和探索。表 2-3 中列举了 Pandas 中常用的汇总和描述性统计函数。注意：通常这些函数都假设数据对象中没有缺失值，因此使用前需要对数据的完整性进行检查。

表 2-3　　　　　　　　　Pandas 中常用的汇总和描述性统计函数

函数名	说明
sum	求和
mean	求平均数
max、min	求最大值、最小值
var	求方差
std	求标准差
argmax、argmin	求最大值、最小值的索引值
idxmax、idxmin	求最大值和最小值索引的位置
cumsum	求累计和
cummax、cummin	求累计最大值、累计最小值

函数名	说明
Comprod	求累计积
count	对非空值进行计数
describe	描述性统计

对于表 2-3 中所列函数，可以用"DataFrame.函数名()"的方式进行调用。例如，对于 DataFrame 对象 df，调用其 sum()函数的语句为 df.sum()。

需要注意的是，这些函数中通常都有一个重要参数——axis，它指定了这些函数计算的具体方式。其中，axis = 0 表示沿着第 0 轴（通常为纵轴）进行计算，axis = 1 表示沿着第 1 轴（通常为水平轴）进行计算。默认情况下，axis 的值为 0。

在代码 2-17 中，将对三家商店连续三天的营业额以 DataFrame 对象的方式存储，并使用常用的汇总和统计函数对其进行分析。使用 sum()、mean()、idxmax()、cumsum()函数分别获得了每家商店在三天的总营业额、每家商店每天的平均营业额、每天三家商店的营业额之和、每家商店销售额最大值的索引（哪一天）和每家商店的销售额累计情况。最后，使用 describe()函数查看了每家商店的销售数据的一般描述性统计情况，包括平均值（mean）、标准差（std）、最小值（min）、最大值（max）、1/4 分位数（25%）、中位数（50%）和 3/4 分位数（75%）。

代码 2-17　Pandas 的汇总和统计函数的使用

```
import pandas as pd
df = pd.DataFrame([[98.2,79.3,28.7], [78.3,87.3,54.7], [77.7,65.9,34.2]],
                  index = ['2022-3-1', '2022-3-2', '2022-3-3'],
                  columns = ['商店 A', '商店 B', '商店 C'])
print('三家商店三天的营业额数据为\n', df)

s1 = df.sum()
print("每家商店三天的总营业额: \n", s1)
s2 = df.mean(axis = 0)
print("每家商店每天的平均营业额: \n", s2)
s3 = df.sum(axis = 1)
print("每天三家商店的营业额之和: \n", s3)
s4 = df.idxmax(axis = 0)
print("每家商店销售额最高的日期: \n", s4)
s5 = df.cumsum(axis = 0)
print("每家商店的销售额累计和: \n", s5)
s6 = df.describe()
print("销售数据的一般描述性统计情况（按商店）: \n", s6)
```

上述代码的输出结果为

```
三家商店三天的营业额数据为
          商店 A   商店 B   商店 C
2022-3-1  98.2   79.3   28.7
2022-3-2  78.3   87.3   54.7
2022-3-3  77.7   65.9   34.2

每家商店三天的总营业额:
商店 A    254.2
商店 B    232.5
商店 C    117.6
dtype: float64
```

```
每家商店每天的平均营业额:
商店A    84.733333
商店B    77.500000
商店C    39.200000
dtype: float64

每天三家商店的营业额之和:
2022-3-1    206.2
2022-3-2    220.3
2022-3-3    177.8
dtype: float64

每家商店销售额最高的日期:
商店A    2022-3-1
商店B    2022-3-2
商店C    2022-3-2
dtype: object

每家商店的销售额累计和:
            商店A      商店B      商店C
2022-3-1  98.2     79.3     28.7
2022-3-2  176.5    166.6    83.4
2022-3-3  254.2    232.5    117.6

销售数据的一般描述性统计情况（按商店）:
            商店A       商店B       商店C
count   3.000000   3.000000   3.00000
mean    84.733333  77.500000  39.20000
std     11.666333  10.812955  13.70219
min     77.700000  65.900000  28.70000
25%     78.000000  72.600000  31.45000
50%     78.300000  79.300000  34.20000
75%     88.250000  83.300000  44.45000
max     98.200000  87.300000  54.70000
```

值得指出的是，describe()函数能够返回 Pandas 数据对象的许多有用的描述性统计信息，经常被用在数据探索任务中（参见第 3 章）。

2.2.5 Pandas 的其他常用函数

除了前面介绍的 Pandas 处理函数外，Pandas 还提供了许多与 Series 对象和 DataFrame 对象处理有关的实用函数，读者可以自行查阅 Pandas 的官方网站进行了解。

本节将介绍 Pandas 进行数据处理时涉及的几个常用方法，包括重新索引、删除指定轴上的数据、排序。

1．重新索引

reindex()函数是 Pandas 的一个重要函数，它允许对指定轴的索引进行增加、删除和修改。代码 2-18 中展示了使用 reindex()函数对 Series 对象的行索引进行重新排序的例子。数据对象 s0 的行索引是['语文', '数学', '英语']，通过使用 reindex()函数将它的行索引重排为['数学', '语文', '英语', '计算机']，生成了新 Series 对象 s1。在这个过程中，新索引不仅重排了顺序，而且含有原始 Series 对象 s0 中不存在的索引值（'计算机'），这时新的 Series 对象将包含该索引，并将其对应的值自动填充为空值（NaN）或者设置为 fill_value 参数指定的值（60.0）。

在处理某些特殊数据时（如时间序列数据），使用 reindex() 函数进行重新索引很可能出现大量的空值。此时，可通过设置 reindex() 函数的 method 参数，对空值进行插值运算以实现合理填充。method 参数的常用取值包括：ffill（表示前向填充，即选择当前空值的前一个值作为填充值）、bfill（后向填充，即选择当前空值的后一个值作为填充值）。代码 2-18 的 s3 对象中的空值采用了 ffill 进行前向填充。

代码 2-18　使用 reindex() 函数对 Series 对象进行行索引重排

```
import numpy as np
import pandas as pd

s0 = pd.Series([98, 79, 67], index = ['语文', '数学', '英语'])

s1 = s0.reindex(index = ['数学', '语文', '英语', '计算机'], fill_value=60.0)
print("行索引重排后的 Series 对象: \n", s1)

s2 = pd.Series(['a', 'b', 'c'], index = [0, 2, 3])
s3 = s2.reindex(np.arange(5), method = 'ffill')
print("行索引重排后的 Series 对象: \n", s3)
```

上述代码的输出结果为

```
行索引重排后的 Series 对象:
数学      79.0
语文      98.0
英语      67.0
计算机     60.0
dtype: float64

行索引重排后的 Series 对象:
0    a
1    a
2    b
3    c
4    c
dtype: object
```

对于 DataFrame 对象，reindex() 函数既可用于修改行索引，也可用于修改列索引。如果要修改行索引，可通过为 index 参数设置新行索引实现；如果要修改列索引，可通过为 columns 参数设置新列索引实现。代码 2-19 展示了使用 reindex() 函数对 DataFrame 对象进行重新索引的例子。这里，df1 对象是通过重排 df 对象的行索引和列索引生成的。

代码 2-19　使用 reindex() 函数对 DataFrame 对象进行索引重排序

```
import numpy as np
import pandas as pd

dic = {'语文': [98, 88, 78],
       '数学': [89, 72, 93],
       '英语': [84, 85, 77]}
df = pd.DataFrame(dic, index = ['张三', '李四', '王五'])
print("DataFrame 的原始数据对象: \n", df)

df1 = df.reindex(index = ['李四', '张三', '王五', '陈六'],
                 columns = ['数学', '语文', '英语', '计算机'])
print("对 df 对象进行行列索引重排后的结果: \n", df1)
```

上述代码的输出结果为

```
DataFrame 的原始数据对象:
      语文  数学  英语
张三   98   89   84
李四   88   72   85
王五   78   93   77

对 df 对象进行行列索引重排后的结果:
      数学   语文   英语   计算机
李四   72.0  88.0  85.0  NaN
张三   89.0  98.0  84.0  NaN
王五   93.0  78.0  77.0  NaN
陈六   NaN   NaN   NaN   NaN
```

2. 删除指定轴上的数据

对于 DataFrame 对象，可以使用 drop()函数删除指定的行或者列，并返回删除了行或者列的新 DataFrame 对象。代码 2-20 展示了使用 drop()函数删除指定行（axis=0）的例子。在该例子中，通过删除原对象 df 的两行，生成了新的 df1 对象。操作时，drop()函数需要设置 labels（待删除的索引或索引列表）和 axis（轴）两个参数。

代码 2-20　使用 drop()函数删除 DataFrame 对象中的指定行

```python
import numpy as np
import pandas as pd

dic = {'语文': [98, 88, 78],
       '数学': [89, 72, 93],
       '英语': [84, 85, 77]}
df = pd.DataFrame(dic, index = ['张三', '李四', '王五'])
print("DataFrame 的原始对象: \n", df)

df1 = df.drop(labels = ['李四', '王五'], axis = 0)
print("删除指定行后的 DataFrame 对象: \n", df1)
```

上述代码的输出结果为

```
DataFrame 的原始对象:
      语文  数学  英语
张三   98   89   84
李四   88   72   85
王五   78   93   77

删除指定行后的 DataFrame 对象:
      语文  数学  英语
张三   98   89   84
```

3. 排序

在 Pandas 中，可使用 sort_index()和 sort_values()函数对 Series 或 DataFrame 对象进行按列排序和按行排序，从而返回一个排序以后的新对象。

sort_index()函数有 axis 和 ascending 两个重要参数。axis 参数指定排序操作的轴，默认为 0 轴；ascending 参数指定是升序排列（True），还是降序排列（False），默认为 True。

sort_values()函数除了有 axis 和 ascending 两个参数外，还可以设置 by 参数来指定具体按某一个索引进行排序。如果提供的索引有多个，则首先按第一个索引排序；如果排序过程中出现了相同的值，再按第二个索引排序，依次类推。

代码 2-21 中展示了对 DataFrame 对象进行排序的例子。其中，df1 对象通过 sort_index() 函数在原始 df 对象上沿水平轴（axis = 1）降序排列（ascending = False）获得。由于在水平方向上 3 个列索引降序排序的结果为['语文', '英语', '数学']，因此对象的第 2 列、第 3 列在排序后调换了顺序。df2 对象通过 sort_values()在原始 df 对象上按指定的列（索引['语文', '英语']）升序排列（ascending = True）获得。

代码 2-21　使用 sort_index()和 sort_values()函数对 DataFrame 对象排序

```
import numpy as np
import pandas as pd
dic = {'语文': [98, 88, 78],
       '数学': [89, 72, 93],
       '英语': [84, 85, 77]}
df = pd.DataFrame(dic, index = ['张三', '李四', '王五'])
print("DataFrame 的原始对象 df: \n", df)

df1 = df.sort_index(axis = 1, ascending = False)
print("使用 sort_index 函数对 df 对象沿水平轴降序排列的结果: \n", df1)

df2 = df.sort_values(by = ['语文', '英语'], ascending = True)
print("使用 sort_values 函数对 df 对象多列升序排列的结果: \n", df2)
```

上述代码的输出结果为

```
DataFrame 的原始对象 df:
     语文  数学  英语
张三   98   89   84
李四   88   72   85
王五   78   93   77

使用 sort_index 函数对 df 对象沿水平轴降序排列的结果:
     语文  英语  数学
张三   98   84   89
李四   88   85   72
王五   78   77   93

使用 sort_values 函数对 df 对象多列升序排列的结果:
     语文  数学  英语
王五   78   93   77
李四   88   72   85
张三   98   89   84
```

2.2.6　Pandas 读写文件

在进行数据挖掘任务时，大部分情况下需要直接导入外部保存的数据文件，并将处理好的数据从 Python 导入本地文件。Pandas 可以方便地读取如 CSV、Excel 和 TXT 等本地文件。使用 Pandas 进行文件读写时，使用最多的方法是 read_csv()和 read_excel()，以下分别进行介绍。

1. 读写 CSV 文本文件

CSV（Comma-Separated Values）文件，是以纯文本形式存储的表格数据（数字和文本）。纯文本意味着该文件是一个字符序列，没有像二进制数字那样需要被解读的数据。CSV 文件的主要特点：①文件结构简单，和 TXT 文本文件差别不大；②通用性好，可以很方便地与

Excel 文件进行转换，但是其文件比 Excel 小很多；③组织结构简单，CSV 文件由任意数目的记录组成，记录间以某种换行符分隔；每条记录由字段组成，字段使用特定分隔符分开（最常见的是逗号或制表符）。

Pandas 使用 read_csv()函数读入一个 CSV 文件，并将所读取的数据存入一个 DataFrame 对象中。read_csv()的完整函数形式如下（由于该函数涉及几十个参数，在此只讲解最常用的几个参数）：

```
read_csv(filepath_or_buffer, sep, delimiter = ",", header = 0,encoding = "gbk")
```
主要参数的含义如下。

（1）filepath_or_buffer：文件路径名，也可以是存储数据的 URL 地址。

（2）sep：读取 CSV 文件时指定的分隔符，默认为逗号。

（3）delimiter：定界符，备选分隔符。

（4）header：设置导入 DataFrame 的列名称。如果设置为 0，则表示文件的第 0 行为列名称。

（5）encoding：文件的编码方式，常用的有 UTF-8、ANSI 和 GBK 等。文件中有中文时，需特别注意文件的编码方式。

数据处理完毕，可以使用 to_csv()函数将 DataFrame 格式的数据保存为 CSV 文件。to_csv()函数的完整形式如下：

```
to_csv(path_or_buf, sep, na_rep, index, header, encoding)
```
主要参数的含义如下。

（1）path_or_buf：所要保存的文件路径名。

（2）sep：数据保存时，不同项目之间的分隔符。

（3）na_rep：数据保存时，空值的存储形式。

（4）index：布尔值，其值为 True，表示将行索引存入文件；其值为 False，表示不存储行索引。

（5）header：可以设置为字符串或布尔列表，默认为 True，此时写出列名。如果给定字符串列表，则假定为列名的别名。

（6）encoding：文件的编码方式，常用的有 UTF-8、ANSI 和 GBK 等。

2．读写 Excel 文件

如果数据存储在 Excel 文件中，扩展名为".xls"或".xlsx"，则需要 Pandas 提供的 read_excel()函数对其进行读取。read_excel()的函数形式如下（只列举最常用的参数）：

```
read_excel(io, sheetname = 0, header = 0, skiprows = None, index_col = None)
```
主要参数的含义如下。

（1）io：Excel 文件的路径名。

（2）sheetname：默认值为 0，此时返回 Excel 中第一个表；也可设置为 str、int、list 或 None。其中，str 用作工作表名称；int 用于指定返回第几个表；list 用于请求多个工作表；None 用于获取所有工作表。

（3）header：指定哪一行作为列名，默认是第 0 行，接收的参数可以是整数（指定第几行作为列名），也可以是 None（没有列名）。

（4）skiprows：指定需要跳过文件的前几行。

（5）index_col：指定用哪一列作为行索引。如果传给参数的是整数 n，则表示指定第 n

列作为行索引；如果传入的是列表，则表示需要指定多列作为行索引。

数据处理完毕，可以使用 to_excel()函数将 DataFrame 格式的数据保存为 Excel 文件。to_excel()函数形式如下（只列举了常用的参数）：

```
to_excel (excel_writer, sheetname = None, na_rep= "", header = True, index = True)
```

主要参数的含义如下。

（1）excel_writer：所要保存的 Excel 文件路径名或者 Excel_writer 对象。

（2）sheetname：字符串类型参数，存放数据的表格名称。

（3）na_rep：数据保存时空值的存储形式，默认为空字符串。

（4）header：可设置为布尔型或者字符串列表；默认为 True，此时将列名写入 Excel 文件。如果给定字符串列表，则为列名的别名。

（5）index：布尔值，其值为 True，表示将行索引存入文件；其值为 False，表示不存储行索引。

2.3　Matplotlib

Matplotlib 是 Python 的基础绘图模块，当前常用的大部分高级绘图工具包如 seaborn、ggplot 和 HoloViews 等都是基于 Matplotlib 封装而来的。Matplotlib 可以绘制多种样式的图形，如线图、直方图、饼图、散点图、三维图形等。图 2-3 展示了使用 Matplotlib 绘制的几种典型图形。

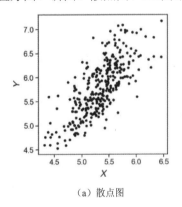
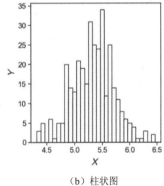
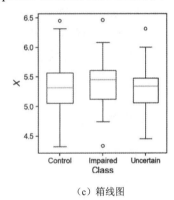

　　（a）散点图　　　　　　　　　（b）柱状图　　　　　　　　　（c）箱线图

图 2-3　Matplotlib 绘制的图形

安装 Matplotlib 模块，可以使用 pip 或者 conda 命令。

```
pip install matplotlib          #使用 pip 命令安装
conda install matplotlib        #使用 conda 命令安装
```

需要特别注意的是，在使用 Matplotlib 进行绘图时，需要直接调用 Matplotlib 中的 pyplot 接口，一般使用如下约定俗成的方式进行调用。

```
import matplotlib.pyplot as plt
```

2.3.1　Matplotlib 基本绘图元素

在 Matplotlib 中，整个图形是一个画布对象。使用 Matplotlib 进行绘图，实质上是调用各种函数在画布上添加各种基本绘图元素，并通过设置函数的参数来控制各元素的外形。Matplotlib 中，基本的绘图元素之间的关系如图 2-4 所示。

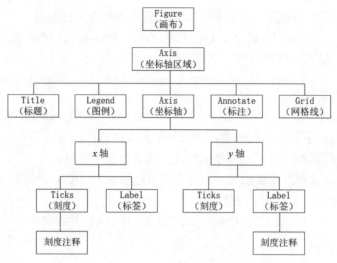

图 2-4　Matplotlib 基本的绘图元素之间的关系

其中，重要的绘图元素如下。

- Figure（画布）：它是一幅图形的整体轮廓，一个画布上也可以绘制多个子图（sub_figure）。
- Title（标题）：图片的标题。
- Legend（图例）：图中曲线的文字说明。
- Axis（坐标轴）：通常指 x 轴、y 轴。
- Ticks（刻度）：坐标轴上的刻度，还可细分为主要刻度（major tick）和次要刻度（minor tick）。
- Label（标签）：坐标轴的文字说明。
- Annotate（标注）：在图形上给数据添加的文字说明。

接下来，我们对 Matplotlib 中重要的绘图元素的使用及参数设置进行介绍。

1．坐标轴

坐标轴是 Matplotlib 绘图的重要元素，通过坐标轴可以更好地理解所绘制图形的含义和数据的具体分布情况。由于 Matplotlib 多用于绘制二维图形，因此常见的坐标轴为二维坐标轴，即一个图形包含一个 x 轴（横轴）和一个 y 轴（纵轴），每个轴上可以设置标签来表示轴的含义；轴上也可以设置刻度，使得生成的图形可以体现出具体的数据值或者相对位置。

绘制坐标轴时，需要根据实际需求对坐标轴相关的参数进行设置，以控制最终坐标轴的外观。Matplotlib 中，与坐标轴相关的参数包括横轴坐标值的取值范围、坐标轴标签、坐标轴刻度等。表 2-4 列举了设置这些参数所需的函数（plt 是 matplotlib.pyplot 的别称）。

表 2-4　　　　　　　　　　　　　　　设置坐标轴参数所需的函数

函数	说明
plt.xlim() plt.ylim()	设置横、纵坐标值的取值范围。例如，若设置 plt.xlim(−1, 1)，则图形将只显示横轴取值在[−1,1]范围内的部分
plt.xticks() plt.yticks()	设置横、纵轴坐标轴刻度。例如，若设置 plt.xticks([0, 1, 2, 3])，则最终图形的横轴会在[0, 1, 2, 3]这 4 个位置绘制刻度

续表

函数	说明
plt.xlabel() plt.ylabel()	设置横、纵轴的标签

代码 2-22 展示了使用 plt.plot() 函数绘制一条正弦曲线和一条余弦曲线的方法。通过调用表 2-4 中的 xlim()、ylim()、xlabel()、ylabel() 函数，可以控制最终图形中坐标轴的外观。其中，在对坐标轴和刻度的标签进行设置时，均设置了 fontproperties = 'SimHei'，用于正确显示 SimHei（黑体）中文字体。

代码 2-22　Matplotlib 绘图示例

```
import numpy as np
import matplotlib.pyplot as plt

x = np.arange(-2*np.pi, 2*np.pi, 0.01)
y1, y2 = np.sin(x), np.cos(x)
plt.figure(figsize = (6, 4))
plt.plot(x, y1)
plt.plot(x, y2)
plt.xlim(-3, 3)          #设置 x 轴和 y 轴的显示范围
plt.ylim(-2, 2)
plt.xlabel("x")          #设置 x 轴和 y 轴的显示标签
plt.ylabel(u"函数值", fontproperties = 'SimHei')
#设置 y 轴的刻度及显示的刻度值
plt.yticks([-1, 0.5, 1, 2], [u'最小值', u'中间值', u'最大值', '2'], fontproperties = 'SimHei')
#设置图例
plt.legend(prop = {'family': 'SimHei', 'size':16},
           loc = 'lower right', labels = ['正弦', '余弦'])
#设置文本注释
plt.annotate(text = 'sin(x)', xy = (0.5, np.sin(0.5)), xytext = (0, 1.5),
        weight = 'bold', color = 'black',
        arrowprops = dict(arrowstyle = '-|>', connectionstyle = 'arc3', color = 'red'),
        bbox = dict(boxstyle = 'round, pad = 0.5'))
plt.text(-1, np.cos(-1), 'cos(x)', family = 'fantasy', fontsize = 14, style = 'italic', color = 'k')
plt.show()
```

上述代码的输出结果如图 2-5 所示。

2．图例

当在一个画布上同时绘制由多组数据生成的不同曲线或不同图形时，图例能够帮助用户更好地分辨不同的曲线和图形。在 Matplotlib 中，通常使用 plt.legend() 函数来控制图例的形状。plt.legend() 可以通过传入 loc 参数来控制图例的显示位置。表 2-5 中列举了 loc 参数可能的 11 个取值及其含义。

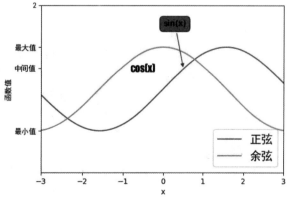

图 2-5　Matplotlib 绘图示例

表 2-5   图例的 loc 参数

参数值	说明
'best'	Matplotlib 在画布上自动选择一个最优的位置放置图例
'upper center'	在画布的中上位置放置图例
'upper right'	在画布的右上角放置图例
'center right'	在画布的中部右侧放置图例
'lower right'	在画布的右下角放置图例
'lower center'	在画布的下部中间放置图例
'lower left'	在画布的左下角放置图例
'center left'	在画布的中部左侧放置图例
'upper left'	在画布的左上角放置图例
'center'	在画布的中心放置图例
'right'	在画布的右侧放置图例

代码 2-22 中使用 plt.legend()函数在图形右下角显示了两条曲线的图例。我们向该函数传入了 3 个参数，其中，prop 用于控制图例的字体样式（大小为 16 的 SimHei 字体），loc 参数用于控制图例的显示位置（'lower right'），labels 用于设置图例中显示的文本内容（['正弦', '余弦']）。

3. 文本注释

有时在所绘制的图形上添加一些文本注释，能够帮助读者快速地理解图形含义和定位数据。Matplotlib 提供了 annotate()和 text()两个函数用于添加文本注释。其中，annotate()用于添加带箭头的文本注释，而 text()用于添加只包含普通文本的注释。

annotate()函数所绘制的文本注释由文本和连接箭头两部分构成。其基本语法为

```
annotate(text, xy, xytext, weight, color, arrowprops, bbox)
```

主要参数的含义如下。

（1）text：要显示的文本注释内容，该参数必须是一个字符串类型的数据。

（2）xy：由两个浮点数组成的元组，如(float, float)，用于控制箭头点的坐标。

（3）xytext：由两个浮点数组成的元组，如(float, float)，用于控制注释文本的位置。

（4）weight：用于控制注释文本的字体粗细，常用的可选值（由细到粗）有{'light', 'normal', 'medium', 'semibold', 'bold', 'heavy', 'black'}。

（5）color：用于控制字体颜色，可选值包括{'b', 'g', 'r', 'c', 'm', 'y', 'k', 'w'}，也可以直接像 color='red'这样设置值。

（6）arrowprops：字典型参数，用于控制箭头的外形，字典中的 key 值包括：arrowstyle（箭头样式）、connectionstyle（箭头形状，可设置为直线或者曲线）、color（箭头颜色）。

（7）bbox：字典型参数，用于设置注释文本的边框形状。

text()函数所绘制的文本注释只包含文本，不包含连接线，其基本语法为

```
text(x, y, s, family, fontsize, style)
```

主要参数的含义如下。

（1）x、y：浮点型参数，用于控制文本注释的坐标位置。

（2）s：字符串型参数，显示文本注释内容。

（3）family：用于控制文本的字体，可选值包括{'serif', 'sans-serif', 'cursive', 'fantasy', 'monospace'}。

（4）fontsize：整数型参数，用于控制字体的大小。

（5）style：设置字体样式，可选值有{ 'normal', 'italic', 'oblique'}。

在代码 2-22 中，我们分别用 annonate()和 text()函数为图 2-5 中的正弦曲线和余弦曲线各自添加一个文本注释。其中，第一个文本注释使用 annonate()函数添加，设置为带红色箭头和圆角文本框；第二个文本注释使用 text()函数添加，只设置了文本的字体样式和颜色。

2.3.2　常用的 Matplotlib 图形绘制

Matplotlib 为用户提供了大量的接口，用于创建丰富多样的图形，用于对数据进行可视化展示和分析。结合 2.3.1 节中基本图形元素的介绍，本节将介绍 Matplotlib 中几种常见的图形的绘制方法，包括折线图、散点图、柱状图等。

1. 折线图

折线图是 Matplotlib 中使用频率最高的图形之一。在 Matplotlib 中，使用 plot()函数进行折线图的绘制。在同一个画布中，plot()函数既可以绘制单条折线图，也可以绘制含多条折线的复杂图形。plot()函数的调用方法很简单，只需要向其传入一系列点的横坐标和纵坐标，并设置相应的外观参数（颜色、线宽、样式、标记点等）。其基本语法为

```
plot(x, y, color, linewidth, linestyle, marker, markersize)
```
主要参数的含义如下。

（1）x、y：折线上的一系列点的横坐标和纵坐标。

（2）color：折线的颜色。

（3）linewidth：折线的线宽。

（4）linestyle：折线的样式。

（5）marker：线条上的标记点类型。

（6）markersize：折线上标记点的大小。

代码 2-23 展示了使用折线图绘制方程 $y = x^2$ 曲线的过程。首先用 np.arange()函数在[−10, 10]范围内生成变量 x 的取值，并据此计算出对应的 y 值。然后在 figsize = (6, 4),dpi = 200 的画布上使用 plt.plot()函数绘制折线图。设置了折线的外观参数：红色（color = 'r'）、线宽为 1.5（linewidth = 1.5）、虚线样式（linestyle = '--'）、圆圈标记点（marker = 'o'）和标记点大小为 6（markersize = 6）。图 2-6 展示了最终的折线图效果。

代码 2-23　使用 plot()函数绘制折线图

```
import matplotlib.pyplot as plt
import numpy as np

x = np.arange(-10, 11, 1)          #获得变量 x 和 y 的值
y = x**2

#绘制折线图
plt.figure(figsize = (6, 4), dpi = 200)
plt.plot(x, y, color = 'r', linewidth = 1.5, linestyle = '--', marker = 'o',
markersize = 6)
plt.xlim(-11, 11)
plt.ylim(-3, 103)
plt.xlabel("x")                    #设置 x 轴和 y 轴标签
plt.ylabel("y")
y_ticks = np.arange(0, 101, 10)   #设置 y 轴刻度
```

```
plt.yticks(y_ticks)
plt.title(u'折线图示例', fontproperties = 'SimHei')        #设置标题
plt.grid(True, which = 'major', linestyle = '--', linewidth = 1)
plt.show()
```
上述代码的输出结果如图 2-6 所示。

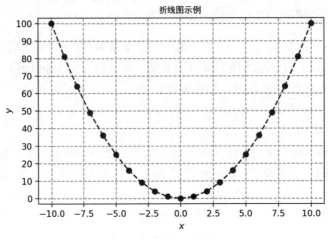

图 2-6　折线图的绘制

2. 散点图

散点图是指将数据集中的每个点绘制在二维平面上形成的图形，用户可根据数据点的散布情况对数据的分布进行观察和推测，或者分析变量之间的相关性。Matplotlib 使用 scatter() 函数来绘制散点图，其基本语法为

scatter(x, y, s, c, marker, alpha)

主要参数的含义如下。

（1）x、y：数据点的横坐标和纵坐标。

（2）s：散点（标记点）的大小。

（3）c：散点的颜色。

（4）marker：散点的样式，默认为 o，即散点用圆圈表示。

（5）alpha：透明度，该值越小则绘制的散点越透明。

代码 2-24 展示了绘制散点图的过程。用标准正态分布随机生成了 400 个数据点，并以散点图的形式将它们绘制在二维平面上。在使用 scatter() 函数时，设置了参数 s = 60 表示散点的大小为 60，参数 marker = 'o'表示散点形状为圆圈，alpha = 0.6 表示散点重合时的透明度为 60%。图 2-7 展示了最终的散点图。通过观察可以发现：越靠近原点，数据分布越集中，符合标准正态分布的数据分布规律。

代码 2-24　使用 scatter()函数绘制散点图

```
import matplotlib.pyplot as plt
import numpy as np

n = 400                              #数据集的规模
point = np.random.randn(n, 2)
```

```
#绘制散点图
plt.figure(figsize = (6, 4), dpi = 200)
plt.scatter(point[:, 0], point[:, 1], s = 60, marker = 'o', alpha = 0.6)
plt.xlim(-4, 4)
plt.ylim(-4, 4)
plt.xlabel("x")                                    #设置 x 轴和 y 轴标签
plt.ylabel("y")
plt.title(u'散点图示例', fontproperties = 'SimHei')
plt.grid(True, which = 'major', linestyle = '--', linewidth = 1)
plt.show()
```

上述代码的输出结果如图 2-7 所示。

3. 柱状图

如果要对一组数据或者多组数据的
大小进行比较，可使用柱状图，柱状图提
供了一种最直观的比较方式。Matplotlib
使用 bar()函数来绘制柱状图。所绘制的柱
状图利用条柱之间的高度差异来直观比
较数据的大小。bar()函数的基本语法为

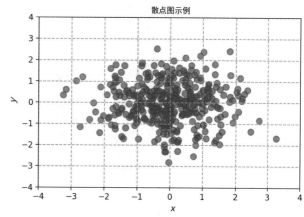

图 2-7　散点图的绘制

```
bar(x, height, alpha, width, color,
edgecolor, label)
```

主要参数的含义如下。

（1）x：横轴的位置序列，即在横轴的哪个位置放置柱子。一般采用 range()函数产生一
个序列，但是也可以是字符串。

（2）height：柱子的高度序列。

（3）width：柱子的宽度，默认值为 0.8。

（4）color：柱子内部的填充颜色。

（5）edgecolor：柱子的边缘颜色。

（6）label：柱子的标签，即每个柱子的文字说明。

代码 2-25 展示了绘制柱状图比较 4 名学生成绩的过程。首先以 Python 列表的形式给出 4
名学生的姓名和成绩。再将 names（姓名）列表和 scores（分数）列表作为 bar()函数的 x 参
数和 height 参数传入，并设置了柱子颜色参数（color = 'blue'）和边缘颜色参数（edgecolor =
'black'）。该函数将绘制一幅具有 4 根柱子的柱状图，图 2-8 展示了最终的绘制效果。

代码 2-25　使用 bar()函数绘制柱状图

```
import matplotlib
import matplotlib.pyplot as plt

#获得柱状图数据和标签
names = ['张三', '李四', '王五', '陈六']
scores = [98, 67, 77, 56]

#绘制柱状图
plt.figure(figsize = (6, 4), dpi = 200)
matplotlib.rcParams['font.sans-serif'] = ['SimHei']
plt.bar(x = names, height = scores, width = 0.5, color = 'blue',
        edgecolor = 'black', label = '成绩')
```

```
for xx, yy in zip(names, scores):          #绘制文本注释
    plt.text(xx, yy+1, str(yy))
plt.xlabel("姓名")
plt.ylabel("分数")
plt.title(u'柱状图示例', fontproperties = 'SimHei')
plt.grid(True, which = 'major', linestyle = '--', linewidth = 1)
plt.show()
```

上述代码的输出结果如图 2-8 所示。

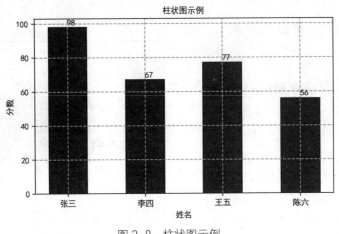

图 2-8　柱状图示例

最后，需要特别指出的是，Matplotlib 所绘制的图形质量已经可以满足出版要求，但是在某些对绘图质量要求高的领域（如金融和互联网），绘图的美观性显得尤为重要，此时推荐读者使用构建在 Matplotlib 模块之上的 seaborn 等高级绘图工具包。

2.4　Scikit-learn

Scikit-learn 是 Python 中构建数据挖掘模型的强大模块，它涵盖了几乎所有主流的数据挖掘算法，并且提供了统一的调用接口。

Scikit-learn 依赖于 NumPy、SciPy 和 Matplotlib 等数值计算和可视化的模块。因此，在安装使用 Scikit-learn 之前，需要先安装这些模块。安装方法与安装 NumPy 的类似，可以在 Anaconda 命令行终端输入 "pip install scikit-learn" 或者 "conda install scikit-learn" 命令来安装 Scikit-learn。

根据 1.2 节的描述，数据挖掘的一般流程包括数据获取、预处理、构建模型、模型评价与优化和部署等几个主要阶段。作为功能强大的数据挖掘工具包，Scikit-learn 提供了覆盖数据挖掘任务主要阶段的多个功能模块，这些功能模块介绍如下。

1. 数据集模块

Scikit-learn 中包含许多经典的公开数据集，用户可使用它们完成一些典型的数据挖掘任务，如分类、回归、聚类等。此外，Scikit-learn 还提供了构造的人工合成数据集的一些方法。要使用这些数据集，用户需要引用 sklearn.datasets 模块。表 2-6 中列举了 sklearn.datasets 中所包含的常用数据集。

表 2-6　　　　　　　　　　　　　　　Scikit-learn 中常用数据集

名称	调用方法	适用的任务
手写数字数据集	datasets.load_digits()	分类
鸢尾花数据集	datasets.load_iris()	分类
乳腺癌数据集	datasets.load_breast_cancer()	分类
糖尿病数据集	datasets.load_diabetes()	分类
波士顿房价数据集	datasets.load_boston()	回归
体能训练数据集	datasets.load_linnerud()	回归

代码 2-26 的步骤 1 展示了加载鸢尾花数据集的过程，并查看了前 5 条样本。从此代码的运行结果可以看出，鸢尾花数据集有 150 个样本、4 个特征。

代码 2-26　加载鸢尾花数据集

```
from sklearn import datasets
from sklearn import preprocessing
from sklearn import tree

#步骤 1: 加载数据集
iris = datasets.load_iris()
n_samples, n_features = iris.data.shape
X = iris.data
Y = iris.target
print('步骤 1: 加载 iris 数据集')
print('iris 数据集中有%d 个样本，%d 个特征。' % (n_samples, n_features))
print('iris 的前 5 个样本: \n', X[0:5])

#步骤 2: 数据预处理
min_max_scaler = preprocessing.MinMaxScaler()
X_scale = min_max_scaler.fit_transform(X)
print('步骤 2: 数据预处理')
print('规范化后 iris 的前 5 个样本: \n', X_scale[0:5])

#步骤 3: 使用决策树算法构建分类器模型
classifier = tree.DecisionTreeClassifier()
classifier = classifier.fit(X, Y)     #在训练集上训练
Y_predict = classifier.predict(X)     #使用训练好的模型进行预测
print('步骤 3: 决策树模型构建……')

#步骤 4: 模型的评估
accuracy = (Y == Y_predict).sum() / Y.shape[0]
print('步骤 4: 模型评估')
print("决策树在训练集上的分类准确度: %.3f" % (accuracy*100))
```
上述代码的步骤 1 的输出结果:
```
步骤 1: 加载 iris 数据集
iris 数据集中有 150 个样本，4 个特征。
iris 的前 5 个样本:
 [[5.1 3.5 1.4 0.2]
 [4.9 3.  1.4 0.2]
 [4.7 3.2 1.3 0.2]
 [4.6 3.1 1.5 0.2]
 [5.  3.6 1.4 0.2]]
```

2．数据预处理模块

数据预处理是进行数据挖掘任务之前的重要步骤，合适的预处理操作能显著提升数据挖掘结果的质量。数据预处理通常包括数据集成、数据清洗、数据变换、数据规约等操作，本书将在第 4 章重点讨论数据预处理的相关工作。

Scikit-learn 提供了完备的数据预处理功能模块，包括以下几种。

- sklearn.feature_extraction：特征抽取模块。
- sklearn.feature_selection：特征选择模块。
- sklearn.preprocessing：特征预处理模块。
- sklearn.random_projection：数据集合模块。

使用上述功能模块，用户可以很方便地完成数据的预处理操作。代码 2-26 的步骤 2 展示了对鸢尾花数据集进行一个简单的预处理操作，它将鸢尾花数据集的每一个特征使用 MinMaxScaler()函数规范化到[0, 1]范围内。规范化操作在很多情况下能明显提升构建的数据挖掘模型的性能。有关 MinMaxScaler()规范化函数的使用，请读者参见 4.3 节的内容。

代码 2-26 的步骤 2 的输出结果为

```
步骤 2：数据预处理
规范化后 iris 的前 5 个样本：
 [[0.22222222 0.625      0.06779661 0.04166667]
  [0.16666667 0.41666667 0.06779661 0.04166667]
  [0.11111111 0.5        0.05084746 0.04166667]
  [0.08333333 0.45833333 0.08474576 0.04166667]
  [0.19444444 0.66666667 0.06779661 0.04166667]]
```

3．模型训练模块

Scikit-learn 提供了丰富的数据挖掘模型的实现模块，这些模块覆盖分类、聚类、回归等常见的数据挖掘任务，能帮助我们快速地构建一个数据挖掘模型，并进行模型训练和测试。常用的模型训练模块如下。

- sklearn.cluster：聚类模块，包含常用的聚类算法。
- sklearn.linear_model：线性学习器模块。
- sklearn.naive_bayes：贝叶斯学习器模块。
- sklearn.neural_network：神经网络学习器模块，包含多层感知机等浅层神经网络算法。
- sklearn.svm：支持向量机模块。
- sklearn.tree：决策树模块，包含种类繁多的决策树学习算法。
- sklearn.ensemble：集成学习模块，用于构建 Bagging 等集成学习模型。

本书从第 6 章开始，将基于 Scikit-learn 提供的实现模型分章介绍不同任务下的数据挖掘模型的构建、训练、测试及评价方法。在代码 2-26 的步骤 3 中，我们演示了使用 sklearn.tree 模块下的决策树算法构建并训练一个简单的分类模型的过程。决策树模型 classifier 使用 tree.DecisionTreeClassifier()类创建，使用 fit()函数在数据集上进行训练，并使用 predict()函数预测分类结果。

需要指出的是，fit()函数和 predict()函数是 Scikit-learn 模块中的标准函数，Scikit-learn 中大部分的数据挖掘模型在训练和预测时均调用这两个函数实现。

4．模型评估模块

模型评估模块主要用于对训练后的数据挖掘模型的性能进行定量评估，以评判模型的性能好坏。Scikit-learn 中与模型评估相关的模块如下。

sklearn.metrics：提供常用的模型评估指标及其计算函数，例如，准确度（Accuracy）、精确率（Precision）、召回率（Recall）等。

sklearn.metrics 功能模块提供的函数能帮助用户完成模型性能评估，极大地减轻模型评估的工作量。例如，代码 2-26 中步骤 4 关于准确度指标的计算可以使用 sklearn.metrics 模块下的 accuracy_score()函数代替，即

```
from sklearn.metrics import accuracy_score
accuracy = accuracy_score(Y, Y_predict)
```

在代码 2-26 的步骤 4 中，我们对训练好的决策树模型在训练集上的分类精度进行了计算，输出的评估结果为

```
步骤 4：模型评估
决策树在训练集上的分类准确度为：100.000
```

可以看出训练的决策树模型在鸢尾花数据集上分类准确度为 100%，性能非常优异（这也与鸢尾花数据集比较简单有关）。

5．其他功能模块

除上述功能模块，Scikit-learn 还提供了许多其他有用的功能模块，用于辅助机器学习任务的进行。

- sklearn.convariance：协方差计算模块。
- sklearn.mixture：高斯混合模型计算模块，提供了多种计算高斯混合模型的算法。

Scikit-learn 是本书中进行机器学习任务时所使用的主要模块之一，其将贯穿于整本书。对于每个模块的具体功能和使用方法，我们将在后续章节中进一步介绍。

2.5　本章小结

Python 是一门简单易学且功能强大的编程语言，也是本书后续章节中进行数据挖掘实践操作的主要工具。本章对使用 Python 进行高级数据挖掘所必需的高级模块（NumPy、Pandas、Matplotlib 和 Scikit-learn）进行了介绍。

习题

1. 请简述构造 NumPy 数组的方法。
2. 绘制散点图、柱状图和折线图需要分别用到 Matplotlib 的哪些函数？
3. 请简要说明 NumPy、Pandas 和 Matplotlib 的主要功能。
4. 请简要说明 Pandas 和 NumPy 数组的区别，以及如何相互转换。
5. Figure 对象的基本元素包括哪些？

第 **3** 章 数据探索

数据收集和存储技术的快速发展使得现代计算机系统正在以无法想象的速度积累着海量数据。与此同时，数据的来源也愈发广泛：从销售记录、人事档案记录、交通运输记录、医疗保健记录到银行现金提取和信用卡交易的记录，以及卫星对地球的观测记录等。面对如此来源广泛、形成复杂、质量良莠不齐的数据，在进行数据挖掘工作之前，首先必须开展的一项工作就是全面了解和认识数据。通过使用数据统计描述和可视化等方法，认识数据的统计特征，探索数据的分布规律，了解异常值、缺失值等情况，以便更好地掌握数据的特点，进而有针对性地开展后续数据预处理和构建数据挖掘模型工作。这项工作也被称为"数据探索"，它通常是数据挖掘过程中的首要任务。

本章从数据的特征类型开始，依次介绍数据的统计描述方法、可视化方法、相似性和距离度量方法，这些方法将帮助我们从不同角度去探索数据的特点和分布规律。

3.1 数据对象与特征

通常，数据集可以看作由数据对象构成的集合。一个数据对象代表一个实体，有时也称为记录、样本、实例、点、向量、模式等。数据对象通常由一组刻画对象基本属性的特征来描述。对于存储在数据库中的数据，数据库的一行对应着一个数据对象，它们也被称为"元组"，一列则对应着数据的一个特征。表 3-1 展示了一个包含销售记录的样本数据集。每一行对应一条销售记录（对象），每一列对应销售记录的一个特征，如客户 ID、购买日期、购买金额等。

表 3-1 　　　　　　　　　　　包含销售记录的样本数据集

客户 ID	购买日期	购买金额/元	购买商品 ID
106782	2022-03-08	102.34	A1
107623	2023-03-08	3625.0	A5、B5
207253	2022-03-08	567.76	A6、A2
302436	2022-03-09	3628.90	B6、B7

3.1.1 特征及其类型

特征（Feature）是对数据对象在某方面的描述，通常与维度（Dimension）、属性（Attribute）和变量（Variable）经常互换使用[1]。

---

1 在文献中，术语"维度"一般用在数据库中，数据挖掘领域更倾向于使用术语"特征"，统计领域则更习惯使用"变量"。

数据对象的特征可以使用各种类型的数据进行描述，例如文本、数值、序数等。在数据挖掘任务中，许多模型对数据对象的特征的类型有各种要求或限制，因此我们必须明确每一个特征的类型。

通常，我们把特征分为标称特征、二元特征、序数特征、区间标度特征和比率标度特征5 种主要类型。表 3-2 详细说明了这 5 种类型特征的定义和特点。

表 3-2　　　　　　　　　　　　　　5 种常见的特征类型

特征类型	定义和特点	例子
标称特征 （Normal Features）	特征值是一些有限数量的符号或者事物名称，主要用于区分不同的类别的值	"婚姻状况"特征的取值包括：单身、已婚、离异或丧偶
二元特征 （Binary Features）	它又称为"布尔"特征，是一种特殊的标称特征，其取值只有两个类别或状态，通常用"假"和"真"，或者"0"和"1"表示	"性别"特征的取值包括："男"和"女"
序数特征 （Ordinal Features）	它与标称特征类似，但序数特征的取值是具有序数关系的值，可以对其进行排序	"衣服尺寸"特征的取值包括：小号、中号、大号
区间标度特征 （Interval-scaled Features）	区间标度特征是一种有序的数值特征，它没有绝对的零点，因而数值的倍数关系不成立，但是两个值之间的区间差值有意义	"温度"特征的测量值（华氏度或摄氏度）
比率标度特征 （Ratio-scaled Features）	它与区间标度特征类似，但具有绝对的零点，因而数值的倍数关系成立	"价格"特征在商品 A 和 B 上取值分别为 48 和 8，那么前者的价格是后者的 6 倍

此外，也有一些文献将标称特征、二元特征、序数特征统称为分类/类别（Categorical）或定性（Qualitative）特征，将区间标度特征和比率标度特征统称为数值（Numerical）特征或定量（Quantitative）特征。

3.1.2　离散和连续特征

除了上述特征类型的划分方式外，还有一些文献从特征的取值数量的角度将其分为离散特征和连续特征两种类型。

（1）离散特征在一定区间范围内具有有限个取值，可以用整数、符号、布尔值、序数数据等表示。通常，标称特征、二元特征、序数特征和整数数值特征都是离散特征。例如，职工人数、设备台数、颜色、性别、年龄等。

（2）连续特征可以在一定区间范围内任意取值，具有无限个取值。通常，区间标度特征和比率标度特征属于连续特征。例如，生产零件的规格尺寸、人体的身高和体重、污染物浓度等。

3.2　数据统计描述

数据统计描述通过计算数据的一些统计度量指标帮助我们认识数据，是较为常用的探索数据分布特点的方法之一。统计描述通常包括集中趋势和离中趋势两类度量指标。

3.2.1　集中趋势

一般来说，数据在某个特征上的集中趋势主要由其取值的平均水平来度量，使用较为广泛的度量包括均值（Mean）、中位数（Median）和众数（Mode）。

1. 均值

均值反映在某个特征上平均取值情况。我们以"成绩"特征的均值计算为例进行说明。假设某班级的一组学生成绩的观测数据具有 N 个观测值，单个观测值用 x_i 表示，成绩均值用 $\bar{x}$ 表示，则均值的计算如式（3-1）所示。

$$\bar{x} = \frac{\sum_{i=1}^{N} x_i}{N} \tag{3-1}$$

有时不同的观测值可能具有不同的重要程度，为此，我们可为每个观测值 x_i 赋予不同的权重 w_i。由此，可以得到一个加权的算术均值，其计算如式（3-2）所示。

$$\bar{x} = \frac{\sum_{i=1}^{N} w_i x_i}{\sum_{i=1}^{N} w_i} = \frac{w_1 x_1 + w_2 x_2 + \cdots + w_N x_N}{w_1 + w_2 + \cdots + w_N} \tag{3-2}$$

尽管均值是常用的集中趋势描述指标，但均值对极端异常值较为敏感。如果数据中存在极端值或者异常值，那么均值就不能很好度量数据的集中趋势。为了消除少数极端值或异常值的影响，可以先对数据进行排序，再去掉一定比例的与极端值/异常值有关的最高值或者最低值，然后使用剩余的数据来计算均值，这种技术也称为"截断均值"。

需要注意的是，均值只能用于数值特征。

2. 中位数

有些时候特征的取值并非集中在取值区间中心区域附近或者均匀分布，而是集中在区间的一侧，这样的数据称为"有偏"数据。例如，上述的学生成绩例子中，20 名学生的成绩在区间[70, 90]，但有 6 名学生的成绩分别是 15、25、35、45、55 和 65 分。也就是说，成绩并没有集中在区间[0, 100]的中心区域附近，而是有偏度地集中在区间[70, 90]范围内。对于这样的偏度较大的数据，较好的度量数据集中趋势的指标是中位数，用 x_M 表示。中位数是数据排序后位于中间位置的那个取值。

假设某一特征 x 的取值按值从小到大的顺序排序，即 $\{x_1, x_2, x_3, \cdots, x_N\}$，则中位数的计算如式（3-3）所示。

$$x_M = \begin{cases} x_{\left(\frac{N+1}{2}\right)}, & \text{如果} N \text{为奇数} \\ \frac{1}{2}\left(x_{\left(\frac{N}{2}\right)} + x_{\left(\frac{N}{2}+1\right)}\right), & \text{如果} N \text{为偶数} \end{cases} \tag{3-3}$$

需要注意的是，中位数不仅能用于数值特征，而且可用于序数特征。

3. 众数

众数是另外一种中心趋势的度量指标，它只对离散型的特征有意义。它是指一个特征的取值范围内出现频率最高的值。因此，众数通常用于离散特征上的集中趋势度量。例如，一组学生的成绩分别为 85、80、81、85、90、85、72、94、88、81、70。其中，分数 85 出现的频率最高（3 次），因此该组学生成绩的众数为 85。

然而，有时频率最高的值可能会同时有多个，从而出现多个众数。具有多个众数的数据一般称为多峰数据。

3.2.2 离中趋势

数据在某个特征上的离中趋势的主要度量指标包括极差、方差、标准差、四分位极差等。

1. 极差

极差（Range）是指数据的最大值和最小值之间的差值，如式（3-4）所示。

$$x_{\text{range}} = x_{\text{max}} - x_{\text{min}} \tag{3-4}$$

2. 方差

方差（Variance）是常用的数据离中趋势度量，主要用于测量数据取值的发散程度，常用数学符号 σ^2 表示。方差的计算如式（3-5）所示，其中，$\overline{x}$ 是数据的均值。

$$\sigma^2 = \frac{1}{N}\sum_{i=1}^{N}(x_i - \overline{x})^2 \tag{3-5}$$

3. 标准差

标准差（Standard Deviation）也称标准偏差，是方差的算术平方根，常用数学符号 σ 表示。其计算如式（3-6）所示。

$$\sigma = \sqrt{\frac{\sum_{i=1}^{N}(x_i - \overline{x})^2}{N}} \tag{3-6}$$

4. 四分位极差

四分位数也称四分位点，是指在统计描述过程中把特征的所有取值由小到大排列后，通过 3 个点（25%位置，50%位置，75%位置）可以将数据分割成 4 等份，这 3 个位置点对应的数值分别称为 1/4 分位数（Q_1，下四分位数）、2/4 分位数（Q_2，中位数）和 3/4 分位数（Q_3，上四分位数），如图 3-1 所示。

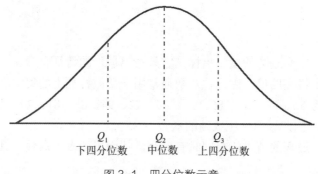

图 3-1　四分位数示意

四分位数极差（Inter-Quartile Range，IQR）是指上四分位数与下四分位数之差。一般来说，其间距应该涵盖一半的数据量。所以，IQR 值越大说明特征的离中程度越大，反之，说明离中程度越小。

3.3　数据可视化

前面的 2.3 节已经介绍过 Python 的常用绘图模块 Matplotlib。它可以绘制多种形式的图形，包括折线图、散点图和柱状图等。在数据挖掘过程中，利用图形工具对数据进行可视化，直接在二维或三维空间中观察数据的分布规律，或者观察特征之间的相关关系，是对数据进行探索的常用方法之一。本节将以鸢尾花数据集为例，介绍使用 Matplotlib 进行数据探索的一些常用可视化图形和方法。

> **数据集：鸢尾花分类**
> 数据集中包括 3 个品种的鸢尾花（setosa、versicolor 和 virginica），每个样本用 4 个特征描述鸢尾花的特点，即花瓣（Petal）与花萼（Sepal）的长度和宽度。数据集可以使用 sklearn.datasets 中 load_iris() 函数加载。

3.3.1　散点图

散点图是一种直接将数据点绘制在二维或者三维坐标系中的图形，用户可根据数据点的散布情况对数据的分布或者特征之间的相关关系进行直观的观察。在探索数据时，经常选取数据的两个特征绘制散点图，以帮助我们判断这两个特征之间是否存在相关性。散点图的实现主要使用 Matplotlib 模块中的 scatter() 函数。有关 scatter() 函数的参数的使用读者可以查阅 2.3 节的内容。

代码 3-1 展示了使用鸢尾花数据集的花瓣长度和花瓣宽度绘制散点图的过程。

代码 3-1　使用散点图探索鸢尾花数据集

```
from sklearn.datasets import load_iris
import matplotlib.pyplot as plt

iris = load_iris()
features = iris.data.T
```

使用散点图探索
鸢尾花数据

```
plt.figure(figsize = (8,6), dpi=200)
plt.scatter(features[2], features[3])          #绘制散点图
plt.xlabel(iris.feature_names[2])
plt.ylabel(iris.feature_names[3])
plt.show()
```

代码运行的结果如图 3-2（a）所示。从图中可以看出，鸢尾花的花瓣宽度随着花瓣长度的增加而增加，两个特征之间存在一定的线性正相关性。我们可以进一步用定量的方法（如相关系数）计算它们之间的相关程度（相关性的定量计算方法参见 3.5 节）。

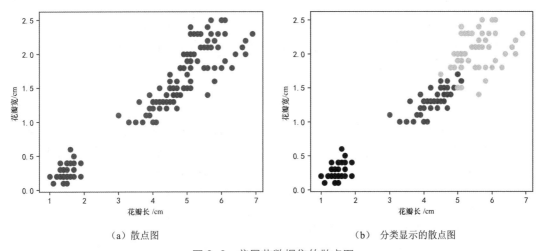

（a）散点图　　　　　　　　　　　　（b）分类显示的散点图

图 3-2　鸢尾花数据集的散点图

实际上，在这个例子中我们还可以观察不同类别的鸢尾花的花瓣长度和花瓣宽度的特点。将代码 3-1 中的 scatter() 替换成如下的代码，即可得到图 3-2（b）所示的按鸢尾花的品种类别显示的散点图。

```
plt.scatter(features[2], features[3], c = iris.target, cmap = 'viridis')
```

上述语句通过设置 scatter() 函数的颜色参数（c = iris.target）区分了不同类别的散点。

从图 3-2（b）可以观察到，3 个品种的鸢尾花的花瓣长度和花瓣宽度均有明显差异，同时，花瓣长度和花瓣宽度之间均存在一定的线性正相关性。

两个特征之间的相关性分为多种情况，包括完全线性正相关、完全线性负相关、线性正相关、线性负相关、线性无关和非线性相关。图 3-3 给出了这 6 种情况的示意。

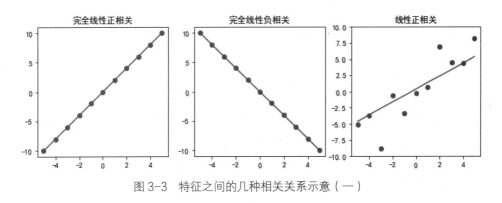

图 3-3　特征之间的几种相关关系示意（一）

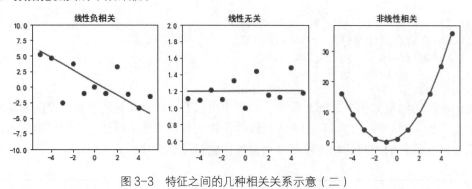

图 3-3　特征之间的几种相关关系示意（二）

显然，依照特征之间的几种相关关系，图 3-2 中显示的花瓣长度和宽度特征之间属于线性正相关关系。

3.3.2　箱线图

箱线图，也称盒图，一般用来展现数据的分布（如上、下四分位数，中位数等），同时，也可以用箱线图来反映数据的异常情况，具体异常检测的应用详见 4.2.3 节。在 matplotlib.pyplot 模块中使用 boxplot()函数实现箱线图绘制，其基本语法如下：

```
boxplot(x, notch = False, sym = None, vert = True, whis=None, patch_artist = None )
```

它的主要参数如下。

（1）x：接收数组或序列，用于绘制箱线图。

（2）notch：接收布尔值（True 或 False），表示是否在中位数的位置用凹口的形式表示，默认为非凹口。

（3）sym：接收 string 类型数据，用于设定异常点的形状，None 表示默认使用 "+" 号。

（4）vert：布尔值（True 或 False），表示是否需要将箱线图垂直摆放，默认为 True（垂直摆放）。

（5）patch_artist：是否填充箱体的颜色。

具体代码如代码 3-2 所示。

代码 3-2　使用箱线图探索鸢尾花数据集

```python
from sklearn.datasets import load_iris
import matplotlib.pyplot as plt

iris = load_iris()
features = iris.data.T
plt.figure(figsize = (8,6), dpi = 200)

figure,axes = plt.subplots()                     #得到画板、轴
axes.boxplot(features[1], patch_artist = True)   #描点上色
plt.ylabel(iris.feature_names[1])
plt.show()                                       #图形展示
```

运行上述代码，可得到图 3-4 所示花萼宽度的数值分布情况。其中，箱体中部的橙线表示数据分布的中位数，箱体的两端边分别表示上四分位数和下四分位数，箱体外部的两边缘线分别表示上极限值和下极限值。特别地，超出上、下极限值的点表示异常值，因此，箱线图也常用于异常检测，详见 4.2.3 节。

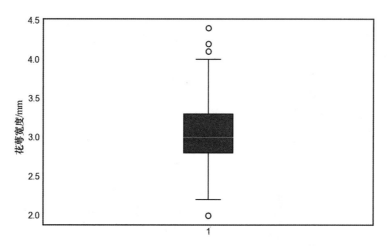

图 3-4 箱线图展示花萼宽度

3.3.3 频率直方图

频率直方图，也称频率分布直方图，是一种统计报告图，由一系列高度不等的纵向条纹或线段表示数据分布的情况。一般用横轴表示数据类型，纵轴表示分布情况。一个简易的频率直方图可以是理解数据集的良好开端。使用 hist()函数可以创建一个简易的频率分布直方图。matplotlib.pyplot 模块中的 hist()函数的基本语法如下：

```
hist(x, bins, range, density, cumulative)
```

它的主要参数如下。

（1）x：接收数组或序列，用于绘制直方图。

（2）bins：接收整数或序列（数组/列表等）。若是整数，则表示要分成多少组。若是序列，那么就会按照序列中指定的值进行划分。比如[1, 2, 3]，那么分组将按照[1,2)、[2,3]划分为两组。

（3）range：接收元组或 None，若为元组，则用于指定划分区间的最大值和最小值。若bins 是一个序列，则无须再设置 range。

（4）density：接收布尔值（True 或 False），默认为 False。若为 True，则将使用频率直方图；若为 False，则将使用频次直方图。

（5）cumulative：如果 cumulative 和 density 都等于 True，那么返回值的第一个参数会不断地累加，最终等于 1。

频率直方图实现代码如代码 3-3 所示。

代码 3-3 使用频率直方图探索鸢尾花数据集

```
from sklearn.datasets import load_iris
import numpy as np
import matplotlib.pyplot as plt
plt.style.use ('seaborn-white')  #使用 seaborn 包设置 white 背景

iris = load_iris()
features = iris.data.T
data=np.rint(features[2])          # 四舍五入取整采用 np.rint
```

```
# 也可以用其他取整方法
# 截取整数部分采用 np.trunc
# 向上取整采用 np.ceil
# 向下取整采用 np.floor
plt.hist(data, bins = 14, density = True, color = 'steelblue');
```

运行上述代码，输出结果如图 3-5 所示。由图像结果可以看出，经过四舍五入运算后，鸢尾花的花瓣长度主要集中在 1~2cm 和 4~6cm 两个区间范围内。

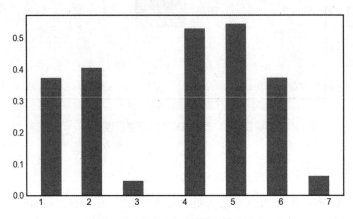

图 3-5　频率直方图展示花瓣长度

3.3.4　柱状图

柱状图也称条形图、长条图，是一种以长方形的长度为变量的表达图形的统计报告图，由一系列高度不等的纵向条纹表示数据大小的情况，用来比较两个或以上的变量。柱状图也可横向排列，或用多维方式表达，主要使用 plt.bar()方法实现，核心参数详见 2.3.2 节。这里以鸢尾花数据集为例，图 3-6 展示了鸢尾花数据集中不同品种鸢尾花（setosa、versicolor 和 virginica）的数量，实现代码如代码 3-4 所示。

代码 3-4　使用柱状图探索鸢尾花数据集

```
from sklearn.datasets import load_iris
import numpy as np
import matplotlib.pyplot as plt

iris = load_iris()
species = iris.target
cate_list = iris.target_names
lables, counts = np.unique(species, return_counts = True)
num_list = list(counts)
num_list
plt.bar(range(len(num_list)), num_list)
plt.xlabel("species")              # 指定 x 轴描述信息
plt.ylabel("numbers")              # 指定 y 轴描述信息
plt.ylim(0,60)                     # 指定 y 轴的高度
idx = np.arange(len(cate_list))
plt.xticks(idx,cate_list)
plt.show()
```

运行上述代码，可以得到柱状图，如图 3-6 所示。由图像可以明显看出在鸢尾花数据集中，每个品种的鸢尾花数量相同，均有 50 条数据记录。

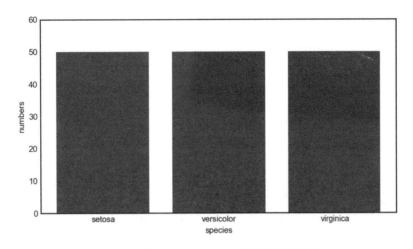

图 3-6 柱状图展示 3 个品种鸢尾花的数量

3.3.5 饼图

饼图，或称饼状图，是一个划分为几个扇形的圆形统计图，用于描述数量、频率或百分比之间的相对关系或占比情况。在饼图中，每个扇区的弧长大小为其所表示的数量的比例。这些扇区合在一起刚好是一个完整的圆。顾名思义，这些扇区拼成了一个切开的饼形图案。饼图在数据探索环节中是一种较为直观的图形展示方式，主要通过 matplotlib.pyplot 模块中 pie()函数实现，其基本语法为

pie(x, explode = None, labels = None, colors = None, autopct = None, pctdistance = 0.6)

它的主要参数如下。

（1）x：接收数组，表示每个扇形部分的面积、大小。

（2）explode：接收数组，用于突出显示某一部分扇形。

（3）labels：接收列表，用于显示每一部分扇形的标签。默认为 None。

（4）colors：接收数组，用于显示每一部分扇形的颜色。默认为 None。

（5）autopct：设置饼图内各个扇形百分比显示格式，%d%%表示整数百分比，%0.1f 表示一位小数，%0.1f%%表示一位小数百分比，%0.2f%%表示两位小数百分比。

图 3-7 展示了在鸢尾花数据集中，3 个品种的鸢尾花数量的饼图，实现代码如代码 3-5 所示。

代码 3-5 使用饼图探索鸢尾花数据集

```
from sklearn.datasets import load_iris
import numpy as np
import matplotlib.pyplot as plt

iris = load_iris()
species = iris.target
cate_list = iris.target_names
lables, counts = np.unique(species, return_counts = True)
```

```
explode = [0, 0.1, 0]                              #用于突出显示一个品种
colors = ['#7FFFD4', '#458B74', '#FFE4C4']         #自定义颜色
plt.axes(aspect='equal')                           #将 x,y 轴标准化处理，设置饼图为圆
plt.xlim(0, 3.8)                                   #控制 x 轴和 y 轴的范围
plt.ylim(0, 3.8)

plt.pie(x = counts,                #绘图数据
        explode = explode,         #用于突出显示一个品种
        labels = cate_list,        #添加鸢尾花品种标签
        colors = colors,           #设置饼图的自定义填充色
        autopct = '%0.1f%%' )      #设置显示扇形所占的比例
plt.show()                         #显示图形
```

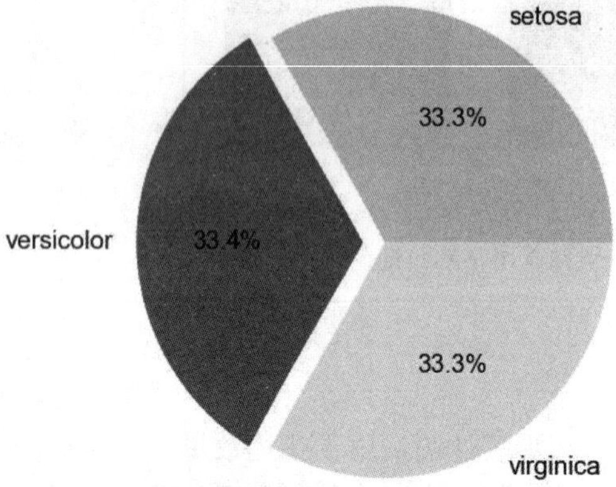

图 3-7　饼图展示 3 个品种的鸢尾花所占比例

运行代码 3-5 可以得到图 3-7。与柱状图类似，通过饼图也可以明显看出在鸢尾花数据集中，3 个品种的鸢尾花所占的比例相同，约占 33.3%，由此可以推断，3 个品种的鸢尾花数量相同。然而，对比图 3-6 的柱状图可以看出，饼图较适合展示各个类别之间的相对关系或占比情况，而柱状图可以较好地展示每个类别的数量信息。

3.3.6　散点图矩阵

在 3.3.1 节中介绍的散点图可视化方法可以辅助判断两个特征是否具有线性相关关系，但是当需要同时考察多个变量间的相关关系时，就需要一一绘制散点图。与简单的散点图不同，散点图矩阵可以同时看到多个特征的分布情况，以及两两特征之间的关系。散点图矩阵的实现主要使用 pandas.plotting 模块中的 scatter_matrix()函数，其基本语法为

```
scatter_matrix(frame, alpha = 0.5, figsize = None, ax = None,
               grid = False, diagonal = 'hist', marker = '.')
```

它的主要参数如下。

（1）frame：接收 DataFrame 对象。

（2）alpha：接收 float 类型数据，表示图像的透明度。

（3）figsize：接收(float,float)元组，表示图像的宽度和高度。

（4）marker：接收 string 类型数据，表示 Matplotlib 常用的标记点类型，默认为'.'。

下面的代码 3-6 给出了鸢尾花数据集上的散点图矩阵。

代码 3-6　使用散点图矩阵探索鸢尾花数据集

```
import matplotlib.pyplot as plt
import pandas as pd
from sklearn.datasets import load_iris
from sklearn.model_selection import train_test_split

iris = load_iris()

X_train, X_test, y_train, y_test = train_test_split(iris['data'], iris['target'],
```

```
random_state=0)
    iris_dataframe = pd.DataFrame(X_train, columns = iris.feature_names)

    grr = pd.plotting.scatter_matrix(iris_dataframe,
                        c = y_train,              #设置不同品种鸢尾花的颜色
                        alpha = .8,
                        figsize = (15,15),
                        marker = 'o',
                        hist_kwds = {'bins':20})  #频率直方图上的箱体数量
plt.show()
```

运行上述代码可得图3-8。该图以鸢尾花数据集为例，展示如何使用散点图矩阵进行多个特征之间的相关性展示。如前文所介绍，鸢尾花数据集中主要包含花瓣长度和宽度，以及花萼长度和宽度4个特征。散点图矩阵中的每行（列）均展现了一个特征与其余3个特征之间的相关关系。例如，图中第一行（列）表示花萼长度这个特征的分布情况，以及分别与其他3个特征之间的相关关系，3种颜色的点分别代表3种类型的鸢尾花。此外，对角线位置的频率直方图显示了各个特征上的取值分布情况。

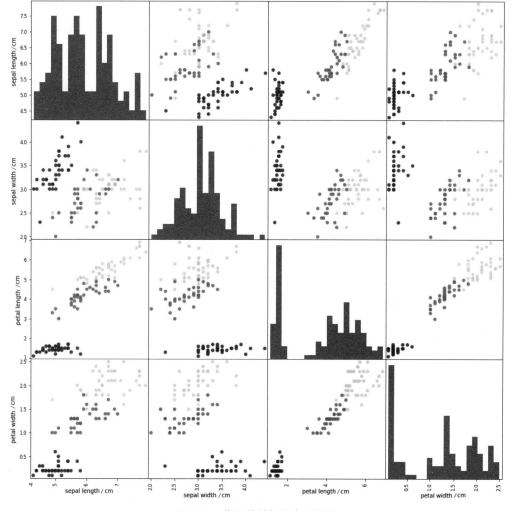

图3-8 鸢尾花数据散点图矩阵

因此，利用散点图矩阵可以一次性地展示鸢尾花数据集中所有 4 个特征的相关信息，便于快速了解数据。

3.4 相关性和相似性度量

探索数据有两项非常重要的工作。其一，我们需要观察数据的特征之间是否存在相关性，以便判断是否存在冗余特征；或者观察特征和目标变量之间是否存在相关性，以便为特征工程提供依据。3.3 节介绍的散点图和散点图矩阵可以帮我们通过可视化较为直观地观察相关性。但可视化只是一种定性的方法，还需要一些定量的相关性度量方法。其二，许多数据挖掘模型的工作依赖于对数据之间相似性的计算。例如，给定两个数据对象，如何评价它们是否为相似对象等。本节将介绍针对不同类型数据的定量计算方法。

3.4.1 相关性度量

相关性是数据不同特征之间相关关系的度量，即一个特征的取值随着另外一个特征取值的变化情况。常用的相关性度量方法包括协方差（Covariance）、皮尔逊（Pearson）相关系数、斯皮尔曼（Spearman）相关系数、肯德尔（Kendall）相关系数、卡方（χ^2）统计量等。

1. 协方差

在概率论和统计学中，协方差用于测量两个连续变量 x 和 y 总体误差的期望，如式（3-7）所示。

$$\text{Cov}(x,y) = E[(x - E[x])(y - E[y])] = E[xy] - E[x]E[y] \tag{3-7}$$

协方差可以用于描述两个变量的变化趋势：若变量 x 和 y 之间相互独立，则应满足 $E[xy] = E[x]E[y]$，此时协方差应为 0。因此，协方差为 0 的两个变量不相关。若变量 x 和 y 之间变化趋势相同，即其中一个变量（如 x）大于自身期望值（$E[x]$）的同时，另一个变量（如 y）也大于自身期望值（$E[y]$），此时两个变量的协方差为正值，表示两个变量之间呈正向相关；反之，如果两个变量的变化趋势相反，其协方差为负值，表示两个变量之间呈负向相关。

2. 皮尔逊相关系数

皮尔逊相关系数最早是由统计学家卡尔·皮尔逊提出，用于衡量两个连续变量之间的线性相关性程度，通常用 ρ 表示。它定义为两个随机变量之间协方差和标准差的商，如式（3-8）所示。

$$\rho = \frac{\text{Cov}(x,y)}{\sigma_x \sigma_y} = \frac{\sum_{i=1}^{n}(x_i - \overline{x})(y_j - \overline{y})}{\sqrt{\sum_{i=1}^{n}(x_i - \overline{x})^2}\sqrt{\sum_{j=1}^{n}(y_i - \overline{y})^2}} \tag{3-8}$$

其中，x_i 表示特征 x 在第 i 个数据对象上的取值，y_i 表示特征 y 在第 i 个数据对象上的取值。

皮尔逊相关系数的变化范围为–1 到 1。相关系数越大，意味着特征与目标变量越相关，应该被保留。通常，皮尔逊相关系数适应于连续值特征的相关性度量，实际上，如果特征 x_i

表示是二元变量，也可以使用上述式（3-8）计算。

需要注意的是，与协方差相比，皮尔逊相关系数剔除了两个变量量纲的影响，可以看作标准化处理后的协方差，更适合比较不同特征之间的相关性。

3. 斯皮尔曼相关系数

虽然皮尔逊相关系数剔除了变量量纲的影响，但其要求变量须服从正态分布。该假设使得皮尔逊相关系数主要适用于连续变量，对离散型变量并不适用。

斯皮尔曼相关系数的提出很好地解决了该问题。斯皮尔曼相关系数，也称为斯皮尔曼秩相关系数，通常用 ρ_s 表示，是秩相关系数的一种。在统计学中，斯皮尔曼相关系数主要用于描述分类或等级变量之间、分类或等级变量与连续变量之间的关系。斯皮尔曼相关系数主要通过关注两个变量的秩次大小（对应数值的位置）来计算其相关性，即若两个变量的对应值，在各组内的排列顺位是相同或类似的，则具有显著的相关性。其计算如式（3-9）所示。

$$\rho_s = 1 - \frac{6\sum_{i=1}^{N} d_i^2}{N(N^2-1)} \tag{3-9}$$

其中，d_i 表示秩差，即两个变量顺序位置的差值；N 表示数据个数。

计算的过程可以通过一个例子进行详细展示。假设两个变量 x 和 y，其中，x 变量的值为 6,7,5,10,13,8；y 变量的值为 3,5,6,4,7,2。将两个变量均按照一定顺序排列（如升序），则

x 变量的秩：2,3,1,5,6,4。

y 属性的秩：2,4,5,3,6,1。

x 和 y 的秩差：0,1,4,2,0,3。

斯皮尔曼相关系数 $\rho_s = 1 - \dfrac{6 \times (0+1+16+4+0+9)}{6 \times (36-1)} = \dfrac{1}{7}$

由此可见，斯皮尔曼相关系数对原始变量的分布不做要求，两个相同观测个数的变量可以按照顺序排列，不论两个变量的总体分布形态、样本容量的大小如何，都可以用斯皮尔曼相关系数来进行研究。研究表明，在正态分布假定下，斯皮尔曼相关系数与皮尔逊相关系数在效率上是等价的，而对于数据是连续的、正态分布的，并且是线性变化的，更适合用皮尔逊相关系数来进行分析。

4. 肯德尔相关系数

肯德尔相关系数，又称肯德尔秩相关系数或一致性系数，常用 τ 表示。与斯皮尔曼秩相关系数相似，肯德尔相关系数也是一种秩相关系数，主要用于度量两个等级变量（即有序的类别变量，如名次、评分等）的相关程度或单调关系强弱。肯德尔相关系数使用了"对"（Pairs，两个元素为一对）这一概念来决定相关系数的强弱。"对"可以具体分为一致对/同序对（Concordant Pairs）和分歧对/异序对（Discordant Pairs）：一致对表示相对关系取值一致，分歧对则表示相对关系取值不一致。肯德尔相关系数计算如式（3-10）所示，即一致对和分歧对之差与总对数 $\dfrac{1}{2}n(n-1)$ 的比值。

斯皮尔曼相关系数的计算方法

$$\tau = \frac{n_c - n_d}{\frac{1}{2}n(n-1)} \qquad (3\text{-}10)$$

其中，n_c 表示一致对的数目；n_d 表示分歧对的数目；n 为样本数。

为了方便理解，同样假设一组 8 名学生的语文和数学成绩。A 学生的语文成绩最高，H 学生的语文成绩最低，因此按照语文成绩的排名为 1(A),2(B),3(C),4(D),5(E),6(F),7(G),8(H)。若按照数学成绩，则 A 学生为第三, C 学生为第一, 数学成绩的具体排名为 3(A),4(B),1(C),2(D),5(E),7(F),8(G),6(H)。

可以计算总对数为 $\frac{1}{2}n(n-1)=28$。特别地，A 学生的语文成绩排名第一，数学成绩排名为 3，比排名 4(B),5(E),6(F),7(G),8(H) 的数学成绩好，因此这里会产生 5 个一致对，即 AB,AE,AF,AG,AH。再者，B 学生的语文成绩排名第二，数学成绩排名为 4，比 5(E),7(F),8(G), 6(H) 的数学成绩好，因此会贡献 4 个一致对，即 BE,BF,BG,BH。依次类推，C、D、E、F、G、H 分别产生 5、4、3、1、0、0 个一致对，因此，一致对数 $n_c = 5+4+5+4+3+1+0+0 = 22$。

分歧对数为总对数减一致对数，即 28-22=6（对）。由式（3-10）可以得出 $\tau = \frac{22-6}{28} \approx 0.57$。由此可见，学生的语文和数学成绩具有一定的相关性。

下面将结合鸢尾花数据集，重点使用协方差、皮尔逊相关系数、斯皮尔曼相关系数、肯德尔相关系数对花瓣长度和花瓣宽度的相关性进行检验。其中，协方差在 Python 中主要通过调用 numpy.cov() 函数实现。而其余 3 个相关系数则主要通过调用 DataFrame.corr() 函数实现，其基本调用语句如下：

```
DataFrame.corr(method = 'pearson', min_periods = 1)
```

它的主要参数如下。

（1）method：可以分别指定 pearson、kendall、spearman 作为相关系数的计算方法，默认为 pearson。

（2）min_periods：接收 int 类型数据，指定最少的样本数量，目前只针对皮尔逊和斯皮尔曼相关系数可用。

具体计算相关系数的代码如代码 3-7 所示。

代码 3-7　相关系数在鸢尾花数据集的应用

```
import numpy as np
import pandas as pd
from sklearn.datasets import load_iris

iris = load_iris()
features = pd.DataFrame(iris.data, columns = iris.feature_names)

print('协方差的结果为')
print(np.cov(features["petal length (cm)"], features["petal width (cm)"]))

print('pearson 相关系数的结果为')
print(features.iloc[:, [2, 3]].corr(method = "pearson"))
print('spearman 相关系数的结果为')
print(features.iloc[:, [2, 3]].corr(method = "spearman"))
```

```
print('kendall 相关系数的结果为')
print(features.iloc[:, [2, 3]].corr(method = "kendall"))
```
运行上述代码，得到输出结果为

协方差的结果为
```
[[3.11627785 1.2956094 ]
 [1.2956094  0.58100626]]
```

pearson 相关系数的结果为
```
                  petal length (cm)  petal width (cm)
petal length (cm)           1.000000          0.962865
petal width (cm)            0.962865          1.000000
```

spearman 相关系数的结果为
```
                  petal length (cm)  petal width (cm)
petal length (cm)           1.000000          0.937667
petal width (cm)            0.937667          1.000000
```

kendall 相关系数的结果为
```
                  petal length (cm)  petal width (cm)
petal length (cm)           1.000000          0.806891
petal width (cm)            0.806891          1.000000
```

由此可见，与协方差不同，相关系数的范围均在[−1,1]。通过上述相关系数的结果可以看出，花瓣长度和花瓣宽度具有较强的正相关性。

5. 卡方（χ^2）统计量

在统计学中，卡方（χ^2）统计量（Chi-squared Statistics）常用来衡量两个离散型变量之间的相关性，且它的值越高，两个变量越相关。如果一个特征和目标变量之间的相关度高，那么它对于解释目标变量的变化规律非常有用，因此在特征工程中应该被选择。

假设特征变量 x 具有 r 个不同的取值，分别为 $\{x_1, x_2, \cdots, x_r\}$，其中取值为 x_i 的概率可以在数据集上估计为 $p(x_i)$；目标变量 y 可以取值为 c 个不同的类别，分别为 $\{y_1, y_2, \cdots, y_c\}$，其中取值为 y_j 的概率可以在数据集上估计为 $p(y_j)$。卡方统计量定义如式（3-11）所示。

$$\chi^2 = \sum_{i=1}^{r}\sum_{j=1}^{c}\frac{(O_{ij}-E_{ij})^2}{E_{ij}} \tag{3-11}$$

其中，O_{ij} 表示在所有数据对象中同时取值为 (x_i, y_j) 的实际概率；E_{ij} 表示取值为 (x_i, y_j) 的期望概率，可以用 $p(x_i)\cdot p(y_j)$ 估计。

卡方统计量主要用于度量离散型变量之间的相关性，因此，只适合目标变量是离散值的情形。另外，由于期望概率 E_{ij} 是在数据集上估计出的，因此，数据集的规模不能太小，否则计算的卡方统计量值偏差较大。卡方统计量主要使用 scipy.stats 模块中 chi2_contingency()函数实现，其基本语法为

```
chi2_contingency(observed, correction=True, lambda_=None)
```
它的主要参数如下。

（1）observed：接收列联表（Contingency Table），该表应包含数据中每个类别观察到的频率（即出现次数）。

（2）correction：接收布尔值（True 或 False），如果为 True，并且自由度为 1，则使用 Yates 校正以保持连续性，校正的效果是将每个观察值向相应的期望值调整 0.5。

（3）lambda_：接收 float 或 string 类型数据。默认情况下，检测中使用的统计量是皮尔逊卡方统计量。

例如，学校统计计算机类课程和非计算机类课程中男生和女生的数量信息如表 3-3 所示。

表 3-3　　　　　　　　　　　课程选课信息统计表

课程	男生数量	女生数量
计算机类课程	207	231
非计算机类课程	282	242

我们使用 chi2_contingency()函数计算性别与选课课程是否相关，实现代码如代码 3-8 所示。

代码 3-8　卡方统计量应用代码实现

```
from scipy import stats

x = [[207, 282], [231, 242]]
chi2, p, df, expected = stats.chi2_contingency(x, correction = False)
                                                #分别输出卡方值、p 值
print('数据卡方值: {:.2f}'.format(chi2))        #设置输出为小数点后两位
print('p-value:{:.2f}'.format(p))
```

输出结果为

```
数据卡方值: 4.10
p-value:0.04
```

可以看出输出的 p-value 为 0.04，可以认为在 5%的显著性水平时，应拒绝原假设。因此，性别与课程选择具有一定的相关性[1]。

3.4.2　相似性度量

相似性是度量数据对象之间相似程度的方法，它是聚类、推荐等数据挖掘模型的核心概念之一。针对不同类型的数据，目前已经提出了许多相似性度量指标，包括：针对二元特征的杰卡德（Jaccard）相似系数，针对文档数据的余弦（Cosine）相似度，针对数值特征的各种距离（Distance）度量，如欧氏距离（Euclidean Distance）、马氏距离（Mahalanobis Distance）、曼哈顿距离（Manhattan Distance）、切比雪夫距离（Chebyshev Distance）等。

1. 杰卡德相似系数

杰卡德相似系数主要用于度量具有二元属性的两个数据对象之间的相似性。假设数据对象 x 和 y 具有 N 个二元特征，其中，用 A 表示对象 x 取 1 值的特征集合，用 B 表示对象 y 取 1 值的特征集合。那么，两个数据对象的杰卡德系数定义为式（3-12）。显然，两个数据对象共同取 1 值的二元特征数量越多，杰卡德系数值越大，它们之间的相似度越高。图像展示如图 3-9（a）所示。

1　注意卡方检验的原假设为观测数据之间是相互独立的。

$$J(x,y) = \frac{|A \cap B|}{|A \cup B|} \tag{3-12}$$

与杰卡德相似度相关的指标是杰卡德距离，用于描述两个对象之间的不相似度，它是杰卡德相似系数的补集，如式（3-13）所示。

$$J_\delta(x,y) = 1 - J(x,y) = \frac{|A \cup B| - |A \cap B|}{|A \cup B|} \tag{3-13}$$

值得注意的是，杰卡德相似性度量只适合二元特征的数据。对于标称特征，可以先对其进行二值化处理（参见 4.3.2 节的内容），将其转换为一组二元特征，再利用杰卡德相关性计算数据对象的相似性。

2. 余弦相似度

余弦相似度主要使用向量空间中两个向量夹角的余弦值作为相似性度量的指标，主要用于计算文档数据之间的相似性。假设两个文档向量 (x_1, y_1) 与 (x_2, y_2)，将其放置在直角坐标系中，其夹角余弦如式（3-14）所示。夹角余弦取值范围为 $[-1,1]$：当两个向量的方向重合时夹角余弦取最大值 1，夹角趋于 $0°$，表明两个文档向量高度相似；当两个向量的方向正交时夹角余弦取值为 0，夹角趋于 $90°$，表明两个文档向量不相似。余弦相似度图像展示如图 3-9（b）所示。

$$\cos\theta = \frac{x_1 x_2 + y_1 y_2}{\sqrt{x_1^2 + y_1^2}\sqrt{x_2^2 + y_2^2}} \tag{3-14}$$

文本相似性度量应用的常见流程：首先需要通过分词技术对两个文本进行分词处理，确定关键词；其次，在确定每篇文本关键词的基础上，合并关键词，生成关键词合集，并计算合集中关键词在每篇文本中的词频；最后，生成两个文本中的关键词词频向量，并计算两个词频向量的余弦相似度，查看文本之间的相似性。

3. 欧氏距离

欧氏距离，也称为欧几里得距离，是最易于理解的一种距离计算方法，可以表示为欧氏空间中两点之间的距离或线段的长度。假设两个数据对象 $\boldsymbol{x} = (x_1, x_2, x_3, \cdots, x_n)^{\mathrm{T}}$ 和 $\boldsymbol{y} = (y_1, y_2, y_3, \cdots, y_n)^{\mathrm{T}}$ 之间的欧氏距离可表示为式（3-15）。

$$d_{\text{Euclidean}}(x,y) = \sqrt{\sum_{i=1}^{n}(x_i - y_i)^2} \tag{3-15}$$

特别地，二维平面上两个数据对象 (x_1, y_1) 与 (x_2, y_2) 之间的欧氏距离图像展示如图 3-9（c）所示。

欧氏距离在很多数据挖掘算法中有广泛应用，例如 k-means 算法（详细使用过程见 8.2 节）使用它作为距离度量。然而，需要特别注意的是，欧氏距离的计算会受到不同特征量纲的影响。因此，在计算欧氏距离之前，需要对数据进行规范化处理，具体规范化处理的方法和过程见 4.3.1 节。

4. 马氏距离

马氏距离是由马哈拉诺比斯（Mahalanobis）提出的，表示数据的协方差距离，是一种有效的计算两个数据对象之间相似度的方法。假设两个数据对象 $x = (x_1, x_2, x_3, \cdots, x_n)^\mathrm{T}$ 和 $y = (y_1, y_2, y_3, \cdots, y_n)^\mathrm{T}$，马氏距离计算如式（3-16）所示，其中，$S$ 为协方差矩阵。在上述欧氏距离介绍中，我们强调该方法会受到特征量纲的影响。与上述方法不同的是，马氏距离与量纲无关，可以排除变量之间相关性的干扰，可以较好地解决此类问题。

$$d_{\mathrm{Mahalanobis}}(x, y) = \sqrt{(x_i - y_i)^\mathrm{T} S^{-1} (x_i - y_i)} \qquad (3\text{-}16)$$

5. 曼哈顿距离

曼哈顿距离，也称为城市街区距离（CityBlock Distance）或出租车几何（Taxicab Geometry）。为充分理解曼哈顿距离和欧氏距离的区别，我们进行如下讨论：假设你在城市中要从一个十字路口到另外一个十字路口，由于有建筑物的存在，因此真实行驶的距离不是直线距离，可以理解为直角边距离。在此过程中，实际行驶的距离就是曼哈顿距离。假设两个数据对象 $x = (x_1, x_2, x_3, \cdots, x_n)^\mathrm{T}$ 和 $y = (y_1, y_2, y_3, \cdots, y_n)^\mathrm{T}$ 之间的曼哈顿距离计算方法如式（3-17）所示。二维平面中的图像展示如图 3-9（d）所示。一般来说，由于曼哈顿距离测量的不是简单的直线距离，会考虑特征值的实际可采用路径，因此对于离散数据的距离计算，其效果会优于欧氏距离。

$$d_{\mathrm{Manhattan}}(x, y) = \sum_{i=1}^{n} \left| x_i - y_i \right| \qquad (3\text{-}17)$$

6. 切比雪夫距离

切比雪夫距离也称为棋盘距离，源于国际象棋棋盘上两个位置间距离的度量，定义为其各坐标数值差的最大值。假设两个数据对象 $x = (x_1, x_2, x_3, \cdots, x_n)^\mathrm{T}$ 和 $y = (y_1, y_2, y_3, \cdots, y_n)^\mathrm{T}$ 之间的切比雪夫距离计算方法如式（3-18）所示，二维平面中的图像展示如图 3-9（e）所示。实践操作中，切比雪夫距离常用于聚类算法和图像识别等领域。

$$d_{\mathrm{Chebyshev}}(x, y) = \max_i (\mid x_i - y_i \mid), i = 1, 2, \cdots, n \qquad (3\text{-}18)$$

7. 闵可夫斯基距离

闵可夫斯基距离（Minkowski Distance），简称为闵氏距离。它不是单一距离的度量，可以看作一组距离的综合定义。上述欧氏距离、曼哈顿距离和切比雪夫距离都可以看作闵氏距离的一种特殊情况。假设两个数据对象 $x = (x_1, x_2, x_3, \cdots, x_n)^\mathrm{T}$ 和 $y = (y_1, y_2, y_3, \cdots, y_n)^\mathrm{T}$，其之间的闵氏距离计算方法如式（3-19）所示。特别地，当 $p=1$ 时，该距离就是曼哈顿距离；当 $p=2$ 时，该距离为欧氏距离；当 $p \rightarrow \infty$ 时，可以得到切比雪夫距离。如图 3-9（f）所示，当 $p=1$ 时，到达原点的曼哈顿距离相同的点组成了最内部的菱形；当 $p=2$ 时，到达原点的欧氏距离相同的点组成了中间的圆形；当 $p \to \infty$ 时，到达原点的切比雪夫距离相同的点组成了最外部的正方形。

$$d_{\text{Minkowski}}(x, y) = \sqrt[p]{\sum_{i=1}^{n}(x_i - y_i)^p} \tag{3-19}$$

需要注意的是，与欧氏距离类似，闵氏距离、曼哈顿距离、切比雪夫距离也同样受到特征量纲的影响，没有考虑特征参数间的相关性，而上面介绍的马氏距离可以克服该问题。

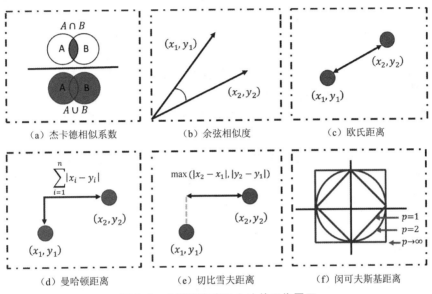

图 3-9　主要距离度量方法的图像展示

3.5　本章小结

本章重点介绍了数据的认识和探索工作。首先，数据集可以看作由数据对象构成的集合，数据对象则代表实体。其次，本章介绍了不同的特征类型，主要包括标称特征、二元特征、序数特征、整数特征、区间标度特征和比率标度特征等。再者，通过对缺失值、异常值、重复数据和不一致数据等问题的探索，可以对数据质量进行分析。数据的集中和离中趋势也可以分别通过均值（平均数）、中位数、众数，以及极差、方差和标准差等方式进行度量。为充分了解特征值的统计特征，本章还介绍了可视化工具 Matplotlib 模块，进一步展示数据的分布和特征。最后，本章重点介绍了杰卡德相似系数、余弦相似度、欧氏距离、马氏距离等相似性和距离的度量方法。

习题

1. 请简述数据特征的常见类型。
2. 请简述数据探索的主要方法。
3. 请简述实现相关性度量和相似性度量的主要方法，并给出其代码实现。

第 **4** 章　数据预处理

一般来说，从日常生产、生活中收集的数据通常质量不高，存在异常值（如账号余额：−100）、缺失值、不可能的数据组合（如年龄为 2 岁，学历为研究生）等情况。针对这些情况，数据预处理技术可以有效改善现有数据集的质量，从而有助于提升后续数据挖掘工作的准确率和效率，让数据更适合后续的挖掘任务。如果没有对数据进行预处理，就会影响构建的数据挖掘模型的正确性，甚至产生错误的结果。因此，在进行数据挖掘工作之前，通过预处理提高数据质量是非常重要的工作。本章将重点围绕数据集成、数据清洗、数据变换和数据归约 4 个步骤，对数据预处理工作展开介绍。

4.1　数据集成

数据集成是指将来自多个不同（异构）数据源的数据（集）组合到一个集成的数据存储中，并提供数据统一视图的过程。这些异构数据源可能包括多维数据集、数据库或数据文件等。数据集成是数据预处理环节中的一个重要步骤，主要用于将两个或多个数据集进行合并。众所周知，在大数据的环境下，数据的来源非常广泛，且可能存在数据存储方式不一致、数据不匹配、特征冗余等多种问题。因此，如何将多数据来源的数据集进行整合，是数据集成的主要工作，其基本概念和过程如图 4-1 所示。

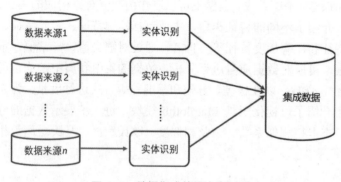

图 4-1　数据集成的概念和过程

同一数据对象来自不同数据源，可能使用不同的实体进行指代，那么数据集成过程中如何才能匹配到相同的个体呢？这就是实体识别问题。在这个过程中，需要解决的问题主要包括：同名异义、异名同义、单位不统一和颗粒度不统一等。

- **同名异义**：例如，员工信息表 A 中的属性 ID 和交易记录表 B 中的属性 ID 可能分别描述的是员工编号和订单编号，即描述的是不同的实体。
- **异名同义**：例如，数据表 A 中的 sales_dt 和数据表 B 中的 sales_date 都是描述销售日期，但是使用了不同的特征名称，即 A. sales_dt = B. sales_date。

- 单位不统一：例如，数据表 A 和 B 中，描述同一个实体分别用的是国际单位和我国传统的计量单位。
- 颗粒度不统一：例如，数据表 A 描述每天每个城市的数据，数据表 B 描述每月每个省份的数据。

除此之外，在数据集成过程中，当一个数据集的特征和另一个数据集的特征匹配时，还需要特别留意数据的类型和结构。例如，有些数据集把员工 ID 当作字符串，而有些数据集将其看作数字。用户可以使用 NumPy 或 Pandas 的 astype()等函数将类型转换一致。

在识别实体后，数据集成常做的一项工作是将不同来源的数据合并在一起，Python 提供了数据堆叠、数据增补、数据合并等函数进行集成。

1. 数据堆叠

数据堆叠，是按照轴拼接两个 DataFrame 对象，通常使用 Pandas 模块中的 concat()函数完成，函数的基本语法如下所示。

```
concat(objs, axis = 0, join = 'outer', ignore_index = False)
```

它的主要参数如下。

（1）objs：可以接收多个 Series、DataFrame、Panel 的组合，无默认值，表示参与合并的 Pandas 对象的列表的组合。

（2）axis：接收 0 或 1，表示连接的轴向，默认为 0（按行合并）。

（3）join：接收 inner 或 outer。表示合并是按索引的交集（Inner），还是并集（Outer）进行的，默认为 outer。

（4）ignore_index：接收布尔值（True 或 False），表示是否不保留连接轴上的原有索引，产生一组新索引（0,1,2,…），默认为 False。

concat()可以根据需要而设置不同的 axis 参数值，实现横向和纵向堆叠。特别地，假设有两张数据表（表 1 和表 2），如图 4-2 所示。在 join 参数设置为 outer 时，如果 axis=1，则 concat()实现按列合并数据，新的行索引为原来两个表的行索引的并集，如图 4-2（a）所示；如果 axis=0，concat()实现按行合并数据，新的列索引为原来两个表的列索引的并集，如图 4-2（b）所示。值得注意的是，当合并方式为 join = 'outer'时，容易出现在新索引下的缺失值，此时 concat()函数使用 NaN 进行填充。

2. 数据增补

除了堆叠的方法，append()函数可以用于纵向合并两张表，称为数据增补。一个 DataFrame 对象可以调用 append()函数将另外一个 DataFrame 对象添加到其尾部。注意，在数据增补时要求两个 DataFrame 对象的列索引完全一致。该函数的基本语法如下所示。

```
append(other, ignore_index = False)
```

它的主要参数如下。

（1）other：被添加的 Pandas 对象，即要合并的新数据对象。

（2）ignore_index：接收布尔值（True 或 False），表示是否不保留连接轴上的原有索引，产生一组新索引（0,1,2,…），默认为 False。

表1

编号	A	B
1	10	20
2	30	40

表2

编号	B	C
2	20	30
3	40	50

编号	A	B	C	D
1	10	20	NaN	NaN
2	30	40	20	30
3	NaN	NaN	40	50

编号	A	B	C
1	10	20	NaN
2	30	40	NaN
2	NaN	20	30
3	NaN	40	50

（a）堆叠表（axis=1）　　　　　　（b）堆叠表（axis=0）

图 4-2　concat( )函数实现行堆叠和列堆叠的结果

3．数据合并

merge()函数也可以用于合并两个数据对象，并可以实现类似数据库中的左连接（Left）、右连接（Right）、内连接（Inner）和外连接（Outer）合并方式。和数据库中的操作类似，merge()函数在合并对象时需要指定两个对象中有相同的一些列才能进行合并，并且只支持按列合并。merge()函数的基本语法如下。

```
merge(left, right, how = 'inner', on = None, left_on = None, right_on = None,
left_index = False, right_index = False, suffixes)
```

表 4-1 列出了其常用参数。

表 4-1　　　　　　　　　　　merge()函数的常用参数及其说明

参数名称	说明
left	接收 DataFrame 或 Series 对象，表示要合并左侧数据
right	接收 DataFrame 或 Series 对象，表示要合并右侧数据
how	表示数据对象的连接方式，包括 inner、outer、left、right。默认为 inner
on	接收字符串或序列值，表示两个数据对象合并时的主键（列名），两个数据对象的主键必须一致。默认为 None
left_on	接收字符串或序列值，表示 left 数据对象用于合并的主键（列名）。默认为 None
right_on	接收字符串或序列值，表示 right 数据对象用于合并的主键（列名）。默认为 None
left_index	接收 True 或者 False，表示是否将 left 数据对象的行索引引作为主键进行合并。默认为 False
right_index	接收 True 或者 False，表示是否将 right 数据对象的行索引引作为主键进行合并。默认为 False
suffixes	接收一个字符串元组。表示 left 数据对象和 right 数据对象在合并且有同名的列时，用于追加到同名列的后缀（以便区分两个同名列），默认后缀为（"_x"，"_y"）

特别地，how 参数可以实现类似数据库中的左连接、右连接、内连接和外连接合并方式。其中，左连接（how = 'left'）表示保留 left 对象的全部数据；右连接（how = 'right'）则表示保

留 right 对象的全部数据；内连接（how = 'inner'）表示仅保留 left 和 right 对象的交叉数据；外连接（how = 'outer'）表示保留 left 和 right 的全部数据。merge()函数在合并数据对象时比较灵活，下面举例展示上述介绍的 4 种情况，具体代码如代码 4-1 所示。

代码 4-1　使用 merge()函数对两个 DataFrame 对象进行合并

```
import pandas as pd
import numpy as np

left = pd.DataFrame({"A":[0,0,1,2], "B":[0,1,0,1], "C":[0,0,1,1]})
right = pd.DataFrame({"A":[0,1,0,2], "B":[0,0,1,0], "D":[1,1,0,0]})
print("左数据框对象：\n", left)
print("右数据框对象：\n", right)

result1 = pd.merge(left, right, how = "left", on = ["A", "B"])     #左连接
print("（1）左连接数据结果：\n", result1)
result2 = pd.merge(left, right, how = "right", on = ["A", "B"])    #右连接
print("（2）右连接数据结果：\n", result2)
result3 = pd.merge(left, right, how = "inner", on = ["A", "B"])    #内连接
print("（3）内连接数据结果：\n", result3)
result4 = pd.merge(left, right, how = "outer", on = ["A", "B"])    #外连接
print("（4）外连接数据结果：\n", result4)
```

运行上述代码，首先输出原始数据为

```
左数据框对象：
   A  B  C
0  0  0  0
1  0  1  0
2  1  0  1
3  2  1  1


右数据框对象：
   A  B  D
0  0  0  1
1  1  0  1
2  0  1  0
3  2  0  0
```

可以看出两个数据对象共有的列为 A 和 B，接下来将对左数据框对象和右数据框对象分别使用左连接、右连接、内连接和外连接进行合并，结果如下。

```
（1）左连接数据结果：
   A  B  C  D
0  0  0  0  1.0
1  0  1  0  0.0
2  1  0  1  1.0
3  2  1  1  NaN
（2）右连接数据结果：
   A  B  C    D
0  0  0  0  0.0  1
1  1  0  1.0  1
2  0  1  0.0  0
3  2  0  NaN  0
（3）内连接数据结果：
   A  B  C  D
0  0  0  0  1
1  0  1  0  0
```

```
2 1 0 1 1
```
（4）外连接数据结果：
```
   A  B  C    D
0  0  0  0.0  1.0
1  0  1  0.0  0.0
2  1  0  1.0  1.0
3  2  1  1.0  NaN
4  2  0  NaN  0.0
```

由上述输出结果可以看出，左连接的结果是在完整保留了左数据框对象的基础上，依据 A 和 B 两列（参数设置 on = ["A","B"]），将右数据框对象与左数据框对象进行合并，缺失值用 NaN 进行填充。同理，右连接的结果是在完整保留了右数据框对象的基础上，依据 A 和 B 两列，将左数据框对象与右数据框对象进行合并，缺失值用 NaN 进行填充。而内连接则依据 A 和 B 两列的共有值（即[[0, 0], [0, 1], [1, 0]]），将左、右数据框对象进行合并。外连接则保留左、右数据框对象的全部数据，缺失值用 NaN 进行填充。

4.2 数据清洗

在现实世界采集的数据集中，数据通常是不纯净的，存在错误值、重复值、异常值、缺失值、不一致值等。我们把这些不完整或不准确的数据称为"脏"数据。产生"脏"数据的原因有很多，包括测量错误、主观失误及自动记录设备的故障或误用等。

数据清洗是指为检测和消除数据中的重复值、错误值、异常值、缺失值、不一致值等问题而采取的各种措施和手段，目的是提高数据质量。数据清洗是数据预处理阶段中一项非常重要的工作，本节将重点介绍常见的数据清洗技术。

4.2.1 重复值处理

在数据集成过程中，按行或者按列合并不同来源的数据对象，不可避免地产生数据重复问题。通常，数据重复包括记录重复和特征重复。

1．记录重复

记录重复是指多个数据对象（行数据）都是关于同一个实体的描述。例如，如表 4-2 所示，在合并后的成绩数据集中，关于"张三"同学的记录有两行，它们在不同特征上的取值相同或者有少量差异。

重复值处理

表 4-2　　　　　成绩记录表

姓名	语文	数学	英语	计算机
张三	84	89	90	85
李四	92	90	81	92
王五	87	95	75	90
张三	84	89	92	85

记录重复的检验可以通过 Pandas 模块提供的 duplicated()函数实现，其基本语法为
```
DataFrame.duplicated(subset = None, keep = 'first')
```

它的主要参数如下。

（1）subset：接收字符串或序列值，表示进行去重的列，默认为 None，表示全部列。

（2）keep：接收字符串，表示重复时如何保留数据，first 表示保留第一个，last 表示保留最后一个，false 表示全部去除。默认为 first。

如果记录不重复，则 duplicated()函数会返回 False；反之，记录重复则会返回 True。因此，使用 duplicated()可以辅助判断数据记录是否重复，一旦发现重复记录则应进行相应的数据处理。常用的消除重复记录的方法是，识别关于同一个实体的重复记录后，按关键字去除多余的记录，只保留一个（通常是保留第一个记录）。

同样，Pandas 模块提供了 drop_duplicates()函数用于去除重复记录。该函数只对 DataFrame或者 Series 对象有效。它支持依据一个或者几个特征组合进行去重操作，其基本语法为

```
DataFrame.drop_duplicates(subset = None, keep = 'first', inplace = False)
```
它的主要参数如下。

（1）subset：接收字符串或序列值，表示进行去重的列，默认为 None，表示全部列。

（2）keep：接收字符串，表示重复时如何保留数据，first 表示保留第一个，last 表示保留最后一个，false 表示全部去除。默认为 first。

（3）inplace：接收布尔值（True 或 False），表示是否直接在原 Pandas 对象上去重，默认为 False。

代码 4-2 演示了对成绩数据进行记录去重的操作。假定如果"姓名"一样就发生了记录重复，因此将 subset 参数设置为'姓名'，并保留第一个重复记录。

代码 4-2　使用 duplicated()函数和 drop_duplicates()函数检验和去除重复记录

```
import pandas as pd
scores = {'姓名': ['张三', '李四', '王五', '张三'],
          '语文': [ 84, 92, 87, 84],
          '数学': [ 89, 90, 95, 89],
          '英语': [ 90, 81, 75, 92],
          '计算机': [ 85, 92, 90, 85]}
df = pd.DataFrame(scores)
print("去检验重复的记录: \n", df.duplicated(subset = ['姓名']))

df_drop = df.drop_duplicates(subset = ['姓名'], keep = 'first')
print("去重的数据为\n", df_drop )
```

此代码运行的结果如下所示。首先，duplicated()返回一列布尔值，指代对应的记录是否为重复记录：非重复为 False，重复为 True。显然，最后一个"张三"是重复记录，返回 True。在发现有重复记录的基础上调用 drop_duplicates()去除重复记录。值得注意的是，由于第一行记录"张三"和最后一行"张三"重复，代码中设置 keep = 'first'表明保留第一次出现的"张三"记录。

```
去检验重复的记录:
0    False
1    False
2    False
3    True

去重的数据为
   姓名  语文  数学  英语  计算机
0  张三   84   89   90    85
1  李四   92   90   81    92
2  王五   87   95   75    90
```

特别地，如果 subset 的值设置为 None，则只有全部特征的取值一样才会被认为有重复记录，此时，最后一个"张三"重复记录不会被删除，读者可以自行验证。

2．特征重复

除了上述记录重复的问题外，由于数据集成是将多来源数据表格进行堆叠或合并的过程，这个过程较常出现特征冗余的问题：如果一个特征（数据集的列或属性）的数据信息可以从任何其他特征或特征集合直接或间接得出，则称为特征冗余。

冗余处理是数据集成过程中需要关注的一个重要问题。有些特征冗余是可以通过相关分析检测出来的。例如，给定两个特征，如果是标称特征，可以使用卡方统计量进行检验；如果是数值特征，可以使用相关系数（Correlation Coefficient）进行检验。相关系数和卡方统计量检验的方法已在 3.4.1 节给出详细的介绍，这里重点介绍如何使用这些方法进行特征重复处理。代码 4-3 沿用了表 4-2 所示的学生成绩表的案例，在此基础上新增一个"计算机基础"的特征，其数值与"计算机"特征完全相同。

首先，可以通过调用 DataFrame.corr()函数计算特征之间的相关关系。这里使用皮尔逊相关系数，读者可通过设置 method = 'spearman'或 method='kendall'自行尝试斯皮尔曼和肯德尔相关系数的计算。

代码4-3　使用 corr()函数检验特征间的相关关系

```
import pandas as pd
scores = {'姓名': ['张三', '李四', '王五', '张三'],
          '语文': [ 84, 92, 87, 84],
          '数学': [ 89, 90, 95, 89],
          '英语': [ 90, 81, 75, 92],
          '计算机': [ 85, 92, 90, 85],
          '计算机基础': [ 85, 92, 90, 85]}
df = pd.DataFrame(scores)
print(df.corr(method = 'pearson'))
```

运行上述代码可以明显看出"计算机"和"计算机基础"特征之间的相关关系为 1，即完全正向相关，可以理解为两列特征完全重复，需要去除一列。

	语文	数学	英语	计算机	计算机基础
语文	1.000000	0.207514	-0.628564	0.942809	0.942809
数学	0.207514	1.000000	-0.884580	0.521724	0.521724
英语	-0.628564	-0.884580	1.000000	-0.849591	-0.849591
计算机	0.942809	0.521724	-0.849591	1.000000	1.000000
计算机基础	0.942809	0.521724	-0.849591	1.000000	1.000000

为解决"计算机"和"计算机基础"特征之间完全重复的问题，可以使用 Pandas 模块中的 drop()函数去除"计算机基础"（该函数的使用参考 2.2.5 节的内容）。

代码4-3（续）　使用 drop()函数去除重复特征

```
##检验相关关系后，去除冗余的"计算机基础"
df_cleaned = df.drop(labels = '计算机基础', axis = 1, inplace = False)
print(df_cleaned)
```

运行上述代码，可以得到去除特征冗余的新数据：

```
   姓名 语文 数学 英语 计算机
0  张三  84  89  90   85
1  李四  92  90  81   92
```

```
2  王五  87    95    75    90
3  张三  84    89    92    85
```

该例子同样可以通过设置 drop()函数的 columns 参数为 columns='计算机基础'实现，请读者自行尝试。除了示例中的"计算机"和"计算机基础"两个特征外，从代码 4-3 的输出结果中还可以看出"语文"与"计算机"也存在高度相关（0.942809），同样属于特征冗余。读者可结合实际情况确定相关系数的阈值，对冗余特征进行处理，这里不再赘述。

4.2.2 缺失值处理

插值法处理
缺失值

数据缺失是较为常见的数据质量问题，通常指数据记录中某些特征的缺失。造成数据缺失的原因很多，可能包括：字段在存储时的遗漏或丢失（例如，数据错误删除、采集设备故障、人为因素等）、数据获取成本较高等。

缺失值的存在会对数据挖掘模型的准确性、可靠性产生较大的影响。因此，在数据预处理阶段，需要检查缺失数据的情况，并给予针对性的处理。

常用的缺失值检测采用统计分析方法，逐个检查数据的每个特征的缺失情况。Pandas 对象中 isnull()函数提供了非常方便的缺失值检查功能，它将返回一个布尔型矩阵，每个布尔值（True 或 False）指示数据是否缺失。具体使用时，可以使用 isnull().sum()返回 Pandas 对象的每一列的缺失值计数。

为充分理解和展示缺失值的检测和处理过程，以下将沿用并扩展上述学生成绩的示例，以便理解不同缺失值填补和插值函数的使用方法。更新的学生成绩数据如表 4-3 所示，可以看到表中存在两个缺失值（NaN）：李四的数学成绩和王五的英语成绩。下面将针对缺失值的处理方法和过程进行演示。

表 4-3   更新的学生成绩数据

姓名	语文	数学	英语	计算机
张三	84	89	90	85
李四	92	NaN	81	92
王五	87	95	NaN	90
刘一	84	89	92	85

首先，可以使用 isnull().sum()判断每列是否有缺失值，如代码 4-4 所示。

代码 4-4   使用 isnull().sum()判断每列是否有缺失值

```
import pandas as pd
import numpy as np
scores = {'姓名': ['张三', '李四', '王五', '刘一'],
          '语文': [ 84, 92, 87, 84],
          '数学': [ 89, np.NaN, 95, 89],
          '英语': [ 90, 81, np.NaN, 92],
          '计算机': [ 85, 92, 90, 85]}
df = pd.DataFrame(scores)
print('成绩数据对象的特征缺失值情况:')
print(df.isnull().sum())          #判断每列是否有缺失值
```

下面展示了代码 4-4 中的成绩数据对象的缺失值情况，可以看出"数学"和"英语"这两列中各存在一个缺失值。

成绩数据对象的特征缺失值情况：

姓名	0
语文	0
数学	1
英语	1
计算机	0

实际上，Pandas 对象的 info()函数也可以帮我们查看数据的缺失值情况，读者可以自行尝试。当发现数据存在缺失值时，常见的处理方法主要包括删除缺失值、替换或填补缺失值两类。

1. 删除缺失值

直接删除缺失值是一种简单的缺失值处理方法，即通过直接删除存在缺失值的行或者列来获得完整的数据。然而，这种方法将同时删掉有用的数据，造成信息的丢失。通常，特定的行或者列存在大量的缺失值（例如，超过 70%～75%的数据缺失）时，我们采用直接删除的方法。

Pandas 模块的 dropna()函数可以实现缺失值的删除功能，它的基本语法如下。

```
dropna(axis = 0, how = 'any', subset = None, inplace = False)
```

它的主要参数如下。

（1）axis：接收 0 或 1，表示删除缺失值时是按行（0），还是按列（1），默认为 0。

（2）how：接收'any'或'all'，其中，'any'表示只要有缺失值就执行删除，'all'表示全部缺失时才删除，默认为'any'。

（3）subset：接收字符串或序列值，表示去除缺失值的列，默认为 None，表示全部列。

（4）inplace：接收 True 或 False，表示是否直接在原 Pandas 对象上删除缺失值，默认为 False。

沿用上述表 4-3 中学生成绩的示例，使用 dropna()函数删除包含缺失值的记录（行），如代码 4-5 所示。

代码 4-5 dropna()函数删除包含缺失值的记录（行）

```
import pandas as pd
scores = {'姓名': ['张三', '李四', '王五', '刘一'],
          '语文': [ 84, 92, 87, 84],
          '数学': [ 89, pd.NA, 95, 89],
          '英语': [ 90, 81, pd.NA, 92],
          '计算机': [ 85, 92, 90, 85]}
df = pd.DataFrame(scores)
df.dropna(axis = 0, how = 'any', inplace = True)        #删除所有包含缺失值的行
print('删除包含缺失值记录后的数据为\n', df)
```

下面展示了代码 4-5 中删除包含缺失值的记录后的数据结果。因为设定 axis = 0，所以删除的是包含缺失值的记录（行），并且设定参数 how = 'any'，所以只要存在至少一个缺失值的行即被删除。最终只剩下两条没有任何缺失信息的记录。

```
删除包含缺失值记录后的数据为
   姓名  语文  数学  英语  计算机
0  张三   84   89   90   85
3  刘一   84   89   92   85
```

2. 替换或填补缺失值

除直接删除缺失值的方法外，在数据样本不足或需要减少数据信息丢失的情况下，可以考虑用替换或填补的方法进行填充处理。常用的数据填充方法包括：使用均值、中位数或众数等具有代表性的数值进行替换；使用某些固定值（如 0 值或 Unknown）进行缺失值替换；

使用邻近值进行替换。上述 3 种替换方法均可以使用 Pandas 模块中的 fillna()函数实现，其主要参数如表 4-4 所示，基本函数语法如下。

```
fillna(value = None, method = None, axis = None, inplace = False, limit = None)
```

表 4-4   fillna()函数的主要参数说明

参数名称	说明
value	接收标量、字典、Series 或者 DataFrame。表示用来替换缺失值的值，可以为数据非缺失值的均值/中位数/众数，也可以是某些固定值或自定义的新类别等。无默认值
method	接收特定字符串以实现使用邻近值填充。backfill 或 bfill 表示使用下一个非缺失值填补缺失值，pad 或 ffill 表示使用上一个非缺失值填补缺失值。默认为 None
axis	接收 0 或者 1。表示轴向。默认为 0
inplace	接收布尔型数据（True 或 False）。表示是否在原表上进行操作。默认为 False
limit	接收整型数据。表示填补缺失值个数的上限，超过则不进行填补。默认为 None

（1）均值/中位数/众数替换。首先，可以计算特征的均值、中位数或众数，并用这些具有代表性的数值替换缺失值。这种使用均值/中位数/众数替换缺失值的方法，可以在保证不改变数据分布的基础上，填补缺失信息。与直接删除行和列相比，这种方法可以减少数据信息的丢失，特别是在数据样本数量较小的时候，可以产生更好的结果。

（2）使用固定值或新类别替换。其次，某些离散特征具有一定的规律性和固定性，例如，一个人的性别相对固定，因此，当针对同一个人的某些记录存在性别特征的值，而某些记录中的性别特征存在缺失值时，可以考虑用同一人的其他非缺失信息进行填补。当然，在某些特殊的情境下，缺失值可能代表某些规律性的含义。例如，居民基础信息数据表中，某些收入信息的缺失则可能代表该类居民对收入信息较为敏感，因此可能存在收入过高或过低的偏差。这样的情况可以考虑产生一个新的类别进行替换，如"未知"（Unknown），以避免用均值/中位数/众数进行替换带来的误差。实际操作中可以通过设置 value = 0 或其他固定值（如 Unknown）来实现，详见代码 4-6。

（3）使用邻近值替换。再者，某些记录中的缺失值可以考虑用邻近值进行填补。例如，时序数据具有缺失值时，可以考虑采用邻近位置，如前一条记录或后一条记录的数据进行填充。实际操作中可以通过设置 method = 'ffill'（前一条记录）或'bfill'（后一条记录）来实现，详见代码 4-6。

沿用表 4-3 中学生成绩的示例，利用 fillna()函数分别用均值、中位数、固定值 0 和邻近值替换数据中的缺失值，详细步骤如代码 4-6 所示。

代码 4-6   缺失值替换方法

```
import pandas as pd
import numpy as np
#生成包含缺失值的数据
scores = {'姓名': ['张三', '李四', '王五', '刘一'],
          '语文': [ 84, 92, 87, 84],
          '数学': [ 89, pd.NA, 95, 89],
          '英语': [ 90, 81, pd.NA, 92],
          '计算机': [ 85, 92, 90, 85]}
df = pd.DataFrame(scores)
# 1.均值替换
df_mean = df['数学'].fillna(value = df['数学'].mean(), inplace = False)
```

```
print('使用均值替换: \n', df_mean)

# 2.中位数替换
df_median = df['数学'].fillna(df['数学'].median(), inplace = False)
print('使用中位数替换: \n', df_median)

# 3.使用固定值 0 替换
df_zero = df['数学'].fillna(value = 0, inplace = False)
print('使用 0 替换: \n',df_zero)

# 4.使用缺失值前一个值进行填充（按照相应 index 前后填充）
df_ffill = df['数学'].fillna(method = 'ffill', inplace = False, axis = 0)
print('使用缺失值前一个值替换: \n', df_ffill)

# 5.使用缺失值后一个值进行填充（按照相应 columns 前后填充）
df_bfill = df['数学'].fillna(method = 'bfill', inplace = False, axis = 0)
print('使用缺失值后一个值替换: \n', df_bfill)
```

上述代码以"数学"这一列中的缺失值为例，使用不同的方法进行填充处理，其运行结果如下所示。

- 使用均值替换，可以看出原始数据"数学"这一列的第二个值被替换为这一列的均值 91。
- 使用中位数替换，原始缺失值则被替换为中位数 89。
- 若 value = 0，原始缺失值被固定输入的 0 替换。
- 若 method = 'ffill'，则使用缺失值前一个值即 89 替换。
- 若 method = 'bfill'，则使用缺失值后一个值即 95 替换。

```
使用均值替换:                          使用缺失值前一个值替换:
0    89.0                           0    89
1    91.0                           1    89
2    95.0                           2    95
3    89.0                           3    89
Name: 数学, dtype: float64          Name: 数学, dtype: int64

使用中位数替换:                        使用缺失值后一个值替换:
0    89.0                           0    89
1    89.0                           1    95
2    95.0                           2    95
3    89.0                           3    89
Name: 数学, dtype: float64          Name: 数学, dtype: int64

使用 0 替换:
0    89
1     0
2    95
3    89
Name: 数学, dtype: int64
```

（4）使用其他插值函数。替换法虽然使用难度较低，但是有可能会影响数据的标准差，进而导致数据信息的变动。因此，在以上 3 种常见的缺失值替换或填补方法的基础上，也可以考虑利用回归法或插值法，例如拉格朗日插值法、牛顿插值法等对缺失数据进行处理。插值法就是通过已知的点建立合适的插值函数 $f(x)$，对于任一未知点 x_i，通过插值函数 $f(x)$ 可以求出插值 $f(x_i)$，用求得的 $(x_i, f(x_i))$ 近似代替未知点。目前，在数据挖掘和机器学习领域，已经有越来越多的插值函数和预测方法可以用来解决缺失值填补的问题。常见的插值法包括：

线性插值法、多项式插值法和样条插值法等。

实际操作中，可以使用 DataFrame 模块中的 interpolate()函数实现，其基本语法为

```
interpolate(method = 'linear', axis=0, limit = None, inplace = False)
```

表 4-5 列出了它的常用参数。

表 4-5　　　　　　　　　　interpolate ()函数常用参数说明

参数名称	说明
method	通过接收不同方法参数以利用不同的插值函数进行缺失值填补，常见方法参数如下。 'linear'：线性插值法。 'polynomial'：多项式插值法，使用的同时需传入一个 order 参数（int 型）表示多项式的阶数。 'spline'：样条插值法，与多项式插值法类似，使用的同时需传入一个 order 参数（int 型）表示样条曲线的阶数
axis	接收 0 或者 1。表示轴向。默认为 0
limit	接收整数，必须大于 0，为可选参数。表示要填充的连续缺失值的最大数量
inplace	接收布尔值（True 或 False）。表示是否在原表上进行操作。默认为 False

为方便读者理解，沿用表 4-3 中带有缺失值的学生成绩示例，通过 interpolate()函数分别使用线性插值法、多项式插值法和样条插值法替换缺失值。特别需要注意的是，多项式插值法和样条插值法还需要传入 order 参数，如代码 4-6（续）所示。

代码 4-6（续）　缺失值插值填补代码实现

```
# 6.使用线性插值法进行填充
df['数学'] = pd.to_numeric(df['数学'], errors = 'coerce')
df_linear = df['数学'].interpolate(method = 'linear', inplace = False)
print('使用线性插值法进行填充：\n', df_linear)

# 7.使用多项式插值法进行填充
df_poly = df['数学'].interpolate(method = 'polynomial', order = 2, inplace = False)
print('使用多项式插值法进行填充：\n', df_poly)

# 8.使用样条插值法进行填充
df_spline = df['数学'].interpolate(method = 'spline', order = 2, inplace = False)
print('使用样条插值法进行填充：\n', df_spline)
```

运行上述代码可得到如下结果。

```
使用线性插值法进行填充：
0    89.0
1    92.0
2    95.0
3    89.0
Name: 数学, dtype: float64

使用多项式插值法进行填充：
0    89.0
1    95.0
2    95.0
3    89.0
Name: 数学, dtype: float64

使用样条插值法进行填充：
```

```
0    89.0
1    95.0
2    95.0
3    89.0
Name: 数学, dtype: float64
```

由此可见，缺失值的填补方法有多种，且每种填补方法都有自己的优缺点，在实际应用中，需要结合不同的场景和数据集特点，选择合适的缺失值填补方法。

4.2.3 异常值处理

在数据挖掘中，异常值是指不符合预期模式，且观测值明显偏离其他观测值的数据。异常值也称为离群点（Outlier），产生的原因很多，可能包括但不限于录入错误、测量错误、数据生成过程中的错误等。异常值的存在将显著影响构建的数据挖掘模型的准确性和可靠性。因此，需要对异常值进行检测和处理。通常，异常值的检测方法包括 3σ 原则、箱线图分析、聚类分析。

1. 3σ 原则

3σ 原则，又称为"拉伊达准则"，是在假定数据服从正态分布的情况下，绝大部分数据的取值都应该位于 3 倍标准差范围内，那么超出 3 倍标准差范围的值被识别为异常值。表 4-6 给出了正态分布的数据的取值分布情况。显然，只有不到 0.3% 的数据位于 3 倍标准差之外（这里，符号 μ 和 σ 分别表示数据的均值和标准差）。

表 4-6　　　　　　　　　　　正态分布数据的取值分布情况

取值的分布范围	在全部数据中的比例
$(\mu-\sigma, \ \mu+\sigma)$	68.27%
$(\mu-2\sigma, \ \mu+2\sigma)$	95.45%
$(\mu-3\sigma, \ \mu+3\sigma)$	99.73%

需要注意的是，3σ 异常识别方法仅适合正态分布或者近似正态分布的数据，对于有偏数据或者其他分布的数据（如泊松分布等）并不适用。

2. 箱线图分析

箱线图由最小值、下四分位数、中位数、上四分位数和最大值 5 个基本数值信息组成。其常用来展现数据的分布情况，也可以用于异常值检测。其中，箱体中部的线通常表示中位数（也可以通过参数设置增加均值），箱体的两端边分别表示上四分位数和下四分位数。异常值判断的主要原理和过程：首先需要计算 IQR（四分位数极差），即上四分位数与下四分位数之间的差值（IQR = Q3–Q1），可以将其看作箱子的长度；在此基础上，计算箱子的最小观测值为 Q1–1.5×IQR，最大观测值为 Q3+1.5×IQR。箱体外部的两边缘线（也称胡须，Whisker）分别表示最大观测值和最小观测值。因此，小于最小观测值和大于最大观测值的数值则被认定为异常值，在箱线图中表示为上、下边缘线外的孤立点。

借助学生成绩信息，展示利用箱线图检测异常值的常见过程和代码示例。假设 6 名学生（S1～S6）在某次考试中的英语成绩分别为[90, 81, 110, 92, 83, 85]。首先，构建原始数据框，然后调用 Matplotlib 模块中的 boxplot()方法绘制箱线图，该方法的使用说明详见 3.3.2 节。代码 4-7 详细展示了箱线图的绘制和获取异常值的过程。

代码 4-7 利用箱线图检测异常值

```
import pandas as pd
import numpy as np
import matplotlib.pyplot as plt
#生成原始数据
scores = {'姓名': ['S1', 'S2', 'S3', 'S4', 'S5', 'S6'], '英语': [90, 81, 110, 92, 83, 85]}
df = pd.DataFrame(scores)

# 绘制箱线图
plt.figure(figsize = (8, 6), dpi = 200)
axes = plt.boxplot(df['英语'], notch = True, patch_artist = True)    #箱线图
outlier = axes['fliers'][0].get_ydata()                              #获取异常值
plt.show()                                                           #图形展示
print('异常值为: \n', outlier)
```

运行上述代码可以得到如图 4-3 所示的箱线图，可以明显看出大于最大观测值有一个异常数据点。该异常值可以通过 axes['fliers'][0].get_ydata()语句获取并输出，即[110]。由此可见，箱线图可以较好地辅助异常值的检测。

3. 聚类分析

异常值的数量通常较少，且与正常数据有明显的差异。从聚类的角度，异常值在数据空间中孤立存在，不构成特定的簇，所在区域的密度很低。因此，

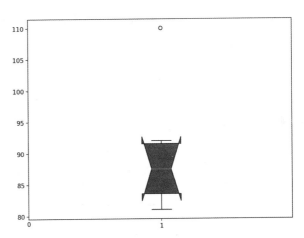

图 4-3 利用箱线图获取异常值

一些基于密度的聚类算法能根据数据点所在位置的密度识别出异常数据，例如，DBSCAN 聚类算法，读者可以参考 8.4 节的内容做进一步的了解和学习。

以上统计描述方法和可视化方法可用于辅助检测异常值或离群点。那么如果检测到数据集出现异常值或离群点，常见的处理方法如下。

（1）直接剔除掉异常值，主要用于异常值数量较少的情况。

（2）借鉴缺失值的处理方法进行替换或插值，参考 4.2.1 节的方法。

（3）不处理，在某些情况下，异常值可能代表特殊的含义，如何处理需要咨询业务人员或深入了解数据收集过程。

4.3 数据变换

数据变换是对数据进行规范化处理，转换为"适当"的形式以适应数据挖掘算法的需要。常见的数据变换操作包括：数据规范化、数值特征的二值化和离散化、标称特征的数值化处理等。

4.3.1 数据规范化

数据规范化是数据预处理过程中的一项常见工作。不同的特征往往具有不同的量纲，直

接在各特征上度量它们的统计指标（如均值、方差）往往差异巨大。如果不将这些特征规范化到同一个量纲水平，一些预处理任务（如计算相似性、距离等）或数据挖掘模型（如聚类模型、人工神经网络模型等）难以获得准确的结果。再者，不一致量纲也会影响到数据挖掘模型的求解速度，甚至造成模型难以收敛等问题。

数据规范化是指为了消除不同数据（特征）在度量单位上的差异及取值范围的影响，将数据按照一定比例进行标准化，使其落入同一水平的取值范围内。常用规范化方法包括：最小—最大规范化、零—均值规范化和小数定标规范化。

1．最小—最大规范化

最小—最大规范化，也称为离差标准化，是将数据按比例线性缩放到特定区间[min, max]，通常是[0,1]区间。对于每个特征，其最小值被转换为 0，最大值被转换为 1。计算方式如式（4-1）所示。

$$x_{\min-\max} = \frac{x - \min(x)}{\max(x) - \min(x)} \qquad (4\text{-}1)$$

其中，$\min(x)$ 表示特征的最小值；$\max(x)$ 表示特征的最大值。

sklearn.preprocessing 模块提供了 MinMaxScaler 类帮助我们快速实现数据的最小—最大规范化。表 4-7 给出了其主要参数、属性和函数。

表 4-7　　　　　　　　MinMaxScaler 类的主要参数、属性和函数说明

项目	名称	说明
参数	feature_range	接收元组(min, max)，设定的缩放数据的范围，默认为(0,1)
	copy	接收布尔值，默认为 True，表示是否需要规范化数据并复制。若为 False,则直接将规范化后的数据替换原数据并不另外复制
属性	data_min_	Ndarray 向量，返回各特征的缩放后的最小值
	data_max_	Ndarray 向量，返回各特征的缩放后的最大值
函数	fit(X)	在数据集 X 上训练规范化对象
	transform(X)	应用训练好的规范化对象对数据集 X 进行规范化操作，返回规范化后的数据矩阵
	fit_transform(X)	在数据集 X 上训练规范化对象，然后用它对 X 进行规范化操作，返回规范化后的数据矩阵

代码 4-8 演示了利用 MinMaxScaler 类创建一个最小—最大规范化对象，对鸢尾花数据集的特征进行规范化的过程。

代码 4-8　使用 MinMaxScaler 类对鸢尾花数据集进行最小—最大规范化

```
from sklearn.datasets import load_iris
from sklearn.preprocessing import MinMaxScaler
import pandas as pd

iris = load_iris().data

#使用最小—最大规范化对数据进行预处理
m_scaler = MinMaxScaler()                    #创建一个最小—最大规范化对象
iris_scale = m_scaler.fit_transform(iris)
iris_scale= pd.DataFrame(data = iris_scale,
                    columns = ["petal_len", "petal_wid", "sepal_len", "sepal_wid"])
print("规范化后的前 5 条 iris 数据: \n", iris_scale[0:5] )
```

下面展示了代码 4-8 规范化后的前 5 条数据。显然，所有特征都缩放到了[0,1]区间内。

```
规范化后的前 5 条 iris 数据：
   petal_len  petal_wid  sepal_len  sepal_wid
0  0.222222   0.625000   0.067797   0.041667
1  0.166667   0.416667   0.067797   0.041667
2  0.111111   0.500000   0.050847   0.041667
3  0.083333   0.458333   0.084746   0.041667
4  0.194444   0.666667   0.067797   0.041667
```

需要说明的是，当数据中存在极端值或者异常值时，最小—最大规范化方法往往不能取得预期的规范化效果。例如，在上述鸢尾花数据集中，如果某个数据对象的花瓣长度特征出现了异常值 500（远大于其他对象），最小—最大规范化方法会将异常对象的花瓣长度规范化为 1，而其他所有对象的花瓣长度特征规范化到 0 附近，显然这是不合理的。因此，最小—最大规范化方法对于极端值和异常值比较敏感。下面介绍的零—均值规范化方法能一定程度避免该问题。

2．零—均值规范化

零—均值规范化，也称为标准差规范化或 Z—分数规范化（Z-score Scaling），是按照均值中心化，然后利用标准差重新缩放数据，使数据服从均值为 0、方差为 1 的正态分布，计算方法如式（4-2）所示。其中，$\bar{x}$ 表示均值，σ 代表方差。

$$x_{\text{z-score}} = \frac{x - \bar{x}}{\sigma} \tag{4-2}$$

sklearn.preprocessing 模块提供了 StandardScaler 类帮助我们快速实现数据的零—均值规范化。表 4-8 给出了其主要参数、属性和函数说明。

表 4-8　　　　　　　　StandardScaler 类的主要参数、属性和函数说明

项目	名称	说明
参数	copy	接收布尔值（True/False），表示是否需要规范化数据并复制。若为 False，则直接将规范化后的数据替换原数据并不另外复制，反之为 True。默认为 True
	with_mean	接收布尔值（True/False），表示是否需要在规范化之前对数据做均值中心化处理，默认为 True
	with_std	接收布尔值（True/False），表示是否需要在规范化之前将方差做单位化处理，默认为 True
属性	scale_	Ndarray 向量，返回训练集中各特征的标准差，以实现零均值和单位方差
	mean_	Ndarray 向量，返回训练集中各特征的均值
	var_	Ndarray 向量，返回训练集中各特征的方差
	n_features_in_	整数，返回特征的样本数量
函数	fit(X)	在数据集 X 上训练规范化对象
	transform(X)	应用训练好的规范化对象对数据集 X 进行规范化操作，返回规范化后的数据矩阵
	fit_transform(X)	在数据集 X 上训练规范化对象，然后用它对 X 进行规范化操作，返回规范化后的数据矩阵

代码 4-9 演示了利用 StandardScaler 类创建一个零—均值规范化对象，对鸢尾花数据集的特征集进行规范化的过程。

代码 4-9　使用 StandardScaler 对鸢尾花数据集进行零—均值规范化

```
from sklearn.datasets import load_iris
from sklearn.preprocessing import StandardScaler
import pandas as pd

iris = load_iris().data

#使用零—均值规范化对数据进行处理
iris_scale = StandardScaler()                           #创建一个零—均值规范化对象
iris_scale = iris_scale.fit_transform(iris)
iris_scale= pd.DataFrame(data = iris_scale,
                         columns = ["petal_len", "petal_wid", "sepal_len", "sepal_wid"])
print("规范化后的前 5 条 iris 数据: \n",  iris_scale[0:5] )
```

运行上述代码，使用零—均值规范化后数据的前 5 行展示如下。可以看出与最小—最大规范化不同，零—均值规范化后的数据取值并非落在[0,1]，而是服从均值为 0、方差为 1 的正态分布。再者，我们之前提到最小—最大规范化对极端值和异常值较为敏感，因此，在大多数数据挖掘算法中，利用零—均值规范化进行特征缩放较为常见。但是，零—均值规范化只有在原特征数据也大致符合正态分布时才能得到较好的放缩效果。

```
规范化后的前 5 条 iris 数据:
    petal_len  petal_wid  sepal_len  sepal_wid
0   -0.900681   1.019004  -1.340227  -1.315444
1   -1.143017  -0.131979  -1.340227  -1.315444
2   -1.385353   0.328414  -1.397064  -1.315444
3   -1.506521   0.098217  -1.283389  -1.315444
4   -1.021849   1.249201  -1.340227  -1.315444
```

3．小数定标规范化

小数定标规范化是通过移动特征值的小数点位置从而进行规范化的方法。小数点的位置移动取决于特征值绝对值的最大值。计算方法如式（4-3）所示。

$$x_{\text{norm}} = \frac{x_i}{10^k} \tag{4-3}$$

其中，k 是使得 $\max|x_i| < 1$ 的最小整数。

小数定标规范化没有特定的函数可以直接调用，但是可以通过简单的代码实现。代码 4-10 演示了一个通过获取数据的最大位数，以实现小数定标规范化的过程。

代码 4-10　小数定标规范化

```
import numpy as np

x = np.array([[ 0., -3., 1.],                    #初始化数据
              [ 3., 1., 2.],
              [ 0., 1., -1.]])

j = np.ceil(np.log10(np.max(abs(x))))            #获取小数点移动最大位数
sc_C = x/(10**j)
print('规范化后的数据为\n', sc_C)
```

运行上述代码，得到使用小数定标规范化后的数据如下。与上述两类规范化方法不同，经过小数定标规范化处理，所有特征都缩放到了[-1,1]区间内，即所有数据按照最大值（这里是 3）的小数位数（这里是 10）进行同等比例的缩放，最终映射到[-1,1]。由此可见，小数定

标规范化操作简单，较为实用。然而，与最小—最大规范化类似，小数定标规范化也易受到极端值和异常值的影响。再者，新增数据可能会影响最大位数的选择，进而影响整个规范化的过程，增加工作量。

```
规范化后的数据为
[[ 0.  -0.3  0.1]
 [ 0.3  0.1  0.2]
 [ 0.   0.1 -0.1]]
```

值得注意的是，规范化可能将原来的特征数据改变。因此，建议在进行规范化处理时，注意保留规范化参数，如均值、标准差等，以便将来查验数据。综上所述，本节列举的 3 种常用规范化方法各有优劣，实际操作中需结合数据的实际情况进行选择。

4.3.2 数值特征的二值化和离散化

1. 二值化

二值化（Binarization）是将连续取值的数据转换为数值 0 和 1 的操作，即把数值特征转换为二元特征的过程。例如，对于"商品价格"这一数值特征，在构建数据挖掘模型时，只需要知道某个商品的价格是否低于 3000 元（或某些特定的阈值），此时，可以用阈值 3000 对特征进行二值化，将其转换为二元特征。

sklearn.preprocessing 模块中的 Binarizer 类能创建一个二值化对象，可用于数据的二值化操作。它的基本语法为

```
Binarizer(threshold = 0.0)
```

其中，参数 threshold 表示用于二值化的阈值，默认为 0。

代码 4-11 演示了对某类商品的价格进行二值化的过程。它将超过阈值 3000 的商品价格标记为 1，低于阈值的价格标记为 0。

代码 4-11　对商品价格进行二值化的操作
```
from sklearn.preprocessing import Binarizer
import numpy as np

price= np.array([1000, 2530, 3500, 6000, 200, 8200])

b = Binarizer(threshold = 3000)                    #创建二值化对象，阈值为 3000
b_price = b.fit_transform(price.reshape(1,-1))

print("二值化后的价格: \n", b_price)
```
代码的执行结果为
```
二值化后的价格:
 [[0 0 1 1 0 1]]
```
需要注意的是，Binarizer 类要求输入数据是二维数组对象，因此，上述代码中，使用reshape()函数将输入数据转换为二维矩阵。

2. 离散化

在一些数据挖掘算法中，如决策树算法、Apriori 算法等，需要将连续属性的特征转换成为离散属性的特征。尽管部分模型（如决策树等）允许连续型特征的输入，但在计算过程中，

模型依旧会先将连续型数据转换为离散型数据。因此，数据离散化是数据预处理中必不可少的步骤。

离散化（Discretization）是通过将连续特征值映射到一定区间或通过使用标称来转换成离散数值或分类特征的过程。常用的离散化方法主要包括等宽法（Fixed-Width）、等频法（Fixed-Frequency），以及通过聚类、决策树等算法进行离散化。

（1）等宽法。该方法将连续属性的特征从最小值到最大值划分成具有相同宽度的 n 个区间，即 n 个等距区间。其中，区间总个数 n 需要自行设定。等宽法离散化可以通过 Pandas 模块的 cut()函数实现，其基本语法为

```
pandas.cut(x, bins, right = True, labels = None, retbins = False)
```
它的主要参数如表 4-9 所示。

表 4-9　　　　　　　　　　　cut()函数的主要参数说明

参数名称	说明
x	接收 Ndarray 或 Series 对象，表示用来离散化的数据（注意只能是一维的）
bins	接收整数（int）、标量序列（Sequence of Scalars）或区间索引（IntervalIndex）。如果是整数，则代表等宽分箱的数目；如果是标量序列，则代表非等宽分箱区间的边缘；如果是区间索引，则表示使用传入的精确区间进行分箱
right	接收布尔值（True 或 False），表示区间是否包含右边界。例如，当 right =True 时，[1, 2, 3, 4] 可以划分为 [1,2], (2,3] (3,4]3 个区间，默认为 True
labels	为划分后的区间设置的标签序列，默认为 None

（2）等频法。该方法主要根据数据频率进行区间划分，即将数量基本相同的记录放入区间，划分成等频区间，以保证每个区间的频率基本一致。与等宽法类似，等频法离散化可以通过 Pandas 模块中的 qcut()函数实现，其基本语法为

```
pandas.qcut(x, q, labels = None, retbins = False)
```
它的主要参数如表 4-10 所示。

表 4-10　　　　　　　　　　　qcut()函数的主要参数说明

参数名称	说明
x	接收 Ndarray 或 Series 对象，表示用来离散化的数据（注意只能是一维的）
q	接收整数或浮点数序列。若是整数则表示分位数的个数，如 10 代表十分位数，4 代表四分位数等；也可以通过传入一组浮点数序列表明精确的分位数划分区间，如[0, .25, .5, .75, 1.]
labels	为划分后的区间设置的标签序列，默认为 None
retbins	接收布尔值（True/False），表示是否返回分组边界值列表

（3）其他离散化方法。聚类算法通过将该特征的值划分为簇或组，可以用来离散数值特征。关于聚类算法的具体使用详见第 8 章。

决策树作为一种自上而下的分类方法，也是比较常见的离散化方法。为了离散化一个数值特征，决策树选择具有最小熵的特征值作为分割点，并递归地划分结果区间以达到分层离散化。有关决策树模型的具体使用详见 6.4 节。

下面的例子是针对一组销售数据分别使用 cut()和 qcut()函数对数据进行等宽和等频离散化处理，具体步骤如代码 4-12 所示。

代码 4-12 使用 cut()和 qcut()函数进行等宽和等频离散化处理

```python
import pandas as pd
#生成销量数据
sale_df = pd.DataFrame({'sale': [400, 50, 100, 450, 500, 320, 160, 280,
                                 320, 380, 200, 460]})
#等宽离散化
sale_df['sale_fixedwid'] = pd.cut(sale_df["sale"], bins = 3)
#等频离散化
sale_df['sale_fixedfreq'] = pd.qcut(sale_df["sale"], q = 4)
print(sale_df)
```

运行上述代码可以得到的结果：

```
    sale sale_fixedwid    sale_fixedfreq
0   400  (350.0, 500.0]   (320.0, 412.5]
1   50   (49.55, 200.0]   (49.999, 190.0]
2   100  (49.55, 200.0]   (49.999, 190.0]
3   450  (350.0, 500.0]   (412.5, 500.0]
4   500  (350.0, 500.0]   (412.5, 500.0]
5   320  (200.0, 350.0]   (190.0, 320.0]
6   160  (49.55, 200.0]   (49.999, 190.0]
7   280  (200.0, 350.0]   (190.0, 320.0]
8   320  (200.0, 350.0]   (190.0, 320.0]
9   380  (350.0, 500.0]   (320.0, 412.5]
10  200  (49.55, 200.0]   (190.0, 320.0]
11  460  (350.0, 500.0]   (412.5, 500.0]
```

对比 sale_fixedwid 和 sale_fixedfreq 两列的结果可以看出，等宽法和等频法离散化的不同。等宽法是将数值范围[50, 500]等距离地划分为 3 份(49.55, 200.0], (200.0, 350.0]和(350.0, 500.0]，然后依次将数据放入对应的区间中。例如，第一行销售记录 400，对应等宽区间为(350.0, 500.0]。然而，等频法则是通过设置 q = 4 并依据四分位数（25%、50%、75%、100%）的对应取值（190.0、320.0、412.5、500.0）进行离散化操作。同样是第一行销售记录 400，对应等频的区间为(320.0, 412.5]。

4.3.3 标称特征的数值化处理

很多时候，原始数据的标称特征可能并不适合应用标准的数据挖掘算法，需要转换为数值特征。例如，商铺需要使用如客户性别、学历及外部天气等标称特征来预测日常销售金额，然而常用的预测模型只能处理数值特征。在这种情况下，标称特征需要通过一定的方法转换为数值特征，即标称特征的数值化处理。常用标称特征的数值编码方法主要包括独热（One-hot）编码、标签编码等，具体内容和实现方法如下。

1. 独热编码

它将标称特征类型编码为二元数值特征（如 0/1）。例如，一个名称为"天气"的标称特征可能包含的取值为"晴天""阴天"和"雨天"。通过数据变换处理，结果生成 3 个二元特征，即判断"天气=晴天""天气=阴天"和"天气=雨天"。这 3 个二元特征的可能值为 1（True/真）或 0（False/假）。独热编码通过调用 sklearn.preprocessing 模块中的 OneHotEncoder 类实现，基本使用语法如下。

```python
OneHotEncoder( categories = 'auto', drop = None, sparse = True, handle_unknown = 'error')
```

它的主要参数和函数说明如表 4-11 所示。

表 4-11　　　　　　　　　　OneHotEncoder 类的主要参数和函数说明

项目	名称	说明
参数	categories	接收'auto'或列表，表示每个特征使用几维的数值由数据集自动推断或自行定义
	drop	接收{'first','if_binary'}或数组，该参数将指定用于从特征的 k 个分类值中选择 $k-1$ 个值进行编码转换。例如，"天气"的标称特征包含的取值为"晴天""阴天"和"雨天"3 个，为避免共线问题，可以设定 drop=first，删掉第一个取值
	sparse	接收布尔值（True/False），如果设置为 True 将返回稀疏矩阵，否则将返回一个数组，默认为 True
	handle_unknown	接收{'error', 'ignore'}，表示在编码转换的过程中，如果存在未知的分类特征，是否报错或忽略，默认为'error'表示需要报错
函数	fit(X)	在数据集 X 上训练规范化对象
	transform(X)	应用训练好的规范化对象对数据集 X 进行规范化操作，返回规范化后的数据矩阵
	fit_transform(X)	在数据集 X 上训练规范化对象，然后用它对 X 进行规范化操作，返回规范化后的数据矩阵

另外，使用 Pandas 模块中的 get_dummies( )函数实现标称特征的二元数值化，这种方法又称为哑变量编码。其基本使用语法如下。

```
get_dummies(data, prefix = None, prefix_sep = '_', dummy_na = False,
columns = None, drop_first = False, dtype = None)
```

它的主要参数说明如表 4-12 所示。

表 4-12　　　　　　　　get_dummies( )函数的主要参数及其说明

参数名称	说明
data	接收数组、序列或数据框，用于生成哑变量
prefix	接收字符串、字符串列表或字符串字典，用于给生成的哑变量命名，传入列表的长度应与生成的哑变量新增的列数相同。如果不传入参数，则使用原数据的列名
prefix_sep	接收字符串，用于在名称中分隔前缀和后缀，默认为'_'。例如，天气数据中新生成的列名分别为"天气_晴天""天气_阴天""天气_雨天"等
dummy_na	接收布尔值（True 或 False），表示是否需要新增一列表示数据中的 NaN
columns	接收列表，表示数据框中需要二元编码转换的列名，如果 columns=None，则表示所有具有 object 型或 category 型的列都将被转换
drop_first	接收布尔值（True 或 False），表示是否需要从特征的 k 个分类值中选择 $k-1$ 个值进行哑变量转换，默认为 False

2．标签编码

虽然上述独热编码和哑变量编码的方法可以简单、有效地将标称特征进行数值编码，但是也可能会带来维度"爆炸"和特征稀疏等问题。标签编码可以在避免此类问题的同时简单、有效地将标称变量转换为连续的数值型变量，即对离散的类别进行编号。例如，对应上述"天气"标称特征的 3 个取值：['晴天', '阴天', '雨天']，分别让'晴天'=0、'阴天'=1、'雨天'=2，以实现数值编码。可以通过 sklearn.preprocessing 模块中的 LabelEncoder 类创建一个标签编码对象，实现编码操作，其基本语法如下：

LabelEncoder( )

创建标签编码对象后，可以使用 fit()函数进行训练，使用 transform()函数对数据进行编码。由于这些函数的使用和表 4-11 中的函数类似，我们不再赘述。

为方便读者理解上述两种编码技术的实际操作过程，我们针对销售数据中"天气"这个标称特征，分别实现了独热编码、哑变量编码和标签编码，具体过程如代码 4-13 所示。

代码 4-13　独热编码、哑变量编码和标签编码代码实现

```
import pandas as pd
from sklearn.preprocessing import OneHotEncoder,LabelEncoder

#原始数据
weather_df = pd.DataFrame({'天气': ['晴天', '雨天', '阴天', '晴天'], '销量': [400,
50, 100, 450]})
#独热编码
oneHot_weather = OneHotEncoder().fit_transform(weather_df[["天气"]])
print('独热编码的结果为')
print(oneHot_weather)

#哑变量编码
dummy_weather = pd.get_dummies(weather_df[["天气"]], drop_first = False)
print('哑变量编码的结果为')
print(dummy_weather)
#标签编码
label_weather = LabelEncoder().fit_transform(weather_df[["天气"]])
print('标签编码的结果为')
print(label_weather)
```

运行上述代码可以得到的结果如下。可以看出独热编码和哑变量编码两种方法得到的结果是类似的，均将原数据中"天气"的 3 个值['晴天', '阴天', '雨天']生成了 3 个列，对应的值表示为 1，其余为 0，进而转换为 0/1 的数值表示。需要注意的是，这里没有考虑共线的问题，因此 get_dummies(drop_first = False)，读者可自行尝试设置 get_dummies(drop_first = True)。而标签编码则是将['晴天', '阴天', '雨天']分别对应转换为[0, 1, 2]。因此原数据['晴天', '雨天', '阴天', '晴天']转换的结果为[0 2 1 0]。显然，标签编码操作简单，无须添加类别的维度，常用于决策树模型中。

```
独热编码的结果为
[[1. 0. 0.]
 [0. 0. 1.]
 [0. 1. 0.]
 [1. 0. 0.]]
哑变量编码的结果为
  天气_晴天 天气_阴天 天气_雨天
0     1       0       0
1     0       0       1
2     0       1       0
3     1       0       0
标签编码的结果为
[0  2  1  0]
```

4.4　数据规约

尽管目前的硬件技术和存储技术已经能够较为有效地处理大规模数据，但是当数据的规模过大时，数据挖掘的性能和效率会面临巨大的挑战。另外，构建一个有效的数据挖掘模型通常也不需要全部的数据集或者特征。因此，常需要使用数据规约技术在建模之前降低数据的规模。数据规约（Data Reduction）是指在尽量保持数据原始分布及特点的基础上，降低数据规模的方法，主要包括样本规约、维度规约和数据压缩等。实际上，第 5 章介绍的特征选择技术也可以归纳到这一类方法中。

4.4.1 样本规约

样本规约也称为"数据抽样"，是指在原数据集中选取一部分具有代表性子集的过程。抽样的方法包括简单随机抽样、分层抽样、聚类抽样等。

1. 简单随机抽样

简单随机抽样（Simple Random Sampling）是指从数据总体中随机抽样出一定比例或数量的样本子集。Pandas 模块中的 sample()函数可以实现简单随机抽样，其基本语法为

```
sample(n, frac, replace, axis, random_state)
```

它的主要参数说明如表 4-13 所示。

表 4-13　　　　　　　　　sample()函数的主要参数说明

参数名称	说明
n	接收整数，代表抽样的样本数量。不能和参数 frac 一起使用，默认为 1
frac	接收浮点数，代表抽样比例。不能和参数 n 一起使用，默认为 None
replace	接收 True 或者 False。表示是否进行有放回的抽样。True 表示有放回，False 表示无放回。默认为 False
axis	接收 0 或 1，表示按行（0）或按列（1）抽样。默认为 0
random_state	接收整数，用于设定随机数发生器种子

简单随机抽样不能保证结果中每一类别样本的比例与原始数据相同或接近。例如，假设我们收集了 30 条关于某雨伞的日销售量数据，这些销售分别发生在"晴天""阴天"和"雨天" 3 种天气（视为"类别"），不同天气的出现次数分别为 21、6、3。如果我们采用简单随机抽样抽取 10 条数据，有可能在结果中不包含任何发生在"雨天"的数据。代码 4-14 可说明这一情况。

2. 分层抽样

分层抽样也称为"按类别抽样"，即先将数据分成不同类别（或层），再针对每个类别（或层）分别进行随机抽样的方法。显然这种方法保证了抽样结果中每一类样本的比例不发生明显改变，能保留数据的原始条件分布，对于类别不平衡情况下的数据抽样更加有效。

分层抽样

Scikit-learn 的 model_selection 模块中提供 StratifiedShuffleSplit 类可以实现分层抽样。该类原本实现了用于将整个数据集按类别比例划分为训练集和测试集的方法，我们可以把划分的训练集视为抽样结果。创建一个 StratifiedShuffleSplit 分层抽样对象的基本语法如下所示，表 4-14 列出了它的主要参数和函数。

```
StratifiedShuffleSplit(n_splits, test_size, train_size, random_state)
```

表 4-14　　　　　　　　　　StratifiedShuffleSplit()类的主要参数和函数说明

项目	名称	说明
参数	n_splits	整数，表示生成的训练集/测试集组数，默认为 10
	test_size	浮点数或整数，表示生成的测试集的比例或数量，默认为 None。如果是浮点数，取值在 0.0 和 1.0 之间，代表测试集占总数据集的比例。如果是整数，则表示测试集中样本的绝对数目。如果是 None，则表示自动设置为训练集的补集
	train_size	浮点数或整数，表示生成的训练集的比例或数量，默认为 None。如果是浮点数，取值在 0.0 和 1.0 之间，代表训练集占总数据集的比例。如果是整数，则表示训练集中样本的绝对数目。如果是 None，则表示自动设置为测试集的补集
	random_state	随机数发生器种子，整数值
函数	split(X, y)	实现对数据集 X 的分层划分，返回训练集的索引和测试集的索引。其中，y 给出了数据所属的类别，即分层的依据

代码 4-14 演示了使用简单随机抽样和分层抽样对 30 条雨伞销售数据进行抽样的结果，其中，这些数据按"天气"分成 3 个类别，每个类别的数量分别是 20、7 和 3。

代码 4-14　使用简单随机抽样和分层抽样对 30 条雨伞销售数据进行抽样

```
import pandas as pd

sale_df = pd.DataFrame(
        {'weather': ['晴天', '雨天', '阴天', '晴天', '晴天', '晴天', '晴天', '晴天',
'晴天', '晴天', '晴天', '阴天', '雨天', '阴天', '晴天','阴天', '雨天', '阴天', '晴天', '晴
天', '晴天', '晴天', '阴天', '晴天', '晴天', '晴天', '阴天', '晴天', '晴天', '晴天'],
        'sale':[400, 50, 100, 450, 620, 325, 170, 280, 710, 330, 500, 320, 160,
280, 175, 240, 605, 270, 250, 510, 320, 380, 200, 460, 380, 420, 560, 80, 240, 630]}
        )
#1.简单随机抽样
random_sample = sale_df.sample(10, random_state = 124)
print('简单随机抽样方法的结果: \n', random_sample)

#2.分层抽样
from sklearn.model_selection import StratifiedShuffleSplit
split = StratifiedShuffleSplit(n_splits = 1, train_size = 10, random_state = 124)

for train_index, test_index in split.split(sale_df, sale_df['weather']):
    strat_sample_set = sale_df.loc[train_index]
    strat_test_set = sale_df.loc[test_index]

print('分层抽样方法的结果: \n', strat_sample_set)
```

代码运行后的结果如下所示（第 1 列是原始数据的行索引）：

简单随机抽样方法的结果：

```
     weather  sale
5     晴天     325
13    阴天     280
3     晴天     450
26    阴天     560
6     晴天     170
4     晴天     620
11    阴天     320
27    晴天      80
18    晴天     250
10    晴天     500
```

分层抽样方法的结果：

```
     weather  sale
2     阴天     100
17    阴天     270
27    晴天      80
28    晴天     240
3     晴天     450
29    晴天     630
16    雨天     605
5     晴天     325
18    晴天     250
21    晴天     380
```

显然，简单随机抽样的结果中不包括任何"雨天"的数据，而分层抽样包括的 3 个类别分别是 7、2、1，比例与原始数据一致。

3．聚类抽样

聚类抽样也称为整群抽样，是将总体数据先聚类为若干个簇，再按一定比例从每个簇中随机抽样。显然，这种方法不需事先知晓每个样本的类别，适用性更好。读者可以参考第 8 章的聚类模型，自行实现基于聚类的抽样方法，本书不再赘述。

4.4.2　维度规约

维度规约又称为数据降维，目的是通过线性或非线性变换的方法，将数据投影到低维空间中，从而减少数据特征的个数，主要方法分为线性方法和非线性方法。其中，线性方法主要包括主成分分析（Principal Component Analysis，PCA）、奇异值分解（Singular Value Decomposition，SVD）和线性判别分析（Linear Discriminant Analysis，LDA）等，非线性方法包括核主成分分析（Kernel PCA）、多维缩放（Multidimensional Scaling，MDS）等。本节将重点针对主成分分析和线性判别分析进行介绍。

1．主成分分析

主成分分析是一种线性降维技术，它将一组相关的 p 维变量转换为一组称为主成分的维度较低（如 k 维，$k < p$）的不相关变量，同时尽可能多地保留原始数据集中的变化。主成分分析的主要原理是考虑特征之间的相关性，通过投影将高维数据投影到低维数据，以实现维度的减少。主成分分析主要使用 sklearn.decomposition 模块中 PCA 类，需要实例化一个对象，进而实现降维处理。基本使用语法语句如下：

```
PCA(n_components = None, copy = True, whiten = False, svd_solver = 'auto')
```

需要注意的是，使用 PCA 类需要设定主成分（n_components）的数量，并对数据进行中心化处理，其主要参数、属性和函数说明如表 4-15 所示。

表 4-15　　　　　　　　　PCA 类的主要参数、属性和函数说明

项目	名称	说明
参数	n_components	接收整数、浮点数或'mle'，默认为 None。表示主成分的数量
	copy	接收布尔值（True/False），默认为 True。表示是否在运行算法时，将原始训练数据复制一份
	whiten	接收布尔值（True/False），默认为 False。表示是否需要进行白化。白化，就是对降维后的数据的每个特征进行归一化处理，让其方差为 1
	svd_solver	接收{'auto', 'full', 'arpack', 'randomized'}，用于选择奇异值分解的方法，默认为'auto'
属性	components_	返回降维后数据中具有最大方差的主成分
	explained_variance_ratio_	返回降维后数据中各主成分的方差值占总方差值的比例。该比例越大，表明这个主成分越重要
函数	fit(X)	在数据集 X 上训练规范化对象
	transform(X)	应用训练好的规范化对象对数据集 X 进行规范化操作，返回规范化后的数据矩阵
	fit_transform(X)	在数据集 X 上训练规范化对象，然后用它对 X 进行规范化操作，返回规范化后的数据矩阵

2.线性判别分析

线性判别分析（LDA）通常用于多类别分类，也可以用作降维技术。LDA 和 PCA 之间的主要区别在于，LDA 试图找到一组最大化类间区分度的特征线组合，而 PCA 尝试在数据集中找到一组方差最大的不相关特征量。两者之间的另一个主要区别在于，PCA 是一种无监督算法，而 LDA 是一种有监督算法[1]，它考虑了类标签。LDA 可以使用 Scikit-learn 中的 discriminant_analysis 模块的 LinearDiscriminantAnalysis 类实现，其基本使用语法为

```
LinearDiscriminantAnalysis(solver = 'svd', shrinkage = None, priors = None,
                           n_components = None)
```
该类的主要参数、属性和函数说明如表 4-16 所示。

表 4-16　　　　LinearDiscriminantAnalysis 类的主要参数、属性和函数说明

项目	名称	说明
参数	solver	接收'svd' 'lsqr' 'eigen'等值，默认为'svd'。表示求解最优化问题的算法
	skrinkage	接收'auto'或者浮点数，默认为 None。该参数只有在 solver='lsqr'或者'eigen'下才有意义，通常在训练样本数量小于特征数量的场合下使用
	priors	接收数组型数据，默认为 None。当接收数组时，数组中的元素依次指定了每个类别的先验概率。如果为 None，则认为每类的先验概率都是相等的
	n_components	接收整数，默认为 None。表示维度规约类别的数量
属性	coef_	返回大小为(n_features,)或者(n_classes, n_features)的矩阵，表示特征的权重
	means_	返回数据，表示类均值
函数	fit(X)	在数据集 X 上训练规范化对象
	transform(X)	应用训练好的规范化对象对数据集 X 进行规范化操作，返回规范化后的数据矩阵
	fit_transform(X)	在数据集 X 上训练规范化对象，然后用它对 X 进行规范化操作，返回规范化后的数据矩阵

代码 4-15 演示了针对鸢尾花数据集进行 PCA 和 LDA 降维处理的过程。

代码 4-15　使用 PCA 和 LDA 对鸢尾花数据集进行降维处理

```
from sklearn.datasets import load_iris
from sklearn.decomposition import PCA
import matplotlib.pyplot as plt
import seaborn as sns
from sklearn.discriminant_analysis import LinearDiscriminantAnalysis
from sklearn.preprocessing import StandardScaler

iris = load_iris()
X = iris.data
y = iris.target
sc = StandardScaler()
X_scaled = sc.fit_transform(X)

pca = PCA(n_components = 2)
X_pca = pca.fit_transform(X_scaled)

lda = LinearDiscriminantAnalysis(n_components = 2, solver = 'svd')
X_lda = lda.fit_transform(X, y)
```

1 机器学习中包含的两大基本任务是有监督学习和无监督学习，有监督学习详见第 6 章的分类模型，无监督学习详见第 8 章的聚类分析。

```
fig, ax = plt.subplots(nrows = 1, ncols = 2, figsize = (13.5 ,4))
sns.scatterplot(X_pca[:, 0], X_pca[:, 1], hue = y, palette = 'Set1', ax = ax[0])
sns.scatterplot(X_lda[:, 0], X_lda[:, 1], hue = y, palette = 'Set1', ax = ax[1])
ax[0].set_title("PCA", fontsize = 15, pad = 15)
ax[1].set_title("LDA", fontsize = 15, pad = 15)
ax[0].set_xlabel("特征1", fontsize = 12)
ax[0].set_ylabel("特征2", fontsize = 12)
ax[1].set_xlabel("特征1", fontsize = 12)
ax[1].set_ylabel("特征2", fontsize = 12)
plt.savefig('PCA vs LDA.png', dpi = 80)
```

代码 4-15 中的代码实现了通过 LDA 和 PCA 技术对鸢尾花数据集的归约处理，并显示了两者之间的区别，如图 4-4 所示。原始鸢尾花数据集有 4 个特征：花瓣的长度和宽度，以及花萼的长度和宽度。LDA 和 PCA 将特征数量减少为 2 个，并实现 2D 可视化，如图 4-4 所示。

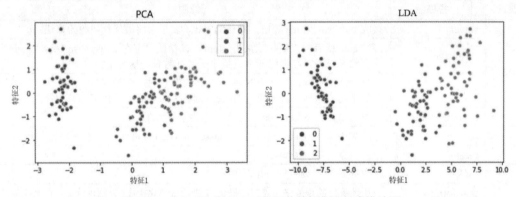

图 4-4　使用 PCA 和 LDA 对鸢尾花数据集进行降维处理

4.4.3　数据压缩

数据压缩（Data Compression）是指使用相应的压缩技术或编码，以获得原始数据的简化或压缩表示。如果可以从压缩后的数据中重建原始数据而不会丢失任何信息，则称为无损数据压缩，如熵编码等。然而，如果我们只是近似重构原数据，则称为有损数据压缩，例如小波压缩等。维度规约和样本规约也可以视为特殊形式的数据压缩。常见的例子是 ZIP 数据格式，此格式不仅提供压缩功能，还可作为归档工具（Archiver），能够将许多文件存储到同一个文件中，完成数据压缩。本书中此部分内容不是学习的重点，因此不再赘述。

4.5　本章小结

本章主要围绕数据预处理的数据集成、数据清洗、数据变换和数据归约 4 个步骤进行介绍。

- **数据集成**是一种数据预处理技术，将来自多个异构数据源的数据（集）组合到一个集成的数据存储中。主要内容包括实体识别、特征冗余和相关性分析等。
- **数据清洗**主要包括删除、填补数据集中的缺失值，处理异常值并解决数据不一致性等问题来处理"脏"数据。
- **数据变换**是指将数据从一种格式转换为另一种格式的过程，主要策略包括规范化、特征二值化和离散化等。

- **数据归约**是通过减少数据中特征、维度或数据的个数以加快处理速度和减少内存占用的数据预处理技术。我们常常用到的数据归约方法具体包括样本归约、维度归约和数据压缩。本章重点介绍了主成分分析、线性判别分析两种维度归约的方法。

习题

1. 请简述数据预处理的 4 个常见步骤。
2. 请总结常见的数据质量问题。
3. 为什么我们需要数据转换工作？如何将表 4-17 中的数据进行数值化处理，并给出其实现代码。

表 4-17　　　　　　　　　　　待进行数值化处理的数据

用户 ID	性别	城市	工作
1	男	北京	工程师
2	男	成都	医生
3	女	北京	数据分析师
4	女	杭州	医生

4. 请解释你是如何理解维度规约的，并自行学习其他常见的维度规约方法，如矩阵特征分解（Matrix Feature Factorization）和独立成分分析（Independent Component Analysis）。

第 **5** 章 特征选择

在真正建立数据挖掘模型之前，还需要考虑到数据集中存在一些冗余特征或者不相关特征。冗余特征重复包含一个或者多个其他特征的许多或所有信息，例如，"出生日期"包含"年龄"特征的所有信息，在数据集中是一个冗余特征。不相关特征是指那些对数据挖掘任务而言几乎完全没有价值的特征，例如，"客户 ID"特征对于预测客户的信用状况是不相关的。这些冗余特征或不相关特征一方面无助于提高数据挖掘模型的性能，另一方面又增加了模型的计算复杂度，并容易导致模型过拟合，甚至导致"维数灾难"的风险。

因此，去除数据集中的冗余特征或不相关特征，只选择或获取与数据挖掘任务密切相关的小规模的特征子集，是数据挖掘中一项非常重要的工作，它被统称为"降维"。通常，在数据挖掘中，降维的主要方法包括：特征选择（Feature Selection）和特征提取（Feature Extraction）。其中，特征选择方法是直接从原始特征中选择出重要的子集；特征提取方法是利用原始特征之间的关系，通过空间变换或组合，获得一组有意义的新特征。

本章将介绍特征选择的常用方法及 Python 实现技术。有关特征提取方法（如 PCA、LDA）请参考本书 4.4.2 节的维度规约的相关内容。

5.1 特征选择方法概述

特征选择也成为属性选择或变量选择，是指在构建数据挖掘模型之前，选择重要特征子集的过程。更严谨地讲，给定数据集的 d 个原始特征，特征选择方法采用一定的策略选择其中 k 个重要的特征子集($k < d$)。它的目的主要有两点：

- 减少特征的数量，增强对数据及数据挖掘模型的理解；
- 减少数据挖掘模型的计算复杂度，降低过拟合的风险。

理论上，从 d 个原始特征中选取 k 个特征的方法有 $\binom{k}{d}$ 个，因此需要一定的选择特征子集的策略。常见的特征选择方法如下。

（1）**过滤法**（Filter）：特征选择独立于数据挖掘任务，按照特征的发散程度或者特征与目标变量之间的相关性对各个特征进行评分，然后设定阈值以选出评分较高的特征子集。

（2）**包装法**（Wrapper）：特征选择和数据挖掘算法相关，直接使用数据挖掘模型在特征子集上的评价结果衡量该子集的优劣，然后采用一定的启发式方法在特征空间中搜索，直至选择出最优的特征子集。

（3）**嵌入法**（Embedded）：特征选择和数据挖掘任务融为一体，两者在同一个优化过程中完成，即在训练数据挖掘模型的同时完成特征选择，选择出能够使得该模型性能达到最佳的特征子集。

5.2　过滤法

过滤式特征选择方法（简称过滤法）从数据集内在的性质出发，选择特征的发散程度高或者与目标变量之间的相关度大的特征或特征子集，选择过程与数据挖掘算法无关，因此具有较好的通用性。过滤法一般分为单变量过滤和多变量过滤两类。单变量过滤方法不需要考虑特征之间的相关关系，因而计算效率更高；多变量过滤方法考虑了特征之间的相互关系。表 5-1 列出了目前常用的过滤法。

表 5-1　　　　　　　　　　　　　常用的过滤法

单变量过滤方法	多变量过滤方法
方差阈值法（Variance Threshold）	最大相关最小冗余（mRMR）
卡方统计量法（Chi-squared Statistic）（分类）	基于相关性的特征选择（CFS）
互信息法（Mutual Information）（分类、回归）	基于相关性的快速特征选择（FCBF）
F-统计量法（F-score）（分类、回归）	—
皮尔逊相关系数法（Pearson Correlation）（回归）	—

本节将讨论过滤法的基本原理及 Python 实现方法，并重点讨论单变量过滤方法。在 Scikit-learn 库的 feature_selection 模块中，给出了表 5-1 中大部分单变量过滤方法的实现。而多变量过滤方法的实现需要安装第三方的库，本书采用了 mrmr 库实现了该方法（使用命令 pip install mrmr-selection 进行安装），读者也可以尝试自行编写该方法的实现。

5.2.1　单变量过滤方法

此类方法只考虑特征的发散程度或者特征与目标变量之间的相关性，从而对特征进行评分或排序，选择指定数量的相关度高的特征子集，不考虑特征之间的相互关系，具有计算效率高的优势。

1. 方差阈值法

它实现特征选择的方式：方差低于某个阈值的特征无法解释目标变量的变化规律，因此直接将它们删除。这种方法要求特征必须为离散型变量，连续型变量需要进行离散化处理后才能使用。

feature_selection 模块的 VarianceThreshold 类给出了该方法的实现，它的主要参数、属性和函数如表 5-2 所示。

表 5-2　　　　　　　VarianceThreshold 类的主要参数、属性和函数

项目	名称	说明
参数	threshold	设定的阈值，默认为 0
属性	variances_	计算每个特征的方差

项目	名称	说明
函数	fit(X)	在数据集 X 上运行特征选择方法
	transform(X)	返回用选择后的特征对原始数据集 X 进行压缩的结果
	fit_transform(X)	运行特征选择方法，并返回利用所选特征进行压缩后的数据集
	get_support(indices)	得到所选特征的掩码（indices = False）或者索引（indices = True）

代码 5-1 演示了用 Python 在一个模拟数据上利用 VarianceThreshold 类实现方差阈值法特征选择的过程。使用的模拟数据具有 4 个特征、6 条数据。其中，第 1 维特征在 5 条数据上的值均为 1，该特征的方差最小。

代码 5-1 使用方差阈值法进行特征选择

```
import numpy as np
from sklearn.feature_selection import VarianceThreshold

#模拟数据集
X = np.array([[1,2,3,4], [1,6,7,9], [1,4,4,2], [1,4,6,1], [0,0,5,2], [1,7,4,7]])

selector = VarianceThreshold(1.0)              #阈值设置为1
selector.fit(X)                                #训练
transformed_X = selector.transform(X)          #特征选择
print("特征的方差:", selector.variances_)
print("特征选择后的数据集", transformed_X)
```

上述代码执行后，输出的 4 个特征的方差分别为[0.139, 5.472, 1.806, 8.472]，因此在阈值为 1.0 的情况下，将第 1 个特征去除。当设置阈值为 2.0 时，可以只选择第 2 个和第 4 个特征。

值得指出的是，方差阈值法是一种无监督的特征选择方法，可以应用在聚类问题中。

2．卡方统计量法

卡方统计量法的具体介绍见 3.4.1 节。

feature_selection 模块提供了两个类（SelectKBest 和 SelectPercentile）和一个函数（chi2）用于支持基于卡方统计量的特征选择。其中，SelectKBest 和 SelectPercentile 类提供了对单变量过滤特征选择方法的基本框架，可以将卡方统计量（chi2）、互信息（mutual_info_classif）等评分函数作为其参数，从而实现不同方式的单变量过滤。它们的区别：SelectKBest 在实现单变量过滤时，选择指定数量（参数 k）的特征作为结果，而 SelectPercentile 类则选择指定百分比（参数 percentile）的特征。chi2 是 feature_selection 模块中计算卡方统计量的函数，我们直接调用它即可。

创建一个基于卡方统计量的单变量过滤特征选择模型的过程如下：

```
selector = SelectKBest(chi2, k = 2)
```

其中，参数 k=2 意味着只选择两个特征变量。

表 5-3 给出了 SelectKBest 类的主要参数、属性和函数，SelectPercentile 类的成员与它十分类似，不再单独列出。

表 5-3 SelectKBest 类的主要参数、属性和函数

项目	名称	说明
参数	score_func	评分参数，可设置为 f_classif、chi2、mutual_info_classif、f_regression 等，默认为 f_classif
	k	选择的特征数量，默认为 10
属性	scores_	每个特征的卡方统计量得分
函数	fit(X)	在数据集 X 上运行特征选择方法
	transform(X)	返回用选择后的特征对原始数据集 X 进行压缩的结果
	fit_transform(X)	运行特征选择方法，并返回利用所选特征进行压缩后的数据集
	get_support(indices)	得到所选特征的掩码（indices = False）或索引（indices = True）

代码 5-2 实现了基于卡方统计量的特征选择，使用的数据集与代码 5-1 中的数据相同。

代码 5-2 基于卡方统计量的特征选择（分类）

```
import numpy as np
from sklearn.feature_selection import chi2
from sklearn.feature_selection import SelectKBest


# 模拟数据集
X = np.array([[1,2,3,4], [1,4,7,9], [1,4,4,2], [1,4,6,1], [0,0,5,2], [1,7,2,7]])
Y = np.array([1, 0, 1, 1, 1, 0])

selector = SelectKBest(chi2, k = 2)
selector.fit(X, Y)                              #训练
transformed_X = selector.transform(X)           #特征选择

print("特征的卡方统计量值: ", selector.scores_)
print("特征选择后的数据集: ", transformed_X)
```

代码执行后，输出各特征的卡方统计量值为[0.1, 5.565, 0.276, 10.580]。显然，第 2 个特征和第 4 个特征的卡方统计量值较大，应当保留它们作为特征选择结果，这也与代码 5-1 的结果基本一致。

3．互信息法

在信息论中，互信息又称为"相对熵"，它是两个变量间的相互依赖程度的度量，定义：

$$I(x,y) = H(x) - H(x|y) \tag{5-1}$$

其中，$H(x)$ 是随机变量 x 的信息熵；$H(x|y)$ 是已知变量 y 情况下的条件熵。

对于离散型的两个随机变量 x 和 y（分类任务），互信息可以进一步写为

$$I(x,y) = \sum_{i=1}^{r}\sum_{j=1}^{c} p(x_i,y_j)\log\left(\frac{p(x_i,y_j)}{p(x_i)p(y_j)}\right) \tag{5-2}$$

其中，$p(x_i,y_j)$ 表示在所有数据对象中同时取值为 (x_i,y_j) 的实际概率。

对于连续型的两个随机变量 x 和 y（回归任务），互信息可以进一步写为

$$I(x,y) = \iint_{x\,y} p(x,y)\log\left(\frac{p(x,y)}{p(x)p(y)}\right)\mathrm{d}x\mathrm{d}y \tag{5-3}$$

其中，$p(x,y)$ 为连续型的随机变量 x 和 y 的联合概率密度函数，$p(x)$ 为 x 的边缘概率密度函数。

在 Scikit-learn 库的 feature_selection 模块中，提供了 mutual_info_classif()和 mutual_info_regression()两个函数，分别实现了分类任务和回归任务中的互信息的计算，即当目标变量 y 为离散值时，使用前者；当 y 为连续值时，使用后者。需要指出的是，在 Scikit-learn 实现的互信息计算函数中，使用了基于 k 近邻算法的熵估计非参数方法，特征变量 x 既可以为连续值，也可以为离散值，非常灵活。

结合 SelectKBest 类，很容易创建一个基于互信息的单变量过滤特征选择模型，使用方法如下：
```
selector = SelectKBest(mutual_info_classif, k = 2)
```
代码 5-3 给出了基于互信息的特征选择方法的 Python 实现，所使用的数据集与代码 5-1 相同。

代码 5-3　基于互信息的特征选择（分类）
```
import numpy as np
from sklearn.feature_selection import mutual_info_classif
from sklearn.feature_selection import SelectKBest

X = np.array([[1,2,3,4], [1,6,7,9], [1,4,4,2], [1,4,6,1], [0,0,5,2], [1,7,4,7]])
Y = np.array([1, 0, 1, 1, 1, 0])

selector = SelectKBest(mutual_info_classif, k = 2)
selector.fit(X, Y)                          # 训练
transformed_X = selector.transform(X)       # 特征选择

print("特征和目标变量的互信息值: ", selector.scores_)
print("特征选择后的数据集: ", transformed_X)
```
提示：feature_selection 模块在实现互信息计算时，使用了非参数的熵估计，当数据对象数量较少时，计算的互信息值不准确，因此，多次运行上述代码的结果稍有偏差。

代码执行后，输出的各特征和目标变量的互信息值为[0, 0.2, 0, 0.617]。显然，第 2 个特征和第 4 个特征的互信息值较大，应当保留它们作为特征选择结果，这也与代码 5-1 和代码 5-2 的结果一致。

上述代码只演示了分类任务中的互信息特征选择过程，对于回归问题只需要将评分函数替换为 mutual_info_regression 即可。

4．F-统计量法

在统计学中，方差分析法（Analysis of Variance，ANOVA）经常被用来检验两个随机变量的相关性。在进行特征选择时，可以计算连续型特征变量 x 和目标变量 y 之间的 F-统计量值。如果该值较大，表示变量之间具有较强的相关性。

在分类任务中，若目标变量 y 取 c 个类别值，则 F-统计量定义为

$$f = \frac{S_A/(c-1)}{S_B/(n-c)} \tag{5-4}$$

其中，S_A 和 S_B 分别是按 y 值分组后变量 x 的组间方差和组内方差。显然，如果该值取较大值，表明 x 的取值和 y 相关度高。

在回归任务中，对每一个连续型特征变量 x 建立和目标变量 y 之间的一元线性回归模型，并计算它们之间的线性相关系数 ρ，则 F-统计量定义为

$$f = \frac{\rho^2}{(1-\rho^2)(n-2)} \tag{5-5}$$

同样，如果该值取较大值，表明 x 的取值和 y 相关度高。

在 Scikit-learn 库的 feature_selection 模块中，提供了 f_classif()和 f_regression()两个函数，分别实现了分类任务和回归任务中的 F-统计量的计算。

代码 5-4 以分类任务为例（数据集与代码 5-1 相同），给出了基于 F-统计量特征选择方法的 Python 实现。

代码 5-4　基于 F-统计量的特征选择（分类）

```python
import numpy as np
from sklearn.feature_selection import f_classif
from sklearn.feature_selection import SelectKBest

X = np.array([[1,2,3,4], [1,6,7,9], [1,4,4,2], [1,4,6,1], [0,0,5,2], [1,7,4,7]])
Y = np.array([1, 0, 1, 1, 1, 0])

selector = SelectKBest(f_classif, k = 2)
selector.fit(X, Y)                          #训练
transformed_X = selector.transform(X)       #特征选择

print("特征 F-统计量值: ", selector.scores_)
print("特征选择后的数据集: ", transformed_X)
```

代码执行后，输出的各特征的 F-统计量值为[0.444, 7.420, 0.561, 26.123]。显然，第 2、4 个特征的 F-统计量值较大，应该保留。

5. 皮尔逊相关系数法

皮尔逊相关系数法一般用于衡量两个连续变量之间的线性相关性程度，它定义为两个随机变量之间协方差和标准差的商：

皮尔逊相关系数法
进行特征选择

$$r = \frac{\sum_{i=1}^{n}(x_i - \overline{x})(y_j - \overline{y})}{\sqrt{\sum_{i=1}^{n}(x_i - \overline{x})^2}\sqrt{\sum_{j=1}^{n}(y_j - \overline{y})^2}} \tag{5-6}$$

其中，x_i 表示变量 x 在第 i 个数据对象上的取值。

皮尔逊相关系数越大，意味着特征与目标变量越相关，应该保留。通常，皮尔逊相关系数法适用于特征为连续值的回归任务的特征选择。实际上，如果特征 x 是二元变量，也可以使用式（5-6）计算。

Scipy 库的 stats 模块给出了皮尔逊相关系数的计算函数 pearsonr(x,y)，可以计算任何两个变量的相关系数。在下面的代码 5-5 中，为了能同时对所有特征计算皮尔逊相关系数，我们将该函数封装为自定义的 ud_pearsonr(x,y)。

以 Scikit-learn 库自带的加州房价预测数据集（California Housing）为例，利用皮尔逊相关系数法进行特征选择，该数据集的基本情况如下。

数据集：California Housing

　California Housing 数据集记录了来自 1990 年的美国人口普查结果，共计 20640 条数据。它的前 8 个连续属性涵盖房屋的基本信息，包括街区的经度（Longititude）、街区的纬度

（Latitude）、房屋年龄中位数（HousingMedianAge）、房间总数量（TotalRooms）、卧室总数（TotalBedrooms）、街区人口（Populations）、常驻人口（Households）、住户收入中位数（MedianIncome），目标变量为街区的平均房屋价格（MedianHouseValue）。它的部分数据如表 5-4 所示。

表 5-4　　　　　　　California Housing 数据集的部分数据实例（前 5 条）

Longititude	Latitude	HousingMedianAge	TotalRooms	totalBedrooms	Populations	Households	MedianIncome
−122.23	37.88	41.0	880	129	322.0	125	8.33
−122.22	37.86	21.0	7099	1106	2401.0	1138	8.30
−122.24	37.85	52.0	1467	190	496.0	177	7.26
−122.24	37.85	52.0	1274	235	558.0	219	5.64
−122.25	37.85	52.0	1627	280	565.0	259	3.85

代码 5-5 演示了在 California Housing 数据集上利用皮尔逊相关系数法进行特征选择的过程，其中，我们设置 SelectKBest 类选取的特征数量为 4。

代码 5-5　基于皮尔逊相关系数的特征选择（回归）

```
import numpy as np
import tarfile
from scipy.stats import pearsonr
from sklearn.feature_selection import SelectKBest
import pandas as pd

with tarfile.open(mode = "r:gz", name = 'cal_housing.tgz') as f:
    cal_housing = np.loadtxt(f.extractfile('CaliforniaHousing/cal_housing.
data'), delimiter =',')

cols = ['longitude', 'latitude', 'housingMedianAge', 'totalRooms', 'totalBedrooms',
    'populations', 'households', 'medianIncome']

X = cal_housing[:,0:8]
Y = cal_housing[: ,8]

#封装的皮尔逊相关系数计算函数
def ud_pearsonr(X, y):
    result = np.array([pearsonr(x, y) for x in X.T])      #返回皮尔逊相关系数值
    return np.absolute(result[:, 0]), result[:, 1]


selector = SelectKBest(ud_pearsonr, k = 4)
selector.fit(X,Y)                                          #训练
transformed_X = selector.transform(X)

print("特征的皮尔逊相关系数值: \n", pd.Series(selector.scores_, index = cols))
print("选择的特征为: \n", np.array(cols)[selector.get_support(indices = True)])
```

代码执行后，输出的各特征和目标变量的皮尔逊相关系数结果为

```
特征的皮尔逊相关系数值:
longitude            0.045967
```

```
latitude            0.144160
housingMedianAge    0.105623
totalRooms          0.134153
totalBedrooms       0.050594
populations         0.024650
households          0.065843
medianIncome        0.688075
```

选择的特征为
```
['latitude' 'housingMedianAge' 'totalRooms' 'medianIncome']
```
可见，皮尔逊相关系数法选取了 Latitude, HousingMedianAge, TotalRooms, MedianIncome 这 4 个特征，它们与目标的相关度最高。

5.2.2　多变量过滤方法

单变量过滤方法只考虑了单个特征变量和目标变量之间的相关性，无法避免特征之间的冗余。多变量过滤方法则解决了这一问题，同时考虑了特征和目标变量的相关性和特征之间的相互关系。由于 Scikit-learn 库并不支持多变量过滤方法，因此基于第三方的 mrmr 库介绍一种常见的多变量过滤方法——mRMR。

最大相关最小冗余（mRMR）方法试图寻找一个与目标变量有较高相关度的特征子集，同时特征之间保持低的相关度，对相关度高的冗余特征进行惩罚。mRMR 方法采用如式（5-2）和式（5-3）所示的互信息定义变量之间的相关性。对于一个初始的特征子集 A，它和目标变量之间的相关性定义为子集中所有特征与目标变量之间的平均互信息值：

$$D(A,y) = \frac{1}{|A|} \sum_{x_i \in A} I(x_i, y) \tag{5-7}$$

它的冗余性定义为子集中所有特征之间的平均互信息值：

$$R(A) = \frac{1}{|A|^2} \sum_{x_i, x_j \in A} I(x_i, x_j) \tag{5-8}$$

mRMR 方法就是要搜索一个最优的特征子集 A^*，使得子集的相关性最强的同时冗余性最小，即

$$mRMR(A^*) = \max_A [D(A,y) - R(A)] \tag{5-9}$$

mRMR 方法进行特征选择就是求解式（5-9）优化问题的过程。它通常采用一种增量式的贪心搜索方法进行求解：假设当前已经选择了 $m-1$ 个特征，即 A_{m-1}，则在剩余的特征中找到能使得式（5-9）取最大 mRMR 值的特征，作为第 m 个特征加入子集中，依次重复，直到选择出指定数量的特征。

可以使用第三方的 mrmr 库（使用命令 pip install mrmr-selction 进行安装）的 mrmr_classif( ) 函数实现 mRMR 的特征选择方法。它的函数参数和返回值如表 5-5 所示。

代码 5-6 针对代码 5-1 的分类任务，演示了 mrmr_classif( )函数进行特征选择的实现过程。

表 5-5   mrmr_classif()函数的参数和返回值

项目	名称	说明
参数	X	表示数据的 DataFrame 对象
	y	标签向量
	K	指定选择的特征数量
返回值	F	选择的特征索引，并按重要性排序，其中，F[0]是最重要的特征

代码 5-6　基于 mRMR 方法的特征选择（分类）

```
import pandas as pd
import numpy as np
from mrmr import mrmr_classif

X = np.array([[1,2,3,4], [1,6,7,9], [1,4,4,2], [1,4,6,1], [0,0,5,2], [1,7,4,7]])
Y = np.array([1, 0, 1, 1, 1, 0])
X = pd.DataFrame(X, columns=['0', '1', '2', '3'])

F = mrmr_classif(X = X, y = Y, K = 2)          #特征选择
print("选择的特征索引为: ", F)
```

代码执行后，输出所选的特征索引为['3', '1']。显然，mRMR 方法同时考虑了相关性和冗余性，也选择了第 1、第 4 个特征，结果和前面的单变量过滤方法相同。

需要说明的是，目前 mrmr 库中对 mrmr_regression()函数提供了对回归任务的支持，读者可以参考上面的代码尝试使用。

5.2.3　过滤法的优缺点

过滤法是一类常用的特征选择技术，其优缺点均非常明显。

1. 优点

算法的通用性强，省去了模型训练的步骤；算法复杂度低，因而适用于大规模数据集；可以快速去除大量不相关的特征，当原始数据的特征数量比较多时，作为特征的预筛选器非常合适。

2. 缺点

由于特征选择过程独立于数据挖掘算法，所选择的特征子集对数据挖掘任务而言通常不是最优的，性能经常低于其他两类方法。

5.2.4　综合实例

本小节将以葡萄酒（Wine）分类数据集为对象，比较多种基于过滤的特征选择方法的结果。其中，Wine 数据集的基本情况如下。

数据集：Wine

Wine 数据集是来自 UCI 机器学习库的公开数据集，也是 Scikit-learn 库的自带数据集。它是对意大利同一地区种植的葡萄酒进行化学分析的结果，含有 13 种成分的数值包括：无水乙醇（alcohol）、苹果酸（malic_acid）、灰（ash）、灰的碱性（alkalinity_of_ash）、镁（magnesium）、总酚（total_phenols）、类黄酮（flavonoids）、非黄烷类酚类（nonflavonoid_ phenols）、花青素（proanthocyanins）、颜色强度（color_intensity）、色调（hue）、od280/od315、脯氨酸（proline）。这些葡萄酒来自 3 个不同的品种，共计 187 条数据。表 5-6 给出了它的前 5 条数据。

表 5-6　　　　　　　　　　　Wine 数据集的部分数据实例（前 5 条）

无水乙醇	苹果酸	灰	灰的碱性	镁	总酚	类黄酮	非黄烷类酚类	花青素	颜色强度	色调	od280/od315	脯氨酸	类别
14.23	1.71	2.43	15.6	127	2.80	3.06	0.28	2.29	5.64	1.04	3.92	1065	1
13.2	1.78	2.14	11.2	100	2.65	2.76	0.26	1.28	4.38	1.05	3.40	1050	1
13.16	2.36	2.67	18.6	101	2.80	3.24	0.30	2.81	5.68	1.03	3.17	1185	1
14.37	1.95	2.50	16.8	113	3.85	3.49	0.24	2.18	7.80	0.86	3.45	1480	1
13.24	2.59	2.87	21.0	118	2.80	2.69	0.39	1.82	4.32	1.04	2.93	735	1

利用方差阈值法、卡方统计量法、互信息法、F-统计量法和 mRMR 方法分别在数据集上选取 5 个特征，并观察这些不同方法的特征选择结果的差异。然后，在特征选择后的数据集上分别构建决策树分类模型（详见第 6.4 节），并比较不同特征选择方法所选择的特征对于分类任务的优劣。此过程的主要代码如代码 5-7 所示。

代码 5-7　不同特征选择方法在 Wine 数据集的比较（分类）

```
from sklearn.datasets import load_wine              #导入 Wine 数据集
from sklearn.model_selection import train_test_split
from sklearn.feature_selection import VarianceThreshold, chi2, SelectKBest
from sklearn.feature_selection import mutual_info_classif, f_classif
from mrmr import mrmr_classif
from sklearn.tree import DecisionTreeClassifier as DTC
import pandas as pd
import numpy as np

# 1. 获得数据
wine = load_wine()
X, Y = wine.data, wine.target
num_class = 5                                        #待选取的特征子集的大小

# 2. 特征选择过程
vt_sel = VarianceThreshold(1.0)                      #方差阈值法（阈值为 1）
vt_sel.fit(X)
vt_trans_X = vt_sel.transform(X)
print("方差阈值法选择的特征: ", vt_sel.get_support(True))

chi_sel = SelectKBest(chi2, k=num_class)  #卡方统计量法
chi_sel.fit(X, Y)
chi_trans_X = chi_sel.transform(X)
print("卡方统计量法选择的特征: ", chi_sel.get_support(True))

mi_sel = SelectKBest(mutual_info_classif, k = num_class)      #互信息法
mi_sel.fit(X, Y)
mi_trans_X = mi_sel.transform(X)
print("互信息法选择的特征: ", mi_sel.get_support(True))

F_sel = SelectKBest(f_classif, k = num_class)                #F-统计量法
F_sel.fit(X, Y)
```

```
F_trans_X = F_sel.transform(X)
print("F-统计量法选择的特征: ", F_sel.get_support(True))

dfX = pd.DataFrame(X, columns = [i for i in range(len(wine.feature_names))])
F = mrmr_classif(dfX, Y, num_class)          #mRMR 方法
mrmr_trans_X = X[:, F]
print("mRMR 方法选择的特征: ", np.sort(F).tolist())

# 3. 函数：调用统一的决策树分类模型
def ClassifyingModel(X, Y):
    # 分割数据集
    X_train, X_test, y_train, y_test = train_test_split(X, Y, random_state = 9)
    tree = DTC(criterion = "entropy", max_depth = 3, random_state = 9) #决策树模型
    tree.fit(X_train, y_train)
    score = tree.score(X_test, y_test, sample_weight = None)          #计算测试精度
    return score

# 4. 不同特征选择结果能达到的测试精度
print("决策树模型在不同的特征选择方法选取的子集上取得的测试精度: ")
print("方差阈值法: ", ClassifyingModel(vt_trans_X, Y))
print("卡方统计量法: ", ClassifyingModel(chi_trans_X, Y))
print("互信息法: ", ClassifyingModel(mi_trans_X, Y))
print("F-统计量法: ", ClassifyingModel(F_trans_X, Y))
print("mRMR 方法: ", ClassifyingModel(mrmr_trans_X, Y))
```

代码运行后的主要结果汇总在表 5-7 中。可见，不同的过滤方法选择的特征子集有一定的差异，这是因为它们计算变量相关性的方式有所不同。在 Wine 数据集上，卡方统计量法、互信息法、F-统计量法和 mRMR 方法选择的特征子集的索引均为[0,6,9,11,12]，在该子集上决策树模型取得的测试精度为 97.78%，而方差阈值法由于只考虑特征自身的发散程度，因此所选的特征性能不够理想。

表 5-7　　　　　　不同过滤法所选的特征子集的性能比较

特征选择方法	所选的特征子集	测试精度
方差阈值法	[1 3 4 9 12]	88.89%
卡方统计量法	[0 6 9 11 12]	97.78%
互信息法	[0 6 9 11 12]	97.78%
F-统计量法	[0 6 9 11 12]	97.78%
MRMR 方法	[0 6 9 11 12]	97.78%

需要指出的是，特征子集的大小该如何设置并没有理论上的指导方法，在过滤法中，通常采用多次实验的方法设置。代码 5-7 中将特征子集的大小统一设置为 5，它并不一定是 Wine 数据集上的最佳值，感兴趣的读者可以修改代码中的 num_class 值，尝试获得更优的测试精度。

5.3　包装法

由于过滤法与执行数据挖掘任务的算法互相独立，因此它们选取的特征子集对数据挖掘算法而言不一定是最优的。与过滤法采用概率或统计量的相关性方法评价特征的优劣不同，

包装法直接采用数据挖掘算法在特征子集上达到的效果对该子集进行评价。它将特征选择视为搜索问题，目标是搜索出一个最佳的特征子集，使得数据挖掘算法在该子集上取得最优的性能。包装法需要对每一个特征子集训练一个数据挖掘模型，然后评价特征子集的优劣，因此计算量很大。对于原始特征数量很小的数据集，可以直接使用穷尽搜索的方法进行特征选择。但是，对于原始特征数为 m 的数据集，需要评价的特征子集数量为 2^m，不能使用穷尽搜索的方法。因此，人们提出了一些启发式方法来提高特征子集的搜索效率，例如，递归特征消除方法、序列前向选择方法、序列后向选择方法等。

5.3.1 递归特征消除

递归特征消除（Recursive Feature Elimination，RFE）特征选择方法从全部特征开始，建立数据挖掘模型，将模型识别的不重要特征剔除，然后利用剩余特征迭代地重新训练模型，直到剩余指定数量的特征。显然，它是一种局部搜索最优特征子集的贪心搜索方法。它要求所依赖的数据挖掘算法在训练时能够给出特征的重要性系数，作为每轮迭代剔除特征的依据。目前，Scikit-learn 库中的许多数据挖掘模型都可以输出特征的重要性系数，例如，决策树和随机森林的 feature_importances_ 属性、线性回归模型和线性支持向量机的 coef_ 属性。

在 Scikit-learn 库的 feature_selection 模块中，提供了 RFE 和 RFECV 两个类实现递归特征消除的特征选择方法。前者是基本的递归特征消除方法，需要事先指定所选的特征数量（即参数 n_features_to_select），它的主要参数、属性和函数如表 5-8 所示；后者利用交叉验证的方法（6.7.2 节将详细描述该方法）自动确定最佳的特征子集大小，它的主要参数、属性和函数如表 5-9 所示。

表 5-8　　　　　　　　　　RFE 类的主要参数、属性和函数

项目	名称	说明
参数	estimator	具有 fit()训练函数的监督式数据挖掘算法模型，能提供特征的重要性系数（如 coef_ 属性、feature_importances_ 属性），例如，决策树、线性回归、随机森林、线性支持向量机等模型
	n_features_to_select	选择的特征数量，默认为选择一半的特征
	step	每次迭代删除的特征数量，默认为 1
属性	n_features_	选择的特征数量
	ranking_	对特征的重要性排序，已选择特征的重要性序号为 1
函数	fit(X)	在数据集 X 上运行特征选择方法
	transform(X)	返回用选择后的特征对原始数据集 X 进行压缩的结果
	fit_transform(X)	运行特征选择，并返回利用所选特征进行压缩后的数据集
	get_support(indices)	得到所选特征的掩码（indices=False）或索引（indices=True）
	predict(X)	利用所选的特征训练模型，并预测数据集 X 对应的类别标号
	score(X, Y)	利用所选的特征训练模型，并给出在数据集 X 上评价模型的准确率

表 5-9　　　　　　　　　　RFECV 类的主要参数、属性和函数

项目	名称	说明
参数	estimator	监督式数据挖掘模型，能提供特征的重要性系数（如 coef_ 属性、feature_importances_ 属性），例如，决策树、线性回归、随机森林、线性支持向量机等模型

续表

项目	名称	说明
参数	step	每次迭代删除的特征数量，默认为 1
	cv	交叉验证的折数，默认为 5
	min_features_to_select	最少应选择的特征数量，默认为 1
属性	同 RFE 类的属性	
函数	同 RFE 类的函数	

在下面的代码 5-8 中，我们将用递归特征消除方法（RFE 和 RFECV）在 Wine 数据集上实现特征选择，分类模型使用和代码 5-7 同样配置的决策树模型。

代码 5-8　在 Wine 数据集上实现递归特征消除的特征选择

```
from sklearn.datasets import load_wine
from sklearn.tree import DecisionTreeClassifier as DTC
from sklearn.model_selection import train_test_split
from sklearn.feature_selection import RFE, RFECV

# 1. 获得数据
wine = load_wine()
X,Y = wine.data, wine.target
X_train, X_test, y_train, y_test = train_test_split(X, Y, random_state = 9)

#2. RFE 特征选择结果
tree = DTC(criterion = "entropy", max_depth = 3, random_state = 9) #决策树模型

RFE_selector = RFE(estimator = tree, n_features_to_select = 5, step = 1)
RFE_selector.fit(X_train, y_train)                                   #训练
print("RFE 选择的特征", RFE_selector.get_support(True))
print("RFE 方法选取特征所获得的测试精度", RFE_selector.score(X_test, y_test))

#3. RFECV 特征选择结果
RFECV_selector = RFECV(estimator = tree, cv = 5, step = 1)
RFECV_selector.fit(X_train, y_train)
print("RFECV 选择的特征", RFECV_selector.get_support(True))
print("RFECV 方法选取特征所获得的测试精度", RFECV_selector.score(X_test, y_test))
```

代码运行后，RFE 方法选取的特征为[6 9 10 11 12]，在该特征子集上决策树获得的测试精度为 97.78%。RFECV 通过交叉验证方式自动选取了[6　9　10　12]这 4 个特征，也达到了 97.78%的测试精度。

5.3.2　序列特征选择

序列特征选择方法包括序列前向选择（Sequential Forward Selection，SFS）和序列后向选择（Sequential Backward Selection，SBS），它们也是迭代地搜索最优的特征子集。与 RFE 方法不同，它们不依赖数据挖掘模型输出的特征重要性系数（feature_importances_或 coef_）来筛选特征，而是直接使用数据挖掘模型的评价标准或者统一设定的评价标准，以交叉验证的方式对特征子集进行评分。

（1）**序列前向选择**：从最优的单个特征出发，用交叉验证的方式从剩余特征中选取一个使得数据挖掘模型性能提升最大的新特征加入特征子集，依次迭代，直到选出指定数量的特征子集。

（2）**序列后向选择**：从全部特征出发，用交叉验证的方式从现有特征子集中删除一个数据挖掘模型性能降低最小的特征，以此迭代，直到选出指定数量的特征子集。

Scikit-learn 库的 feature_selection 模块提供了 SequentialFeatureSelector 类用以实现序列特征选择方法，它的主要参数、属性和函数如表 5-10 所示。

表 5-10　　　　　　SequentialFeatureSelector 类的主要参数、属性和函数

项目	名称	说明
参数	estimator	具有 fit()训练函数的监督式数据挖掘算法模型
	n_features_to_select	选择的特征数量，默认为选择一半的特征
	direction	搜索方向，取值'forward'表示 SFS 方法，取值'backward'（默认）表示 SBS 方法
	scoring	默认为 None，表示直接使用 estimator 的性能评价标准，也可以自己设定评价数据挖掘模型的标准，例如，'accuracy'、'f1'、'recall'、'roc_auc'等
	cv	交叉验证的折数，默认为 cv = 5
属性	n_features_	选择的特征数量
函数	fit(X)	在数据集 X 上运行特征选择方法
	transform(X)	返回用选择后的特征对原始数据集 X 进行压缩的结果
	fit_transform(X)	执行特征选择，并返回利用所选特征压缩后的数据集
	get_support(indices)	得到所选特征的掩码（indices = False）或索引（indices = True）

代码 5-9 将用 SFS 和 SBS 序列特征选择方法在 Wine 数据集上实现特征选择，分类模型使用和代码 5-7 同样配置的决策树模型。

代码 5-9　利用 SequentialFeatureSelector 类在 Wine 数据集上实现序列特征选择

```
from sklearn.feature_selection import SequentialFeatureSelector
from sklearn.datasets import load_wine
from sklearn.tree import DecisionTreeClassifier as DTC
from sklearn.model_selection import train_test_split

#辅助函数：特征子集的性能评价函数
def evaluate_select_subset(Xtrain, y_train, X_test, y_test, feature_index):
    Xtrain= X_train[: , feature_index]
    Xtest= X_test[: , feature_index]
    tree =DTC(criterion = "entropy", max_depth = 3, random_state = 9)
    tree.fit(Xtrain, y_train)
    return tree.score(Xtest, y_test)

# 1. 获得数据
wine = load_wine()
X, Y = wine.data, wine.target
X_train, X_test, y_train, y_test = train_test_split(X, Y, random_state = 9)

#2. SFS 特征选择结果
tree =DTC(criterion = "entropy", max_depth = 3, random_state = 9)    #决策树模型
SFS_selector = SequentialFeatureSelector(estimator = tree,
                              n_features_to_select = 5, direction = 'forward')
SFS_selector.fit(X_train, y_train)                              #训练
```

```
sd_feat = SFS_selector.get_support(True)

print("SFS 选择的特征", SFS_selector.get_support(True))
SFS_score = evaluate_select_subset(X_train, y_train, X_test, y_test, sd_feat)
print("SFS 选择的特征子集上获得的测试精度: ", SFS_score)

#2. SBS 特征选择结果
tree = DTC(criterion = "entropy", max_depth = 3, random_state = 9)      #决策树模型
SBS_selector = SequentialFeatureSelector(estimator = tree,
                                    n_features_to_select = 5, direction = 'backward')
SBS_selector.fit(X_train, y_train)                                      #训练
sd_feat = SBS_selector.get_support(True)

print("SBS 选择的特征", SBS_selector.get_support(True))
SBS_score = evaluate_select_subset(X_train, y_train, X_test, y_test, sd_feat)
print("SBS 选择的特征子集上获得的测试精度: ", SBS_score)
```

代码运行后，SFS 方法选择的特征子集为[0 6 9 10 12]，决策树在该子集上取得的测试精度约为 97.78%；SBS 方法选择的特征子集为[6 8 9 10 12]，决策树在该子集上取得的测试精度约为 95.56%。

5.3.3 包装法的优缺点

包装法也是一类应用广泛的特征选择技术，其在选择过程中考虑了数据挖掘模型的影响。它的主要优缺点如下。

1. 优点

与过滤法相比，包装法的特征选择过程与数据挖掘任务相关，它使用后者的评价标准来对特征子集评分，使得选择结果是数据挖掘算法在其上表现最佳时的特征子集。并且，包装法对数据挖掘模型没有过多要求，适用性比较广。

2. 缺点

包装法是一种迭代式方法，对每一组特征子集都需要建立数据挖掘模型，在特征数量较多时，计算量非常大，效率远比过滤法低。另外，RFE、SFS、SBS 等包装法都采用启发式搜索方法寻找最优子集，它是一种局部搜索方法，因此这些方法搜索的最优子集可能是局部最优的。目前，也有一些学者提出了基于全局搜索的群体智能方法来获得最优子集，例如，模拟退火（Simulated Annealing，SA）算法、遗传算法（Genetic Algorithm，GA）等。

5.4 嵌入法

嵌入法将特征选择过程完全融入数据挖掘模型的构建过程中，在创建模型时即完成了对特征子集的选择。与过滤法相比，嵌入法是从数据挖掘模型的角度选择特征子集，往往具有更好的性能；与包装法相比，嵌入法省去了迭代式的搜索过程，计算效率更高。嵌入法是目前应用最广泛的特征选择方法，弥补了前面两种特征选择方法的不足。

与 RFE 方法相同的是，嵌入法利用了一些数据挖掘模型，在训练的同时能输出特征的重要性系数，例如，基于正则化线性模型（线性回归、Lasso 回归、岭回归、Logistic 回归、线性支持

向量机等）和基于树模型（决策树、随机森林、XGBoost 等），并把这些重要性系数作为特征选择的主要依据。因此，嵌入法主要分为基于正则化线性模型的方法和基于树模型的方法两类。

5.4.1　基于正则化线性模型的方法

我们知道大多数线性模型能够直接求解出模型的数学方程，例如多元线性回归模型和 Logistic 回归模型的数学方程分别如式（5-10）和式（5-11）所示。

$$y = w_1 \cdot x_1 + w_2 \cdot x_2 + \cdots + w_m \cdot x_m + \varepsilon \qquad (5\text{-}10)$$

$$\mathrm{logit}(y = 1 \mid x) = w_1 \cdot x_1 + w_2 \cdot x_2 + \cdots + w_m \cdot x_m + \varepsilon \qquad (5\text{-}11)$$

其中，$w_i(i = 1, 2, \cdots, m)$ 是方程中第 i 个特征 x_i 的回归系数，它的值越大，表示回归模型将它判别为越重要的特征，理想情况下，可以将回归系数作为特征选择的依据。然而，在数据集的特征之间相关度较高的情况下，训练的回归模型容易出现多重共线问题，模型出现过拟合现象，此时回归系数的大小不能正确反映特征的重要程度。

正则化技术通过对模型施加额外的约束，能有效避免过拟合现象的发生。有两种常见的正则化方法：L1 正则和 L2 正则。它们分别在线性模型的数学方程中增加回归系数的 L1 范数和 L2 范数。这样，容易写出施加了 L1 和 L2 正则的多元线性回归模型。

$$y = w_1 \cdot x_1 + w_2 \cdot x_2 + \cdots + w_m \cdot x_m + \alpha \cdot \sum_{i=1}^{m} |w_i| + \varepsilon \qquad (5\text{-}12)$$

$$y = w_1 \cdot x_1 + w_2 \cdot x_2 + \cdots + w_m \cdot x_m + \alpha \cdot \sqrt{\sum_{i=1}^{m} |w_i|^2} + \varepsilon \qquad (5\text{-}13)$$

其中，α 称为正则化强度系数。

显然，式（5-12）就是 Lasso 回归模型的数学形式，式（5-13）就是岭回归模型的数学形式。对于 Logistic 回归模型，也可以施加类似的正则化项。两种范数相比较，L1 范数通常使得值小的回归系数变为 0，因此求解的特征系数具有稀疏的特点，这与特征选择的目标是一致的，因而在特征选择任务中应用更多。

基于正则化线性模型的特征选择方法就是首先在数据集上训练线性模型，然后选择模型中回归系数较大的重要特征作为特征选择的结果。

在 Scikit-learn 库的 feature_selection 模块中实现了 SelectFromModel 类，能够在训练数据挖掘模型（如 Lasso 线性回归模型、决策树模型等）的同时，利用模型重要性系数（coef_或 feature_importances_）实现嵌入式特征选择。它的主要参数、属性和函数如表 5-11 所示。

表 5-11　　　　　　　　　SelectFromModel 类的主要参数、属性和函数

项目	名称	说明
参数	estimator	具有 fit()训练函数的监督式数据挖掘算法模型
	threshold	特征选择的阈值，可取值为'mean'、'median'或数值，表示系数低于该阈值的特征将被丢弃，默认为'mean'。当取值为 None 且数据挖掘模型使用了 L1 正则，在该阈值默认为 1e-5，即系数接近 0 的阈值将被丢弃
	prefit	布尔型值，默认为 False，表示使用 SelectFromModel 的 fit()函数同时进行模型训练和特征选择；为 True 表示预先使用数据挖掘模型的 fit()函数训练模型，然后将该模型传递给 SelectFromModel 进行特征选择

续表

项目	名称	说明
参数	max_features	设置选择的最大特征数目，此时需要设置 threshold = np.-inf
	cv	交叉验证的折数，默认为 cv = 5
属性	estimator_	当 prefit=False 时，返回使用 SelectFromModel 的 fit()函数训练的数据挖掘模型
	threshold_	实际用于特征选择的阈值
函数	fit(X)	在数据集 X 上运行特征选择方法
	transform(X)	返回用选择后的特征对原始数据集 X 进行压缩的结果
	fit_transform(X)	运行特征选择，并返回利用所选特征进行压缩后的数据集
	get_support(indices)	得到所选特征的掩码（indices = False）或索引（indices = True）

在下面的代码 5-10 中，我们使用 L1 正则化的 Logistic 回归模型在 Wine 数据集上进行嵌入法特征选择。其中，L1 正则化系数设置为 C = 0.5，并指定选取其中的 5 个特征。

代码 5-10　使用 L1 正则化的 Logistic 回归模型进行嵌入法特征选择

```
from sklearn.datasets import load_wine
from sklearn.model_selection import train_test_split
from sklearn.feature_selection import SelectFromModel
from sklearn.linear_model import LogisticRegression
from sklearn.preprocessing import StandardScaler

# 1. 获得数据
wine = load_wine()
X,Y = wine.data, wine.target

#对 X 进行规范化
normalize_model = StandardScaler().fit(X)
X=normalize_model.transform(X)
X_train, X_test, y_train, y_test = train_test_split(X, Y, random_state = 9)

#2. L1 正则化的 Logistic 回归模型进行嵌入法特征选择
#Logistic 分类模型: 正则参数 C 控制正则效果的大小, C 越大, 正则效果越弱
logistic_model = LogisticRegression(penalty = 'l1', C = 0.5, solver = 'liblinear',
                                    random_state = 1234)
#嵌入式特征选择模型
selector = SelectFromModel(estimator = logistic_model, max_features = 5)
selector.fit(X_train, y_train)

#特征选择结果
print("L1 正则嵌入法选择的特征: ", selector.get_support(True))
print("L1 正则化 Logistic 回归模型获得的测试精度",
      selector.estimator_.score(X_test, y_test))
```

注意，上述代码中，对数据集 X 进行了规范化处理；正则化系数 C 控制了 L1 正则化的强度，代码中取值为 0.5。

代码运行后，选取的特征为[0 6 9 10 12]，L1 正则化的 Logistic 回归模型在特征选择后的数据集上达到的测试精度为 100%，表现出了非常优异的性能。

类似地，对于回归数据集的特征选择，可以使用 sklearn.linear_model 模块中的 Lasso 类，或者 sklearn.svm 模块中的 LinearSVR 类（线性支持向量回归机），只需创建它们的对象，并

将其设置为 SelectFromModel 类的 estimator 参数的值，例如：

```
lasso_model = Lasso(normalize = True, alpha = 0.001)
selector = SelectFromModel(estimator = lasso_model)
```

5.4.2　基于树模型的方法

基于树（Tree）的数据挖掘模型，如决策树、随机森林、提升树、XGBoost 在构建模型中的树的过程中，总是贪婪地选择当前最优的特征构造属性测试条件，将数据集划分到下一层的子节点上，并使得子节点的不纯度尽可能下降，因此，该特征对数据具有优异的区分能力。这样，在构造的树结构或者森林（Forest）中，特征被选择用于构造属性测试条件次数越多，表明它们区分数据的能力越强，因而越重要。

因此，基于树的数据挖掘模型可以作为一种嵌入式特征选择方法，它们在训练数据挖掘模型的同时，也会输出特征的重要性系数，后者可以作为特征选择的依据。

我们仍然可以借助 sklearn.feature_selection 模块的 SelectFromModel 类，实现基于树的嵌入式特征选择方法。

代码 5-11 演示了使用决策树模型实现嵌入法特征选择的过程。

代码 5-11　使用决策树模型实现嵌入法特征选择

```
from sklearn.datasets import load_wine
from sklearn.model_selection import train_test_split
from sklearn.feature_selection import SelectFromModel
from sklearn.tree import DecisionTreeClassifier as DTC
import numpy as np
#1. 获得数据
wine = load_wine()
X,Y = wine.data, wine.target
X_train, X_test, y_train, y_test = train_test_split(X, Y, random_state = 9)

#2. 决策树模型进行嵌入法特征选择
tree = DTC(criterion = "entropy", max_depth = 3, random_state = 9)    #决策树模型

#嵌入法特征选择
selector = SelectFromModel(estimator = tree, threshold = 'mean')
selector.fit(X_train, y_train)

#特征选择结果
print("决策树嵌入法选择的特征: ", selector.get_support(True))
print("决策树输出的特征重要性系数",
              np.round(selector.estimator_.feature_importances_, 3))
print("决策树嵌入法获得的测试精度", selector.estimator_.score(X_test, y_test))
```

代码执行后，输出决策树所选择的特征为[6 9 12]，它计算的所有特征的重要性系数为[0. 0. 0. 0. 0. 0.408 0. 0. 0.235 0.033 0. 0.324]，决策树在特征选择后的数据集上获得的测试精度约为 97.78%。

读者可以进一步利用随机森林、XGBoost 等树模型实现嵌入法特征选择，在此不再赘述。

5.4.3　嵌入法的优缺点

嵌入法也是目前常用的一类特征选择技术，其优缺点如下。

109

1．优点

特征选择与数据挖掘模型的构建完全融合在一起，特征选择结果是数据挖掘取得最优性能时的子集。与包装法相比，嵌入法不需要耗时的迭代搜索过程，效率更高。

2．缺点

性能依赖于特定的数据挖掘模型，特别是与模型的参数设置密切相关。另外，目前只有正则化线性模型和树模型适用于此类方法，聚类模型、神经网络模型、贝叶斯模型等并不适用。

5.5　本章小结

本章介绍了过滤法、包装法和嵌入法这 3 类特征选择方法，它们具有各自的优缺点。

过滤法与数据挖掘算法无关，从它根据不同的相关性定义选择与目标变量相关度高的特征，因而计算效率最高。在数据集规模和特征数量都比较大时，过滤法非常适用于不相关特征的筛选。

包装法将特征选择视为搜索问题，利用数据挖掘模型的评价结果，迭代地搜索最优特征子集。它选择的特征通常具有较好的性能，并且可以广泛地适用于各种分类、聚类任务中的数据挖掘模型，但计算效率最低。在数据规模和特征规模较小时，适合采用包装法。

嵌入法具有前两种方法的优点，特征选择的结果优异且计算效率高，是目前应用广泛的一种特征选择方法。但是，该方法只适合于一些特定的数据挖掘模型。

在具体的数据挖掘任务中，需要根据数据集和数据挖掘模型的特点，通过实验的方法比较不同特征选择方法的性能，选用最合适的方法。

习题

1．简要说明过滤法、包装法、嵌入法特征选择方法的优点和缺点。

2．对于不带标签的无监督数据集，采用哪一类特征选择方法比较合适？请说明原因。

3．思考如何利用线性支持向量机实现嵌入式特征选择，并给出其实现代码。

4．UCI 数据库中的声呐（Sonar）数据集记录了在使用声呐探测岩石或矿物过程的 208 条数据，包含两个类别（矿物-mine、岩石-rock），每个数据包含 60 个属性，表示从不同角度捕获的声呐信号的强度。读者可以到 UCI 网站下载该数据集。然后，请采用合适的特征选择方法对数据集进行处理，降低特征的数量，再使用支持向量机在该数据集上建立分类模型，并比较特征选择前后分类模型性能的变化情况。

第6章 基础分类模型及回归模型

数据挖掘有两大类典型任务：有监督学习（Supervised Learning）和无监督学习（Unsupervised Learning）。本章讨论的分类和回归模型属于有监督学习，无监督学习将在第 8 章介绍。

在有监督学习中，训练数据集中的每个数据对象（或称为数据样本）均具有对应的目标值。当目标值是离散的类别标签时，这是一个分类（Classification）任务；当目标值是连续值时，这是回归（Regression）任务。下面举两个例子。

- 某饮料品牌厂商需要分析市场调查数据，以判断新研发的一款饮料是否被年轻人群体喜欢。随机调查了 300 名年轻人，获得了他们的年龄、职业、教育状况、年均购买次数等数据（特征），以及他们对饮料的喜好情况（"喜欢"或"不喜欢"）。如果在这些数据上建立数据挖掘模型，用于预测其他年轻人对饮料的态度，这个模型就是一个典型的分类模型。
- 如果饮料品牌厂商在调查数据的基础上，建立数据挖掘模型用于预测一个年轻人对该款饮料的年均消费金额，即目标是连续值，这个模型就是一个典型的回归模型。

本章主要介绍基本分类模型及其实现方法。由于回归模型和分类模型的原理及实现方法类似，我们只在 6.9 节对回归的原理和实现技术进行简要介绍。

6.1 基本理论

本节介绍分类问题的一些基本概念，以及构建分类模型的基本步骤。

6.1.1 分类模型

分类是有监督学习中的一个核心问题。我们从实际应用场景中获得了一个数据集，经过预处理步骤后，每个数据对象由一组特征变量 x 及其类别标签 y 组成。在训练与评估模型时，需要把数据集划分为训练集和测试集。详细内容见 6.7.2 节。分类过程包含以下两个步骤。

（1）模型训练阶段：使用特定的算法在训练集上学习数据 x 和类别 y 之间的映射函数，即 $y = f(x)$，我们称为"分类模型"或"分类器"（Classifier），并在测试集评估模型性能。

（2）模型预测阶段：对于来自同一应用场景的新数据对象 x'，可以使用分类模型判断其所属的类别 y'，从而做出"预测"（Prediction）。

在实际数据挖掘任务中，很多来自机器学习、统计优化领域的算法都可以用来训练分类模型，典型的算法包括朴素贝叶斯（Native Bayes）、k 近邻、决策树（Decision Tree）、反向传播（Back Propagation，BP）神经网络、支持向量机等。我们将在本章对它们的原理及实现方法进行介绍。另外，在构建分类模型以后，通常还需要一些性能评价方法对模型是否"可靠"进行定量评价，6.7 节将讨论模型的性能评价方法。

6.1.2 欠拟合和过拟合

在训练集上训练的分类模型或回归模型，应该尽可能地捕获数据对象 x 和目标值 y 之间的潜在函数关系，也就是说，在测试集上预测值 y'要和目标值 y 尽可能保持一致。一个模型能很好地学习数据中潜在的函数关系，体现为不管是在训练集，还是在测试集上，预测值和实际值比较吻合，我们称模型具有较好的"拟合"（Fitting）能力，如图 6-1（b）所示。如果模型在训练集上的预测值和目标值差异比较大，则称模型出现了"欠拟合"（Under-fitting），如图 6-1（a）所示。如果模型比较好地拟合了训练数据，但在测试数据集预测效果很差，则称这种现象为"过拟合"（Over-fitting），即过度拟合了训练数据，如图 6-1（c）所示。

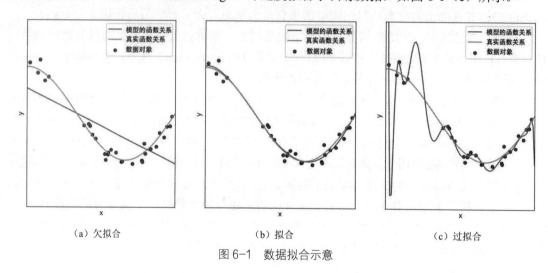

（a）欠拟合　　　　　　　　　（b）拟合　　　　　　　　　（c）过拟合

图 6-1　数据拟合示意

我们把数据挖掘模型在测试数据上表现的预测能力称为"泛化"（Generalization）能力。过拟合和欠拟合的模型都有比较差的泛化能力。它们的发生都和模型的复杂度（可以简单理解为模型参数数量）及训练集的规模有关。增加模型的复杂度可以增加模型的拟合能力，但如果训练数据集规模不够大，就会带来过拟合的风险。当训练数据集比较大时，模型过拟合的风险相对越小，因而模型的泛化能力比较好。这也是我们需要足够数量的数据集来训练模型的原因。

6.1.3 二分类和多分类

二分类（Binary Classification）是指分类器可以为一个数据对象分配两种类别标签中的一种，例如 0 和 1。前面讨论的饮料市场分析问题是二分类问题，类别标签只有"喜欢"和"不喜欢"两种。如果分类器可以分配数据对象多种类别标签中的一种，则是一个多分类（Multi-class Classification）问题。例如，前文提到的鸢尾花数据集，它包括 3 种类型。二分类和多分类都是类别互斥的分类问题，即每个数据对象只能属于一个类别。

如果分类器可以分配数据对象的类别标签为零、一种或者超过一种，则是一个多标签分类（Multi-label Classification）问题。多标签分类允许一个数据对象同时从属于多个类别，它们是非类别互斥的分类问题。例如，在新闻文档分类任务中，一条关于军人体育比赛的新闻，可以同时属于体育类和军事类。

本书没有讨论多标签分类模型，读者可以自行查阅相关资料，本书不做阐述。

6.1.4　线性及非线性分类器

根据模型所学习的函数关系是否为线性，将分类器划分为线性分类器（Linear Classifier）和非线性分类器（Non-linear Classifier）。

线性分类器是分类任务中一种重要的分类器。我们举个简单的二分类器的例子。根据特征的线性组合（特征的权重用 w 表示）和一个合适的阈值（用 b 表示），就可以构造一个简单的线性分类器：$f(x) = w^\mathrm{T}x + b$。其判别准则就是：如果 $w^\mathrm{T}x + b > 0$，将数据 x 判别为 1 类，否则，判别为 0 类。显然，对于二维平面上的数据，该分类器的决策函数就是一条直线，即 $w^\mathrm{T}x + b = 0$，在多维空间中的决策函数就是一个超平面。

非线性分类器是指模型学习的函数关系是非线性的，此时它在多维空间中的决策函数是一个超曲面或多个超平面的组合。例如，BP 神经网络通过多层神经元的连接和激活函数的处理，能拟合数据 x 和类别 y 之间的复杂关系，它的决策函数非常复杂（不能显式表示），是一种典型的非线性分类器。通常，非线性分类器具有更多的模型参数，因而复杂度更高。

在选用分类模型时，在训练集比较小的情况下，非线性分类器相对于线性分类器更容易过拟合，此时线性分类器往往是一个更好的选择；在训练集足够大的情况下，更为复杂的非线性分类器往往是一个更好的选择。

6.2　朴素贝叶斯分类器

朴素贝叶斯分类器（Native Bayes Classifier）是一类原理简单的基于概率的分类器。

6.2.1　基本原理

朴素贝叶斯分类器是一种基于贝叶斯理论的简单的分类模型。它以一个朴素的条件独立假设为前提：相对于类别标签，特征之间相互独立。尽管简单，但在很多任务中朴素贝叶斯的预测性能并不差。它在文本分类任务中也经常用作基准（Baseline）模型。下面将简要介绍朴素贝叶斯的工作原理。

若两个随机变量 a、b 的联合概率用条件概率来描述，如式（6-1）所示。

$$p(a,b) = p(a)p(b|a) = p(b)p(a|b) \tag{6-1}$$

那么，它们的条件概率的计算如式（6-2）所示。

$$p(b|a) = \frac{p(b)p(a|b)}{p(a)} \tag{6-2}$$

该式也称为贝叶斯定理。

朴素贝叶斯分类器的名称源于它基于贝叶斯定理构建分类器，且引入了一个条件独立假设。它的基本原理：给定数据集 $D = \{(x, c_i)\}$ 包含 n 个数据对象，它的类别集合 C 包含 k 个类别，即 $C = \{c_1, \cdots, c_k\}$。每个数据对象 x 有 m 个特征，即 $x = (x_1, \cdots, x_m)$。对于每个类别 $c \in C$，

朴素贝叶斯分类器需要计算数据对象属于类别 c 的概率，即 $p(c|x)$，然后按照最大后验概率（Maximum A Posteriori Probability，MAP）将数据 x 划分到后验概率值最大的类别。其决策函数如式（6-3）所示。

$$c_{\text{MAP}} = \underset{c \in C}{\text{argmax}}\ p(c|x) \qquad (6\text{-}3)$$

为了求解 $p(c|x)$，按照贝叶斯定理有 $p(c|x) = \dfrac{p(c)p(x|c)}{p(x)}$，$p(c)$ 是类别 c 的先验概率。因为对于所有的类别 $c \in C$，在计算 $p(c|x)$ 时 $p(x)$ 是一个固定值。因此

$$p(c|x) \propto p(c)p(x|c) \qquad (6\text{-}4)$$

现在引入一个条件独立性假设：x 中的所有特征 $x_1,\cdots,x_m$ 在给定类别的条件下彼此独立。因此有

$$p(c|x) \propto p(c)\prod_{i=1}^{m} p(x_i|c) \qquad (6\text{-}5)$$

朴素贝叶斯分类器的决策函数可以重写为

$$c_{\text{MAP}} = \underset{c \in C}{\text{argmax}}\ p(c)\prod_{i=1}^{m} p(x_i|c) \qquad (6\text{-}6)$$

显然，此时式（6-6）中的每一个概率值都是可以在训练数据上计算出来的。训练一个朴素贝叶斯分类器，其实就是计算两类概率：

（1）每个类别 $c \in C$ 的先验概率 $p(c)$；

（2）每个特征 $x_i \in x$ 的条件概率 $p(x_i|c)$。

首先，给定训练集 $D = \{(x,c)\}$，按照最大似然法估计，先验概率可以直接估计为每一类数据的比率，即 $p(c_k) = \dfrac{n_k}{n}$。这里，n 是训练集的大小，n_k 是属于类别 c_k 的数据对象数量。

其次，对于特征的条件概率，有两种计算方式。

- 当特征 x_i 为数值型时：假设特征 x_i 的值服从正态分布。在训练数据属于类别 c_k 的数据对象上计算特征 x_i 的均值 μ_i 和方差 σ_i^2。此时，给定类别 c_k 和特征 x_i 在数据集上的某个取值 v，按照正态分布概率密度函数计算特征的条件概率，即式（6-7）。

$$p(x_i = v|c_k) = \frac{1}{\sqrt{2\pi\sigma_i^2}}\exp\left(-\frac{(v - \mu_i)^2}{2\sigma_i^2}\right) \qquad (6\text{-}7)$$

- 当特征 x_i 为类别特征：对于特征 x_i 上的每个离散值 v，按式（6-8）计算它的条件概率。

$$p(x_i = v|c_k) = \frac{n_{vk} + l}{n_k + l \times h} \qquad (6\text{-}8)$$

其中，n_{vk} 是训练集中特征 x_i 在取值为 v 并且属于类别 c_k 的数据对象数量；l 是平滑系数；h 是特征 x_i 中不同取值的数量。

因为以上概率值都是[0,1]的值，按照式（6-6）计算的累计概率值容易因为概率值过小而产生下界溢出（计算机无法存储太小的数据）。因此，在实际进行分类时，会用对数运算将式（6-6）的乘法运算转换成加法运算。因此，常采用的朴素贝叶斯分类器的决策函数为

$$c_{\text{MAP}} = \underset{c \in C}{\text{argmax}} \log(p(c)) + \sum_{i=1}^{m} \log(p(x_i \mid c)) \qquad (6-9)$$

6.2.2 基于 Python 的实现

Python 的 Scikit-learn 模块提供了多个版本朴素贝叶斯算法的实现。其中，对于连续数值按式（6-7）计算条件概率的，称为高斯朴素贝叶斯（Gaussian Native Bayes），按式（6-8）计算的称为多项式朴素贝叶斯（Multinomial Native Bayes）。下面介绍这两种朴素贝叶斯算法的应用。

本节使用 Universal Bank 数据集，基本情况如下所示。

> **数据集：Universal Bank**
>
> Universal Bank 是一家业绩快速增长的银行。为了增加贷款业务，该银行探索将储蓄客户转变成个人贷款客户的方式。银行收集了 5000 条客户数据，包括客户特征（age、experience、income、family、CCAvg、education、Zip Code）、客户对上一次贷款营销活动的响应（Personal Loan）、客户和银行的关系（mortgage、securities account、online、CD account、credit card）共 13 个特征，目标值是 Personal Loan，即客户是否接受了个人贷款。在 5000 个客户中，仅 480 个客户接受了提供给他们的个人贷款。数据集中的编号（ID）和邮政编码（Zip Code）特征因为在分类模型中无意义，所以在数据预处理阶段将它们删除。

1. 高斯朴素贝叶斯

在 Scikit-learn 的 native_bayes 模块中，提供了高斯朴素贝叶斯类的实现，其基本语法如下：

```
GaussianNB(priors = None, var_smoothing = 1e-09)
```

其中，参数 priors 是每个类的先验概率，如果用户不给出，该类将会按照数据集中的数据计算；参数 var_smoothing 是平滑系数，默认取值为 1e-09。

该类包含如下几个用于模型训练和测试的函数。

（1）fit(X, y[, sample_weight])：按照在数据集 X 和目标 y 上训练高斯朴素贝叶斯分类模型的函数。其中，X 和 y 可以是 NumPy 的 Ndarray 数据结构、list 数据结构或 Pandas 的数据框。可选参数 sample_weight 表示由用户设定的数据对象权重。该参数适合在类不平衡时对不同类别的数据对象设置训练权重（需要注意，并不是所有模型的 fit() 函数都有该参数）。

（2）predict(X)：用于在数据集 X 上进行预测，返回对应预测结果 y'。

（3）predict_proba(X)：用于在数据集 X 上进行预测，返回预测概率值。在分类任务中，对于一个数据对象返回的预测结果是一个列表，其中的每个值是属于各类别的概率。例如，对于二分类问题（目标类别为 0 和 1），该函数在一个数据对象上的预测结果是[0.2, 0.8]，分别表示数据属于类别 0 的概率是 0.2，属于类别 1 的概率是 0.8。

（4）score(X, y)：在数据集 X 和目标 y 上计算预测结果的准确度。

下面的代码 6-1 演示了在 Universal Bank 数据集上使用高斯朴素贝叶斯进行分类的过程。

代码 6-1 高斯朴素贝叶斯在 Universal Bank 数据集上的分类

```python
import pandas as pd
import numpy as np
from sklearn.model_selection import train_test_split
from sklearn.naive_bayes import GaussianNB
```

```
#1. 读入数据
df = pd.read_csv('UniversalBank.csv')
y = df['Personal Loan']
X = df.drop(['ID', 'ZIP Code', 'Personal Loan'], axis = 1)
X_train, X_test, y_train, y_test = train_test_split(X, y, test_size=0.3, random_
state = 0)

#2. 训练高斯朴素贝叶斯模型
gnb = GaussianNB()
gnb.fit(X_train, y_train)

#3. 评估模型
y_pred = gnb.predict(X_test)
acc = gnb.score(X_test, y_test)
print('GaussianNB 模型的准确度: %s'%acc)

y_pred = gnb.predict_proba(X_test)
print('测试数据对象 0 的预测结果（概率）: ', y_pred[0])
```

上述代码首先将 Universal Bank 数据集读入数据框对象 df。将目标值 Personal Loan 保存在变量 y 中。使用 Scikit-learn 提供的数据划分函数 train_test_split()将数据集按照 7∶3 随机划分为训练集和测试集（在 6.7 节将详细讨论模型评估，包括数据集划分的策略）。然后，使用 GaussianNB 类在创建了高斯朴素贝叶斯模型的对象 gnb 后，调用其 fit()函数进行训练。最后在测试集上进行测试和性能评价。其中，除了采用 predict()函数获得预测的类别标签外，代码还演示了使用 predict_proba()函数计算出的测试数据对象属于每一个类别的概率。

上面代码的运行结果如下：

```
GaussianNB 模型的准确度: 0.886
测试数据对象 0 的预测结果（概率）: [9.99997940e-01 2.06012079e-06]
```

可以看到在测试集上，模型的准确度达到 88.6%。单独看测试集上第一条数据记录的预测结果，模型以接近 100%的概率将该数据记录分类为类别"0"。

2. 多项式朴素贝叶斯

在 Scikit-learn 的 native_bayes 模块中，也提供多项式朴素贝叶斯类的实现，其基本语法为

```
MultinomialNB(alpha=1.0, class_prior = None)
```

其中，参数 alpha 是平滑系数，默认为 1.0。参数 class_prior 是每个类的先验概率，如果用户不给出，该类将会按照数据集中的数据自行计算。

该类中的 fit()、predict()等函数的定义与使用和 GaussianNB 类一致，在此不再赘述。

代码 6-2 演示了使用多项式朴素贝叶斯建立分类模型对 Universal Bank 数据集进行分类的过程。

代码 6-2　多项式朴素贝叶斯在 Universal Bank 数据集上的分类

```
import pandas as pd
import numpy as np
from sklearn.model_selection import train_test_split
from sklearn.naive_bayes import MultinomialNB

#1. 读入数据
df = pd.read_csv('UniversalBank.csv')
y = df['Personal Loan']
X = df[['Family', 'Education', 'Securities Account',
        'CD Account', 'Online', 'CreditCard']]          #只选用 6 个特征
X_train, X_test, y_train, y_test = train_test_split(X, y, test_size = 0.3, random_
state = 0)
```

```
#2. 训练多项式朴素贝叶斯模型
mnb = MultinomialNB()
mnb.fit(X_train, y_train)

acc = mnb.score(X_test, y_test)
print('MultinomialNB 模型的准确度: %s'%acc)
```

上面代码的运行结果如下：

```
MultinomialNB 模型的准确度: 0.915
```

可见，多项式朴素贝叶斯模型的分类准确度达到91.5%。

需要说明的是，上述代码 6-2 只使用了 6 个类别特征，丢掉了其他数值特征。这是因为 Scikit-learn 模块所实现的朴素贝叶斯均不擅长处理混合型数据（既包括数值特征，又包括类别特征）。读者也可以像代码 6-1 一样，简单地将所有类型特征都看作数值类型，并采用全部特征训练多项式朴素贝叶斯模型。

这里，我们还演示了使用集成技术来处理混合型数据。它使用高斯朴素贝叶斯在数值特征上训练第一个模型，使用多项式朴素贝叶斯模型在类别特征上训练第二个模型，然后把两个模型的预测结果组合起来进行预测。具体集成技术的内容见第 7 章。代码 6-3 演示了使用集成技术训练朴素贝叶斯模型的过程。

代码 6-3　使用集成技术处理混合型数据的朴素贝叶斯模型

```
import pandas as pd
import numpy as np
from sklearn.model_selection import train_test_split
from sklearn.naive_bayes import MultinomialNB
from sklearn.naive_bayes import GaussianNB

# 1. 读入数据，建立两个数据集
df = pd.read_csv('UniversalBank.csv')
df = df.drop(['ID', 'ZIP Code'], axis = 1)
ccol = ['Family', 'Education', 'Securities Account',
        'CD Account', 'Online', 'CreditCard']          #类别特征的索引

y = df['Personal Loan']
X_mul = df[ccol]                                        #多项式朴素贝叶斯使用的数据
X_gau = df.drop(ccol + ['Personal Loan'], axis = 1)    #高斯朴素贝叶斯使用的数据
X_mul_train, X_mul_test,X_gau_train, X_gau_test, y_train, y_test =\
        train_test_split(X_mul, X_gau, y, test_size=0.1, random_state = 0)

# 2. 使用类别特征训练多项式朴素贝叶斯模型
mnb = MultinomialNB()
mnb.fit(X_mul_train, y_train)
m_train_pred = mnb.predict_proba(X_mul_train)
m_test_pred = mnb.predict_proba(X_mul_test)
acc=mnb.score(X_mul_test, y_test)
print('MultinomialNB 模型的准确度: %s'%acc)

# 3. 使用数值特征训练高斯朴素贝叶斯模型
gnb = GaussianNB()
gnb.fit(X_gau_train, y_train)
g_train_pred = gnb.predict_proba(X_gau_train)
g_test_pred = gnb.predict_proba(X_gau_test)
acc = gnb.score(X_gau_test, y_test)
print('GaussianNB 模型的准确度: %s'%acc)

# 4. 集成两个模型
acc=sum(((m_test_pred[: , 1] + g_test_pred[ : , 1]) >= 1) == (y_test == 1)) /
len(y_test)
  print('集成模型的准确度: %s'%acc)
```

上面代码的运行结果如下。

```
MultinomialNB 模型的准确度：0.915
GaussianNB 模型的准确度：0.895
集成模型的准确度：0.907
```

在上面的代码中，单独使用多项式朴素贝叶斯模型的测试准确度为 91.5%；单独使用高斯朴素贝叶斯模型的准确度为 89.5%；最后两行代码是一种简单的集成方法，即将多项式朴素贝叶斯和高斯朴素贝叶斯预测结果（概率）求和，当大于 1 时，分类为正例（类别 "1"），然后计算准确度，结果是 90.7%。需要说明的是，上面的讨论仅限于怎样使用朴素贝叶斯模型，并不能说明哪个模型更有优势。

6.3 k 近邻分类器

k 近邻（K-Nearest Neighbor，KNN）是一种简单的非线性分类器。虽然原理简单，但在很多问题上，如文本分类，它具有较好的分类准确度。

6.3.1 基本原理

k 近邻是一种很简单却又很有效的分类模型。

已知训练集 $D = \{(x, y)\}$ 和待分类的一条测试数据对象 x'。KNN 模型从训练集发现和 x' 最相似的 k 个数据对象作为其近邻。根据这 k 个近邻对象的类别标签进行决策，按照少数服从多数的原则将 x' 分配近邻中数量最多的类。

基本的 KNN 算法步骤如算法 6-1 所示。

算法 6-1：KNN

输入：训练集 $D = \{(x, y)\}$，类别标签集合 C，参数 k，待测试的数据 x'

输出：x' 的类别标签 $y' \in C$

步骤：

（1）对于每个数据对象 $(x, y) \in D$，计算 x' 和 x 的距离 $d(x, x')$。

（2）选择距离最短的 k 个训练数据构成作为 x' 的近邻集合 $D_k \subseteq D$。

（3）获得近邻中数量最多的类的标签 $y' \leftarrow \underset{c \in C}{\operatorname{argmax}} \sum_{(x_i, y_i) \in D_k} I(c = y_i)$。

（4）将 y' 作为预测结果，并返回。

算法中，$I(c = y_i)$ 是指示函数，其含义：如果 $c = y_i$，返回值 1，否则返回值 0。

KNN 模型有两个关键因素：数据的相似性度量方法（见 3.4.2 节的内容）和参数 k 的选取。对于数值型的数据我们常采用式（6-10）所示的欧氏距离。对于参数 k 的选择，过大的 k 值或过小的 k 值都是不可取的，通常需要通过实验比选的方法选择最优的 k 值。

$$d(x, x') = \sqrt{\sum_{i=1}^{m} (x_i - x')^2} \tag{6-10}$$

图 6-2 描述了二维空间的两类数据的分布。★是待测试数据对象，大圆圈范围内指示了离它最近的 3 个数据对象。如果按照 $k = 1$ 训练 KNN 模型，那么测试数据

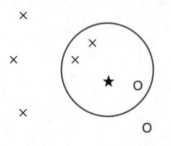

图 6-2 k 近邻分类

对象被划分到"〇"类（最近的邻居的类别）；如果按照 $k = 3$ 训练 KNN 模型，它将被划分到"×"类（按少数服从多数）。

一种对 KNN 模型的改进方法是将 k 个近邻基于余弦相似度加权。这里，两个向量 $\boldsymbol{x}$ 和 $\boldsymbol{x}'$ 的余弦相似度的计算式为

$$\cos(\boldsymbol{x}, \boldsymbol{x}') = \frac{\boldsymbol{x} \cdot \boldsymbol{x}'}{|\boldsymbol{x}||\boldsymbol{x}'|} \tag{6-11}$$

其中，$\boldsymbol{x} \cdot \boldsymbol{x}'$ 表示两个向量的点乘；$|\boldsymbol{x}| = \sqrt{\sum_{i=1}^{m} (x_i)^2}$ 是向量 $\boldsymbol{x}$ 的欧氏长度。

此时，测试数据 x' 属于类别 c 的得分为

$$\text{score}(c, x') = \sum_{\boldsymbol{x} \in D_k(x')} I_c(\boldsymbol{x}) \cos(x, x') \tag{6-12}$$

其中，$D_k(\boldsymbol{x}')$ 是数据 $\boldsymbol{x}'$ 的 k 个近邻组成的数据集合。如果近邻 $\boldsymbol{x} \in D_k(\boldsymbol{x}')$ 属于类别 c，则 $I_c(\boldsymbol{x}) = 1$，否则等于 0。最后将 $\text{score}(c, \boldsymbol{x}')$ 得分最高的类别 c 的标签赋予 $\boldsymbol{x}'$。

这种基于相似度加权投票的改进 KNN 模型的性能往往优于简单投票的 KNN 模型的性能。

需要指出的是，KNN 在做预测时的计算量和训练集规模相关，因为待测试数据需要和训练集中的每个数据对象计算距离。如果训练集很大，则做分类决策时计算量将非常大。有很多研究改进 KNN 算法解决这一问题，本书不做进一步讨论。

6.3.2   基于 Python 的实现

Scikit-learn 的 neighbors 模块提供了 KNN 模型的实现，即 KNeighborsClassifier 类，它的基本语法如下：

```
KNeighborsClassifier(n_neighbors = 5, weights = 'uniform',
                     algorithm = 'auto', metric = 'minkowski')
```

其中，主要的参数如下。

（1）n_neighbors：是选取的最近邻的数量，默认值是 5。

（2）weights：是给最近邻中每个数据点分配的权重的计算方式，默认是'uniform'，表示所有的数据点权重一样。'distance'表示将最近邻到待测试数据的距离作为权重。

（3）algorithm：表示计算最近邻的方法。6.3.1 节指出，计算最近邻时的代价很大。有很多算法对此进行了改进。'ball_tree'、'kd_tree'是两种基于树的搜索最近邻的算法，'brute'是暴力搜索法。默认是'auto'，即由程序决定最合适的算法。

（4）metric：是计算数据对象之间距离的方法。默认值'minkowski'表示采用闵氏距离计算。对于两个数据对象 $x = (x_1, x_2, \cdots, x_m)$ 和 $x' = (x_1', x_2', \cdots, x_m')$，它们的闵氏距离计算式为 $D(x, x') = \left(\sum_{i=1}^{m} |x_i - x_i'|^p \right)^{1/p}$。幂指数 p 默认为 2。也可以使用 sklearn.metrics.DistanceMetric 类中定义的其他距离。

该类包含的主要函数如下。

（1）fit(X, y)：用于在数据集 X 和其目标 y 上训练 KNN 模型。与朴素贝叶斯类的 fit()函数相比，KNN 的 fit()函数没有 sample_weight 参数。

（2）predict(X)：用于在数据集 X 上预测类别标签。

（3）predict_proba(X)：用于在数据集 X 上预测类别，返回概率值。

（4）score(X, y)：用于在数据集 X 和目标 y 上计算预测结果的准确度。

代码 6-4 在 Universal Bank 数据集上实现了一个 KNN 模型，并进行分类。

代码 6-4　KNN 模型在 Universal Bank 数据集上实现分类

```
import pandas as pd
import numpy as np
from sklearn.model_selection import train_test_split
from sklearn.neighbors import KNeighborsClassifier

# 1. 建立数据集
df = pd.read_csv('UniversalBank.csv')
y = df['Personal Loan']
X = df.drop(['ID', 'ZIP Code', 'Personal Loan'], axis = 1)
X_train, X_test, y_train, y_test = train_test_split(X, y, test_size = 0.3, random_
state = 0)
n_neighbors = 5                                    #k 值

# 2. 采用两种 weights 参数建立 KNN 模型，并评估
for weights in ['uniform', 'distance']:
    knn = KNeighborsClassifier(n_neighbors, weights = weights)
    knn.fit(X_train, y_train)

    acc = knn.score(X_test, y_test)
    print('%s 准确度: %s'%(weights, acc))
```

上面的代码按照 7：3 来划分数据集为训练集和测试集。步骤 2 采用两种不同的 weights 参数（'uniform'和'distance'）来训练 KNN 模型，并比较模型性能。代码的运行结果如下。

```
uniform 准确度: 0.916
distance 准确度: 0.9173333333333333
```

可见，采用 uniform 值时，所有邻居的权重一致，KNN 的准确度约为 91.6%；采用 distance 值时，邻居数据对象按与待测试对象的距离的倒数进行加权，此时 KNN 的准确度约为 91.73%，有一定的提高。

6.4　决策树

决策树是一类经典的数据挖掘模型，可用于解决分类或回归问题，也是许多功能强大的集成模型（见第 7 章）的基础。本章将介绍 CART 决策树的原理及其实现方法。

6.4.1　基本原理

澳大利亚的统计学家 J. Ross Quinlan 在 20 世纪 80 年代初期提出决策树的 ID3 算法。后来又改进 ID3 提出 C4.5 算法。决策树是一种类似流程图的树结构，包括一个根节点、若干内部节点和若干叶子节点。根节点和内部节点都对应着一个属性（特征），节点的分支对应属性取值，叶子节点对应着决策结果。给定一个测试数据，决策过程就是决策树上的一条从根节点到叶子节点的路径。最终根据叶子节点表示的类别将测试数据分类。

例如，图 6-3 所示为一棵关于客户购买意愿的决策树。客户数据包括 3 个类别属性：性别、年龄、月收入，目标是判断客户是否有购买某品牌手机的意愿。

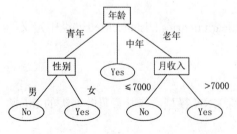

图 6-3　用于识别客户购买意愿的一棵决策树

从图 6.3 可以看出，对于某个客户，如果他的年龄属性取值为"中年"，决策树会按照"年龄"根节点下方的中间那条路径，直接判断他的购买意愿为 Yes；对于另外一个年龄属性取值为"老年"的客户，决策树将沿着根节点右侧的分支，继续测试客户的"月收入"属性值，如果他的月收入大于 7000，则决策树就会按照最右侧的叶子节点的标签判断该客户的购买意愿为 Yes。

创建决策树的基本过程如算法 6-2 所示。

算法 6-2：build_tree（创建决策树的算法）

输入：训练集 D，数据的属性（特征）集合 Attr，属性选择方法 Select
步骤：
（1）创建一个节点 N。
（2）IF D 中的所有数据都属于同一个类 c，THEN。
（3）　　给 N 分配类别标签 c，N 作为叶子节点，RETURN N。
（4）IF Attr 为空集 THEN。
（5）　　N 作为叶子节点，分配 D 中的主类作为 N 的类别标签，RETURN N。
（6）使用属性选择方法 Select(D, Attr)从当前的训练集 D 和属性集合 Attr 中选择一个属性 a，给节点 N 分配属性 a，将属性 a 从 Attr 中删除；
（7）IF a 是类别属性 THEN。
（8）　　在属性 a 的每个取值上产生一个数据集划分 $O = \{D_1, \cdots, D_M\}$。
（9）ELSE　　# a 是数值属性。
（10）　　按照 Select 方法确定的最优划分点，将数据集分成两个部分 $O = \{D_1, D_2\}$。
（11）For each D_i in O。
（12）　　给节点 N 创建一个分支 i；
（13）IF D_i 为空集。
（14）　　给分支 i 创建一个叶子节点，D 的主类作为该节点的类别标签；
（15）ELSE。
（16）　　给分支 i 附上 build_tree (D_i, Attr)的结果；
（17）ENDFOR。
（18）Return N。

算法 build_tree 是一个递归算法，即在算法的第 14 步又调用了算法本身。算法首先建立根节点，递归的过程中创建每个节点的分支，直至创建叶子节点，然后返回上一层。算法根据当前训练集产生一个节点时，首先需要确定一个属性选择方法 Select，对当前属性集合 Attr 中的每个属性进行评估。选择评分最高的属性分配给当前节点（见算法第 6 步）。算法只考虑分类属性和数值属性两种属性。对于分类属性，会为属性的每个属性值建立一个分支。对于数值属性，根据 Select 方法中确定的最优划分点，建立两个分支。算法递归执行时，在每个分支上再考虑剩下的属性。

算法执行完毕，建立一棵完整决策树，属性集合中的每个属性都对应到树上一个非叶子节点。需要说明的是，决策树算法有很多的实施版本。上面的算法 6-2 是决策树构建过程的基本原理。

决策树中的属性
选择方法

6.4.2　属性选择方法

常用的属性选择方法有信息增益（Information Gain）、增益率（Gain Ratio）、基尼（Gini）

指数和信息熵（Entropy）4 种。增益率是信息增益的扩展，C4.5 使用增益率。CART 模型可以使用基尼指数和信息熵。下面介绍 4 种属性选择方法，其中的信息熵包括在信息增益的计算中。

1．信息增益

属性 A 的信息增益定义为：

$$\text{Gain}(A) = \text{Info}(D) - \text{Info}_A(D) \qquad (6\text{-}13)$$

$\text{Info}(D)$ 是数据集 D 的信息期望，即 D 的熵。熵表示单个随机变量的不确定性。随机变量的熵越大，它的不确定性越大，即

$$\text{Info}(D) = -\sum_{i=1}^{k} P_i \log_2(P_i) \qquad (6\text{-}14)$$

$P_i = |C_{i,D}|/|D|$ 表示数据集 D 中每一类数据的比例，通过用具有标签 c_i 的数据对象数除以总的数据集 D 规模得到。所以数据集 D 的信息期望要考察 D 中每个类别标签。

$\text{Info}_A(D)$ 是按照属性 A 的属性值对数据集划分后，各子集上计算的信息期望的和，如式（6-15）所示。其中，h 是属性值的不同取值数量，D_j 是第 j 个数据子集。

$$\text{Info}_A(D) = \sum_{j=1}^{h} \frac{|D_j|}{|D|} \times \text{Info}(D_j) \qquad (6\text{-}15)$$

使用属性 A 对数据集 D 进行划分得到的熵 $\text{Info}_A(D)$ 越小，信息增益 $\text{Gain}(A)$ 越大，即属性 A 能够明确地区分数据集中的数据。

上面的例子是针对类别属性的。对于数值属性，需要寻找可以将数据集划分成两部分，且得到最优信息增益的划分点。例如，对于属性"月收入"，如果采用 5000 作为划分点，可将数据集分成两个部分即"≤5000"和">5000"后，计算得到的 $\text{Gain}(A)$ 最高，则确定 5000 是"月收入"的划分点。

2．增益率

信息增益的不足是它更倾向于选择具有较多属性值的属性。例如，一个属性是数据库中的标识符（ID），每个数据对象有唯一的标识符，那么该属性的信息增益可能很大。但这样的属性对分类模型没有实际价值。

增益率可以解决这个问题。增益率使用属性的"分裂信息熵"对信息增益做了规范化，其定义如式（6-16）所示。属性的分裂信息熵 $\text{SplitInfo}_A(D)$ 对属性值较大的属性进行了惩罚，其定义如式（6-17）所示。显然，对于取值较多的属性（如 ID），尽管它的信息增益较大，但是由于其分裂信息熵也较大，因此其最终的增益率不一定很高。

$$\text{GainRatio}(A) = \frac{\text{Gain}(A)}{\text{SplitInfo}_A(D)} \qquad (6\text{-}16)$$

$$\text{SplitInfo}_A(D) = -\sum_{j=1}^{h} \frac{|D_j|}{|D|} \times \log_2\left(\frac{|D_j|}{|D|}\right) \qquad (6\text{-}17)$$

3．基尼指数

基尼指数用于度量数据集的不纯度（Impurity），即数据标签的不一致性。式（6-18）给

出了它的定义：

$$\text{Gini}(D) = 1 - \sum_{i=1}^{k} P_i^2 \qquad (6\text{-}18)$$

其中，$P_i = |D_i| / |D|$ 是 D 中数据属于每个类别 i 的概率。基尼指数的变化范围为 0 到 1。0 表示所有数据属于同一个类，1 表示所有数据属于不同的类。

6.4.3　例子：计算信息增益

图 6-4 给出了客户购买某品牌手机的数据集，其中目标列"买"表示客户是否购买过该品牌手机。

当计算属性"年龄"的信息增益时，年龄属性有青年、中年和老年 3 种取值。按"年龄"的取值划分数据集，可以获得 3 个子集，如图 6-5 所示。

编号	年龄	月收入/元	性别	信用评分	类别（买）
1	青年	7000	男	中	No
2	青年	6000	男	高	No
3	中年	10000	男	中	Yes
4	老年	4000	男	中	Yes
5	老年	4500	女	中	Yes
6	老年	3000	女	高	No
7	中年	7000	女	高	Yes
8	青年	4000	男	中	No
9	青年	5100	女	中	Yes
10	老年	6000	女	中	Yes
11	青年	2500	女	高	Yes
12	中年	9000	男	高	Yes
13	中年	11000	女	中	Yes
14	老年	4500	男	高	No

图 6-4　客户购买计算机数据集

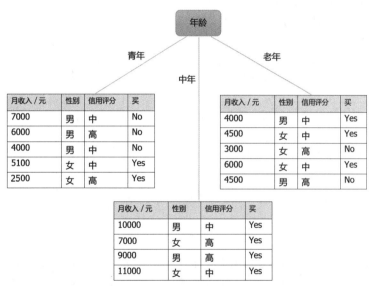

图 6-5　按"年龄"属性的取值划分数据集

$\text{Info}(D)$ 的计算如下：

$$\text{Info}(D) = -\frac{9}{14}\log_2\left(\frac{9}{14}\right) - \frac{5}{14}\log_2\left(\frac{5}{14}\right) \approx 0.940$$

$\text{Info}_{\text{年龄}}(D)$ 的计算如下：

$$\text{Info}_{\text{年龄}}(D) = \frac{5}{14}\left(-\frac{2}{5}\log_2\left(\frac{2}{5}\right) - \frac{3}{5}\log_2\left(\frac{3}{5}\right)\right) + \frac{4}{14}\left(-\frac{4}{4}\log_2\left(\frac{4}{4}\right)\right) +$$

$$\frac{5}{14}\left(-\frac{3}{5}\log_2\left(\frac{3}{5}\right) - \frac{2}{5}\log_2\left(\frac{2}{5}\right)\right) \approx 0.694$$

"年龄"属性的信息增益：

$$\text{Gain(年龄)} = \text{Info}(D) - \text{Info}_{年龄}(D) \approx 0.246$$

类似地，读者可以自行计算"月收入""性别""信用评分"属性的信息增益，它们分别为 0.159（划分点是 7000 元）、0.152 和 0.048。可见，"年龄"作为决策树根节点的属性测试条件最为合适。它将产生 3 个分支，即 3 个子节点，每个分支对应一个数据子集。其中，属性值为"中年"的分支对应的子节点上，它的数据子集的所有数据的标签都是"Yes"，已经无须再进一步分裂节点了，因此可以直接将该节点标记为叶子节点，其类别为节点中数据对象的标签。对于根节点的其他两个分支，可以迭代地通过计算信息增益，选择合适的属性测试条件对子节点进行进一步分裂，从而实现决策树的生长。

6.4.4 剪枝

在创建决策树时，由于存在数据中的噪声、离群点，树的一些分支是因为拟合噪声而产生的，也即发生了过拟合。剪枝（Tree Pruning）方法可以一定程度地解决过拟合问题。例如，图 6-6（a）是我们在前面的购买意愿数据集上产生的一棵未剪枝的决策树，尽管它的训练集只有 14 个数据对象，但是树的结构仍然比较复杂，有可能出现过拟合问题。我们对它剪枝后的树如图 6-6（b）所示。显然，经过剪枝后，树的深度和叶子节点数量均大幅减少，在数据集较少时，能较好地避免过拟合现象。

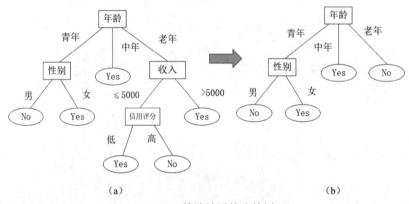

图 6-6　剪枝前后的决策树

决策树剪枝方法可以包括前剪枝和后剪枝。前剪枝是在决策树的构造过程中，对每个节点在划分前先检查节点是否满足分裂的条件（例如，节点上的数据对象数大于某阈值或者基尼指数大于某阈值），如果不满足，则停止划分当前节点，并标记为叶子节点。后剪枝是先训练一棵完整的决策树，再自底向上地对非叶子节点进行检查，如果将该节点的子树用叶子节点替换，能带来决策树泛化性能的提升，则用子树替换叶子节点。C4.5 决策树采用前剪枝策略，CART 决策树采用后剪枝策略。

CART 决策树，又称为分类回归树（Classification and Regression Tree）。其工作原理类似于 6.4.1 节的基本决策树构建算法。CART 树的主要特点如下所示。

（1）CART 产生的是一棵二叉树，即每个非叶子节点只有两个分支。对于数值属性，其分支方法与算法 6-2 中产生两个分支的方法一致；对于类别属性，两个分支是属性值集合的两个互不重叠的子集。

（2）CART 不但可以用于分类任务，还可以用于回归任务。本书没有讨论 CART 决策树中回归树的构建，仅在 6.9.2 节介绍了使用 CART 的回归树完成回归任务的例子。

6.4.5 基于 CART 决策树的分类

Scikit-learn 的 tree 模块提供了 DecisionTreeClassifier 类，可以轻松创建一个 CART 决策树模型，但该版本只能处理数值型的数据。它的基本语法如下。

```
DecisionTreeClassifier(criterion = 'gini', max_depth = None, min_samples_split = 2,
                       min_samples_leaf = 1, max_leaf_nodes = None,
                       class_weight = None, random_state = None)
```

它的主要参数如下。

（1）criterion：取值为'gini'或者'entropy'，表示用于划分节点的不纯度指标，默认是'gini'指标。

（2）max_depth：表示树的最大深度。默认值是 None（不设置）。

（3）min_samples_split：表示节点分裂时最少应该包括的数据对象数或比例。默认值为 2。

（4）min_samples_leaf：表示叶子节点中最少应该包含的数据对象数。默认值是 1。

（5）max_leaf_nodes：表示决策树最多拥有的叶子节点数。默认值是 None（不限制）。

（6）class_weight：允许给每个类设置训练时的权重，是一个词典或词典列表的数据结构，如{class_label: weight}。默认值为 None，即每个类的权重是 1。

（7）random_state：用于产生随机数时的随机种子（整数）。默认值是 None。

该类还包含以下几个用于模型训练和预测的函数。

（1）fit(X, y[, sample_weight …])：用于在数据集 X 及目标 y 上训练决策树。数据对象权重参数 sample_weight 是可选项，可以针对不平衡数据集，为训练数据对象分配不同的权重。

（2）predict(X)：用于预测数据集 X 的类别标签或回归值。

（3）predict_proba(X)：用于预测数据集 X 的类别，返回概率值。

（4）score(X, y)：用于计算在数据集 X 和目标 y 上的预测准确度。

代码 6-5 在 Universal Bank 数据集上验证了 CART 决策树的分类性能。我们创建了两个决策树模型：第一个 CART 决策树只使用默认参数（步骤 2），第二个决策树设置了 max_depth 参数为 10（步骤 3），并在训练时设置了数据对象权重参数 sample_weight。

代码 6-5　使用 CART 决策树在 Universal Bank 数据集上分类

```
import pandas as pd
import numpy as np
from sklearn.model_selection import train_test_split
from sklearn.tree import DecisionTreeClassifier
np.random.seed(10)

#1. 建立数据集
df = pd.read_csv('UniversalBank.csv')
y = df['Personal Loan']
X = df.drop(['ID', 'ZIP Code', 'Personal Loan'], axis = 1)
X_train, X_test, y_train, y_test = train_test_split(X, y, test_size = 0.3, random_
state = 0)

#2. 使用默认参数训练 CART 模型
model1 = DecisionTreeClassifier()
model2 = model1.fit(X_train, y_train)
acc1 = model1.score(X_test, y_test)
```

```
print('默认参数的 CART 决策树的准确度: \n', acc1)

#3. 设置 sample_weight 参数后训练 CART 模型
sample_weight = np.ones((y_train.shape[0],))
sample_weight[y_train == 1] = np.ceil(sum(y_train == 0) / sum(y_train == 1))

model2 = DecisionTreeClassifier(max_depth = 10)        #设置模型的 max_depth 参数
model2 = model2.fit(X_train, y_train, sample_weight)
acc2 = model2.score(X_test, y_test)
print('设置参数后的 CART 决策树的准确度: \n', acc2)

#4. 可视化决策树
from sklearn.tree import export_graphviz
import graphviz
dot_data = export_graphviz(model2, out_file = None,
                           feature_names = X.columns,
                           class_names = ["0","1"],
                           filled = True)              #指定是否为节点上色
graph = graphviz.Source(dot_data)
graph.render(r'wine')
graph.view()
```

上面代码运行后的结果如下。

默认参数的 CART 决策树的准确度: 0.979
设置参数后的 CART 决策树的准确度: 0.985

在第二个 CART 模型中，由于 Universal Bank 数据集存在不平衡情况，我们对训练数据对象设置了不同的权重，将正类数据对象（类别为 1）的权重之和设置为与负类数据对象（类别为 0）的权重之和大致相等。这样，正类数据对象由于数量较少而获得更大的权重，在模型训练时更加被重视。有关数据的类不平衡问题将在 7.5 节做更深入的讨论。

上述代码的步骤 4 将第二个决策树使用 Graphviz 包进行了可视化，图 6-7 显示了生成的决策树的形状。可见，通过设置 CART 决策树的 max_depth 参数，我们将决策树的深度限制为 10 层，一定程度上避免了模型的过拟合，提供了其准确度。

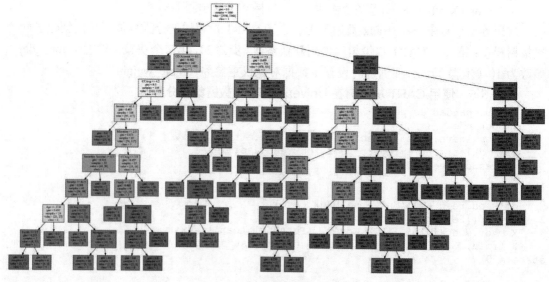

图 6-7　生成的决策树的形状

Graphviz 是一个可以将决策树可视化的工具包。在安装前，读者需要先到其官网下载

graphviz.msi 离线安装包，接着安装并配置环境变量，然后在 Anaconda 命令行终端使用命令 pip install graphviz 安装该包。有关具体安装步骤，读者可以自行查阅资料。

6.4.6　进一步讨论

使用决策树时，我们有如下一些建议。

（1）当训练集中的特征数目很多时，决策树容易发生过拟合。此时，增加数据对象的数量是一个抑制过拟合的有效方法。通过特征选择进行降维是另一个可行的方法。

（2）当训练集的规模不大，但训练的树很大，可能出现了过拟合时，可以在训练时采用 max_depth 参数来控制树的深度，可以有效地抑制过拟合。

（3）训练决策树模型之前，如果数据集存在类不平衡问题，应该对数据集进行处理（如过抽样、欠抽样）使之类别平衡，否则，决策树会被多数类显著影响。也可以设置数据对象权重参数 sample_weight，通过规范化将每个类数据对象权重和达到一致（如代码 6-5 中的第二个 CART 模型）。

6.5　人工神经网络

人工神经网络（Artificial Neural Network，ANN）是一种模仿动物大脑的神经元网络行为特征，进行分布式并行信息处理的数学模型。其模型结构大体可以分为前馈型网络（也称为多层感知机网络）和反馈型网络（也称为 Hopfield 网络）。本书只介绍经典的前馈型网络——BP 神经网络的基本原理和实现方法。

6.5.1　人工神经网络简介

人工神经网络最初起源于试图发现人脑进行信息处理方式的研究。1958 年美国麻省理工学院的 Frank Rosenblatt 教授提出了感知机（Perceptron）网络，也称为单层神经网络。它是一个典型二分类模型，如图 6-8 所示。

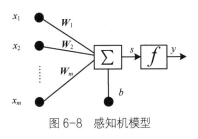

图 6-8　感知机模型

感知机的输入是向量 $\boldsymbol{x} = (x_1, \cdots, x_m)^{\mathrm{T}}$，输出是一个二值目标 y（0 和 1，或者 -1 和 1）的值。它的工作原理可以用式（6-19）和式（6-20）表示：

$$s = \sum_{i=0}^{m} \boldsymbol{W}_i x_i + b \tag{6-19}$$

$$y = f(s) \tag{6-20}$$

其中，b 为偏置；f 是激活函数（Activation Function），可以定义为

$$f(s) = \begin{cases} 1, & s > 0 \\ 0, & \text{其他} \end{cases} \tag{6-21}$$

或

$$f(s) = \begin{cases} 1, & s > 0 \\ -1, & \text{其他} \end{cases} \tag{6-22}$$

Minsky 和 Papert 在 1969 年的一篇论文中指出感知机的重大缺陷：它只能解决线性可分问题，不能解决异或问题。如图 6-9 所示，4 个点按照颜色分别属于不同的两类。感知机不可能找到一条直线的决策边界，将这 4 个点分成两类。随后，神经网络的研究陷入了停滞状态。到 1975 年，随着多层感知机网络的诞生和反向传播（BP）算法的发明，神经网络的研究又迎来了一个高峰。

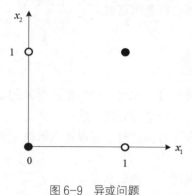

图 6-9 异或问题

多层感知机其实就是在网络中加入隐层，如图 6-10（a）所示。输入层的数据先被送到隐层神经元进行计算，隐层的输出又作为下一层（另外一个隐层或者输出层）的输入。我们以异或问题为例来解释为何多层感知机具有更好的性能。对于图 6-10（a）所示的网络，设置隐层的权重 $W_1 = \begin{bmatrix} 1 & 1 \\ 1 & 1 \end{bmatrix}$，隐层神经元的偏置为 $b_1 = \begin{bmatrix} 0 \\ -1 \end{bmatrix}$，输出层的权重 $W_2 = \begin{bmatrix} 1 \\ -2 \end{bmatrix}$，输出层的偏置为 $b_2 = 0$，隐层的激活函数采用 ReLU 激活函数（$\text{relu}(x) = \max\{x, 0\}$），输出层采用式（6-21）所示的函数。考虑图 6-9 中的数据集 $X = \{(0,0), (1,0), (0,1), (1,1)\}$，多层感知机模型是否能将 4 个点正确分类？我们注意到，数据输入隐层后，隐层的输出为 $h = \max\{0, W_1^T x + c\}$，它实际输出的值是 $\{(0,0),(0,1),(0,1),(2,1)\}$，这相当于获得了数据集的新的表示（隐层对数据进行了非线性变换），

感知机的异或问题

它们在二维平面中的位置如图 6-10（b）所示。显然，新的数据表示对输出层的感知机而言，可以找到一个决策面将两类数据近乎完美地分开。

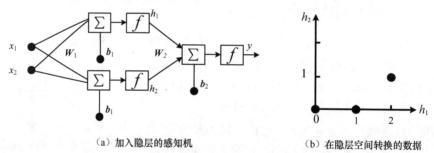

（a）加入隐层的感知机　　　　　　　（b）在隐层空间转换的数据

图 6-10 多层感知机模型

从这个例子可以看到，感知机网络中加入了隐层后将数据进行了非线性变换，极大地提升了其分类能力。这也是目前几乎所有的神经网络模型都具有多层结构的原因。

6.5.2 BP 神经网络

当多层感知机的隐层增加时，训练网络的目标函数是一个非凸（Non-Convex）的函数，为此，提出了反向传播（BP）的方法训练网络，它基于梯度下降的思想迭代地对网络的权重和偏置参数进行训练，我们也把采用 BP 算法训练的多层感知机网络称为"BP 神经网络"。

通常，BP 神经网络是浅层网络，它们通常只有有限个隐层（这与 BP 训练算法在层数较多时存在的梯度发散问题有关），它的每一层有若干神经元，层和层之间的神经元通过带权重的边相连。尽管目前提出了层数更多、结构更复杂的深度学习模型，例如，受限玻耳兹曼机

（Restricted Boltzmann Machine，RMB）、卷积神经网络（Convolutional Neural Network，CNN），但 BP 神经网络仍然是目前应用最广泛的神经网络模型之一。

1. 神经元

BP 神经网络基本的处理单元之一是神经元，它的结构和图 6-8 的感知机结构类似。神经元的输入通常是一个向量，向量的每个值通过一条有权重的边和神经元相连，进行加权求和运算。一个神经元具有一个偏置 b。神经元对输入进行加权求和，其净输入 s 为

$$s = W_1 x_1 + \cdots + W_m x_m + b \tag{6-23}$$

写成矩阵形式为

$$s = Wx + b \tag{6-24}$$

经过激活函数 f 的处理，神经元的输出为

$$y = f(Wx + b) \tag{6-25}$$

2. 网络结构

通常，单个神经元并不能满足实际应用需求。在实际应用中需要并行地使用多个神经元，这些并行神经元组成网络中的一层，如图 6-11 所示。层是由 z 个神经元组成的单层网络结构。输入向量有 m 个值，每一个值均与每个神经元相连，因此，权重 W 是 m 行 z 列的矩阵。

单层多神经元的网络输出仍然可以写为式（6-25）的形式。

如果把多个图 6-11 所示的单层网络串联起来，前一层的输出向量作为后一层的输入向量，就形成了图 6-12 所示的多层神经网络。每层都有自己的权重矩阵 W、偏置向量 b、净输入向量 x 和一个输出向量 y。

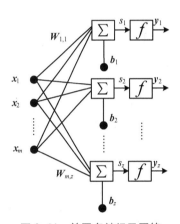

图 6-11　单层多神经元网络

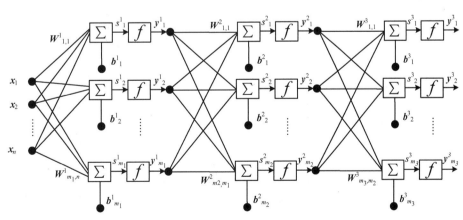

图 6-12　3 层 BP 神经网络

在图 6-12 中，第一层有 n 个输入，m_1 个神经元，第二层有 m_2 个神经元，第三层有 m_3

个神经元。第一层和第二层的输出分别是第二层和第三层的输入。其中，前两层是神经网络的隐层，最后一层是输出层。

3．激活函数

激活函数也称为活化函数、传输函数。激活函数 $f(x)$ 可以是输入的线性函数或非线性函数。下面介绍几个常用的激活函数。

（1）ReLU 函数。ReLU（Rectified Linear Unit，线性整流单元）函数是目前人工神经网络、深度网络的隐层常用的函数。其数学表达式为 $f(x) = \max(x,0)$。即如果输入 x 大于 0，则函数输出 x 的原值，否则输出 0。其函数形式如图 6-13 所示。

（2）sigmoid 函数。sigmoid 函数又称为对数 S 形激活函数或 log-sigmoid 函数。它的输入在 $(-\infty, +\infty)$，输出则在 $(0, 1)$。其数学表达式为 $f(x) = \dfrac{1}{1+e^{-x}}$，函数形式如图 6-14 所示。

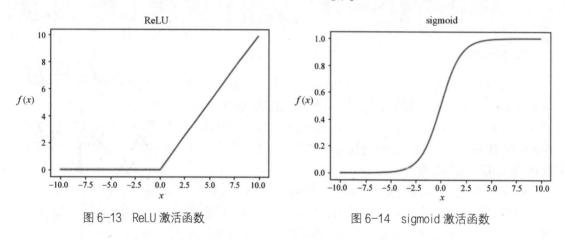

图 6-13　ReLU 激活函数　　　　　　图 6-14　sigmoid 激活函数

由于 sigmoid 函数是可微的，所以常用在网络的隐层。

（3）tanh 函数。tanh 激活函数也是一种 S 形激活函数，其数学表达式为 $f(x) = \tanh(x) = \dfrac{e^{x} - e^{-x}}{e^{x} + e^{-x}}$，函数形式如图 6-15 所示。

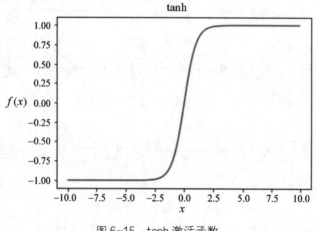

图 6-15　tanh 激活函数

tanh 函数也是可微的，也常用在网络的隐层。

（4）softmax 函数。softmax 函数又称为"归一化指数函数"，它将一个任意实数值的 m 维向量 z 归一化到一个实数值在[0,1]的 m 维向量，即 $\sigma(z)$，并满足向量的元素和为 1。其数学表达式为

$$\sigma(z)_j = \frac{e^{z_j}}{\sum_{k=1}^{m} e^{z_k}} \tag{6-26}$$

softmax 函数具有良好的数学性质，通常用在多分类模型的输出层。

（5）线性激活函数。线性激活函数的输出和输入向量呈线性关系，即 $f(x) = c \cdot x$，c 是一个常数。它的输出值是任意的连续值，因此常用在 BP 神经网络的输出层。

4．反向传播算法

Paul Werbos 在他 1974 年的论文中提出一个训练多层前馈神经网络的新算法，称为反向传播算法。它通过神经元输出误差的梯度，反向修正该神经元对应的权重和偏置参数。本书不讨论反向传播算法的细节，感兴趣的同学可以参考相关论文。

6.5.3　基于 BP 神经网络的分类

Scikit-learn 的 neural_network 模块可用于实现 BP 神经网络。当进行分类任务时，可以使用类 MLPClassifier 创建一个 BP 神经网络模型，它的基本语法为

```
MLPClassifier(hidden_layer_sizes = 100, activation = 'relu', solver = 'adam',
              learning_rate = 'constant', learning_rate_init = 0.001,
              batch_size = 'auto', max_iter = 200 )
```

它的主要参数如下。

（1）hidden_layer_sizes：用于设置 BP 神经网络隐层的神经元数，如果有多个隐层，则用元组表示。例如：hidden_layer_sizes=(100, 10)表示建立两个隐层，第一个隐层的神经元数是 100，第二个隐层的神经元数是 10。

（2）activation：用于设置隐层的激活函数。有 4 种可选的激活函数：'identity'、'logistic'、'tanh'、'relu'。其中，indentity 表示线性激活函数，logistic 表示 sigmoid 激活函数，tanh 和 relu 表示 6.4 节介绍的激活函数。默认隐层采用'relu'激活函数。

（3）solver：用于设置 BP 神经网络训练时所采用的优化算法。有 3 种算法可选：'lbfgs'、'sgd'、'adam'。其中，sgd 表示随机梯度下降算法，adam 表示改进的随机梯度下降算法，lbfgs 表示一种拟牛顿优化算法。具体算法的讨论超出了本书的范围，感兴趣的读者可以查阅相关文献。当数据集比较大时建议使用 adam 算法，当数据集比较小时 lbfgs 算法收敛得更快，性能更好。adam 是默认算法。

（4）learning_rate：用于设置优化方法的学习速率，只有当 solver='sdg'时可用，可选值包括'constant'、'invscaling'、'adaptive'。默认是'constant'，表示采用 learning_rate_init 设置的恒定学习速率。

（5）learning_rate_init：用于设置优化算法的初始学习速率，默认值是 0.001，只当 solver 是'sdg'和'adam'时有效。如果设置学习速率较大，模型训练的时间短，但有可能不收敛；反之，小的学习速率训练模型的时间会比较长，但比较稳健。

（6）batch_size：用于设置每批次用于训练的数据量，默认为 auto。

（7）max_iter：用于设置网络的优化过程的最大迭代次数。

该类的几个主要函数如下。

（1）fit(X, y)：用于在数据集 X 和目标 y 上训练神经网络模型。

（2）predict(X)：用于预测数据集 X 的类别标签。

（3）predict_proba(X)：用于预测数据集 X 的类别，返回预测概率。

（4）score(X, y)：用于在数据集 X 和目标 y 计算模型的准确度。

在训练神经网络模型时，需要注意以下几点。

（1）不需要设置神经网络的输入层和输出层的神经元数量，模型会自动根据训练集数据对象的特征数目和目标的类别数设置输入层和输出层神经元数量。

（2）神经网络只能处理数值型数据。如果数据集包含类别特征，需要转换成数值型。

（3）设计网络的隐层时，建议不要超出两个隐层，否则可能会导致模型不能有效训练，这也是浅层神经网络的弱点。如果需要更多的隐层，可以学习深度学习的知识。

本节使用 BP 神经网络在 Universal Bank 数据集完成分类任务。具体细节见代码 6-6。

代码 6-6　使用 BP 神经网络在 Universal Bank 数据集上分类

```python
import pandas as pd
import numpy as np
from sklearn.model_selection import train_test_split
from  sklearn.neural_network import MLPClassifier

df = pd.read_csv('UniversalBank.csv')
y = df['Personal Loan']
X = df.drop(['ID', 'ZIP Code', 'Personal Loan'], axis = 1)
X_train, X_test, y_train, y_test = train_test_split(X, y, test_size = 0.3, random_state = 0)

#构建BP神经网络模型
model = MLPClassifier(hidden_layer_sizes = (1000, 10), activation = 'logistic', verbose = 1)
model.fit(X_train, y_train)
acc = model.score(X_test, y_test)
print('BP神经网络的准确度：%s'%acc)
```

上面的例子中，多层感知机有两个隐层：第一个隐层有 1000 个神经元；第二个隐层有 10 个神经元。程序运行结果如下。可以看见在训练了 192 轮后停止了模型训练。

```
Iteration 1, loss = 0.35956451
Iteration 2, loss = 0.33154097
…
Iteration 191, loss = 0.06943072
Iteration 192, loss = 0.06710193
BP神经网络的准确度：0.977
```

BP 神经网络模型在测试集上获得了 97.7%的准确度。另外，由于我们设置了 verbose 参数等于 1，训练过程的细节将显示出来。

6.6　支持向量机

支持向量机（Support Vector Machine，SVM）是一种重要的基于核方法的机器学习模型，被广泛应用在分类、回归等数据挖掘问题中。在介绍支持向量机之前，我们先介绍与之相关的几个基本概念。

（1）特征映射（Feature Mapping）：一个映射函数 Φ（通常是非线性函数）对输入的特征向量进行变换，将其投影到其他空间，获得新的特征向量，这个过程称为特征映射。

（2）特征空间（Feature Space）：就是常说的向量空间（Vector Space）。在 SVM 的术语里，输入向量经过特征映射后得到的向量称为特征向量。

（3）核或核函数：它是一种特殊的函数，用于诱导出特征映射函数。设输入空间中两个向量的内积用 $\langle x, x' \rangle$ 表示，它们映射到特征空间中的向量表示假设为 $\Phi(x)$ 和 $\Phi(x')$，核函数 $k(x, x')$ 是满足 $\langle \Phi(x), \Phi(x') \rangle = \langle x, x' \rangle$ 的一类特殊函数，即输入向量的内积与它们在核函数诱导特征空间中的向量的内积相等。SVM 正是利用了核函数的特点在特征空间中训练分类器。常见的核函数包括径向基核函数、多项式核函数、S 形核函数等。

6.6.1 支持向量机的原理

1. 支持向量机

支持向量机由 Vápník 等在 1995 年提出。它是在统计学习理论基础上发展出的一种新的机器学习模型。SVM 旨在解决小样本情况下的分类问题，通常在训练数据相对较少的情况下和文本分类问题中有明显的优势。

SVM 本质上是二分类模型。理论上，对于线性可分的一个二分类问题，存在大量可能的线性决策函数（或决策超平面）。图 6-16 给出了二维空间中的一个例子。直观上看，处于中间空白处的决策超平面比那些靠近某个类的决策超平面更好。SVM 在训练时就是寻找一个能够完美划分不同类别，且离数据点最远的决策超平面。从决策超平面到最近数据点的距离和称为"分类间隔"（Margin）。我们把与决策超平面平行且与两个类别的数据对象相切的两个辅助超平面称为"决策边界"。显然，分类间隔就是两个辅助超平面之间的距离。同时，我们把位于辅助超平面上

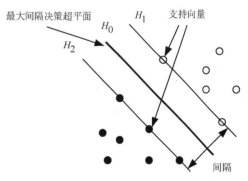

图 6-16 分类器的决策超平面及间隔

的少量数据称为"支持向量"（Support Vector），它们决定了间隔的大小。支持向量机的目标就是寻找使得分类间隔最大的决策超平面。

最大化分类间隔看上去很合理。假设分类间隔小到为 0，此时在决策超平面上的点代表了不确定的分类决策，分类器做出正确决策的概率是 50%。而分类间隔越大，分类器做出正确决策的概率就越高。

支持向量机的决策超平面可以定义为 $\boldsymbol{\omega}^{\mathrm{T}} x + b = 0$。其中，权重 $\boldsymbol{\omega}$ 代表了决策超平面的方向，也称法向量；b 为截距。在图 6-16 中，决策超平面用 H_0 表示。

假定训练集为 $D = \{(x_1, y_n), \cdots, (x_n, y_n)\}$，其中，$x_i$ 是第 i 个数据对象，$y_i \in \{+1, -1\}$ 是类别标签。支持向量机的决策函数，即 SVM 线性分类器，可以表示成

$$f(x) = \mathrm{sign}(\boldsymbol{\omega}^{\mathrm{T}} x + b)$$

$$\mathrm{sign}(z) = \begin{cases} +1, & z > 0 \\ -1, & \text{其他} \end{cases} \tag{6-27}$$

实际上，支持向量机的两条辅助决策超平面也可以表示出来，分别为 $\boldsymbol{\omega}^{\mathrm{T}} x + b = 1$ 和

$\boldsymbol{\omega}^{\mathrm{T}}\boldsymbol{x}+b=-1$，即图 6-16 中的 H_1 和 H_2。支持向量机分类器的训练实际就是在训练集上求解满足最大间隔条件的权重 $\boldsymbol{\omega}$ 和截距 b。

一个数据对象 $\boldsymbol{x}$ 到决策超平面的距离记为 r，并且在超平面的投影点为 $\boldsymbol{x'}$，如图 6-17 所示。由于 $\boldsymbol{x}$ 和 $\boldsymbol{x'}$ 构成的连线平行于法向量 $\boldsymbol{\omega}$，容易计算 $\boldsymbol{x'}$ 在超平面上的位置为 $\boldsymbol{x'} = \boldsymbol{x} - y\dfrac{r\boldsymbol{\omega}}{|\boldsymbol{\omega}|}$，其中，$y$ 是数据对象的类别标签。将 $\boldsymbol{x'}$ 代入决策超平面的公式，得到 $\boldsymbol{\omega}^{\mathrm{T}}\left(\boldsymbol{x} - yr\dfrac{\boldsymbol{\omega}}{|\boldsymbol{\omega}|}\right) + b = 0$，整理后可得 $\boldsymbol{x}$ 与超平面的距离为 $r = y\dfrac{\boldsymbol{\omega}^{\mathrm{T}}\boldsymbol{x}+b}{|\boldsymbol{\omega}|}$。

前面提到，支持向量机就是寻找这样一个决策超平面，它可以使得两个类之间的分类间隔最大化，如图 6-17 所示。间隔最大化，如图 6-17 所示。其工作原理是：支持向量机在对数据对象 $(\boldsymbol{x}_i, y_i)$ 分类时，要求它们位于两条辅助超平面之外，也即满足 $y_i(\boldsymbol{\omega}^{\mathrm{T}}\boldsymbol{x}_i + b) \geqslant 1$，并且辅助超平面之间的距离应该尽可能最大化。我们把该距离称为"分类间隔"，并且，利用支持向量的特点，容易计算分类间隔的值为 $\rho = 2r = 2/|\boldsymbol{\omega}|$。因此，支持向量机的优化目标就是寻找 $\boldsymbol{\omega}$ 和 b 实现分类间隔 ρ 最大化。通常，我们用最小化 $\dfrac{\boldsymbol{\omega}^{\mathrm{T}}\boldsymbol{\omega}}{2}$ 的形式描述其数学优化问题，如下：

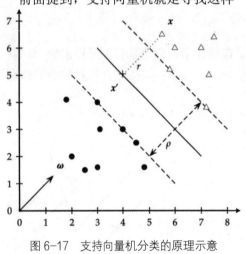

图 6-17　支持向量机分类的原理示意

$$\min_{\boldsymbol{\omega},b} \frac{\boldsymbol{\omega}^{\mathrm{T}}\boldsymbol{\omega}}{2}$$

$$\text{s.t. } y_i(\boldsymbol{\omega}^{\mathrm{T}}\boldsymbol{x}_i + b) \geqslant 1, \text{ for } \forall i \qquad (6\text{-}28)$$

上述函数中的约束条件是保证训练集中每一个数据对象都能被正确分类。这样的支持向量机模型也称为"硬间隔支持向量机"。它的优化问题是典型的线性约束条件下的二次优化。通常，将其转换为对偶问题进行求解。引入拉格朗日因子 α_i，对偶问题的优化目标为

$$\max_{\alpha} \sum_i \alpha_i - \frac{1}{2}\sum_i\sum_j \alpha_i \alpha_j y_i y_j \boldsymbol{x}_i^{\mathrm{T}}\boldsymbol{x}_j \qquad (6\text{-}29)$$

$$\text{s.t. } \alpha_i \geqslant 0$$

可以理解为，为每一条训练数据 $\boldsymbol{x}_i, y_i$ 计算一个拉格朗日因子 α_i。最后的优化结果，除去支持向量对应的 α_i 是大于 0 外，其他数据（大部分数据）对应的拉格朗日因子 α 均等于 0。支持向量机用于决策时的分类函数为：

$$f(\boldsymbol{x'}) = \text{sign}\left(\sum_i \alpha_i y_i \boldsymbol{x}_i^{\mathrm{T}}\boldsymbol{x'} + b\right) \qquad (6\text{-}30)$$

这里，$\boldsymbol{x'}$ 为测试数据对象。公式表明：支持向量机对 $\boldsymbol{x'}$ 进行分类时，只由支持向量（α_i 不为 0）参与决策。

2．软间隔支持向量机

多数情况下数据集的类别不是线性可分的，而且即使是线性可分的，在构建决策超平面时也会优先考虑将大部分数据分开而忽略一些噪声的方案。也就是说，在寻找最优决策超平面时，适当容许一些数据对象一定程度地被错误分类，即容许少量异常点或噪声点出现在分类间隔区域或决策边界错误的一方。但需要根据每个错分的数据对象给予一定的惩罚。这样做能在保证分类间隔最大的同时，避免过拟合问题的出现。如图 6-18 所示，数据对象 x_i 和 x_j 被错误分类。

为实现这一目的，支持向量机引入松弛变量 ξ_i。一个非零的 ξ_i 表示容许 x_i 位于分类间隔内或者决策超平面错误的一方，并对其施加的惩罚量，该值与对象 x_i 偏离的自身所属的辅助边界的距离有关。如图 6-18 所示，x_i 偏离自身所在类别的辅助边界 H_2 距离为 ξ_i。我们把引入松弛变量的支持向量机称为"软间隔支持向量机"，或者 C-SVM。

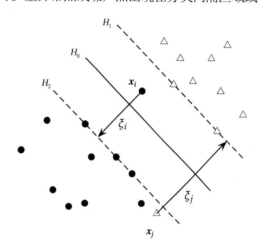

图 6-18　软间隔支持向量机的原理示意

这样，软间隔支持向量机的优化问题为

$$\min_{\boldsymbol{\omega},b,\xi}\frac{\boldsymbol{\omega}^{\mathrm{T}}\boldsymbol{\omega}}{2}+C\sum_i\xi_i$$

$$\text{s.t.}\ \ y_i(\boldsymbol{\omega}^{\mathrm{T}}\boldsymbol{x}_i+b)\geqslant 1-\xi_i \quad \text{for}\ \ \forall i \tag{6-31}$$

其中，参数 C 是正则化因子，可以通过它来控制对错分数据对象的惩罚程度。如果 C 变大，将对错分数据对象施加更严厉的惩罚，因此模型会通过调整决策超平面的位置，减少被错分的情况，当然代价是分类间隔可能变小，模型的泛化能力可能降低。如果 C 变小，允许较多的数据对象被错分，相应的分类间隔也比较大，适用于噪声数据比较多的情况。

3．ν-SVC

还有一种支持向量机称为"nu-支持向量机"，简写为 ν-SVC。该模型使用了一个新的参数 $\nu\in(0,1]$ 以控制支持向量的数量。该模型的优化目标函数：

$$\min_{\boldsymbol{\omega},b,\rho,\xi}\frac{\boldsymbol{\omega}^{\mathrm{T}}\boldsymbol{\omega}}{2}-\nu\cdot\rho+\frac{1}{n}\sum_{i=1}^{n}\xi_i$$

$$\text{s.t.}\ \ y_i(\boldsymbol{\omega}^{\mathrm{T}}\boldsymbol{x}_i+b)\geqslant\rho-\xi_i \quad \text{for}\ \ \forall i$$

$$\xi_i\geqslant 0,\rho\geqslant 0 \tag{6-32}$$

其中，超参数 ν 控制支持向量的数量和间隔错误（Margin Error）。间隔错误是落入间隔内，甚至落入对面类别的数据对象数。超参数 ν 是间隔错误与数据对象总数百分比的上界，也是支持向量数目和数据对象总数百分比的下界。如果设置 $\nu=0.05$，则意味着最多只能有 5%的数据对象被错分，至少有 5%的训练数据对象是支持向量的。ν 值越大间隔将越大；ν 值太小则意味着有过拟合的可能。

4．非线性支持向量机

上述介绍的支持向量机均是线性模型，因为它针对的数据是线性可分的情况。如果想建立非线性的支持向量机分类器，需要使用核函数将原始数据映射到一个高维空间中，实现线性可分。图 6-19 给出了一个向高维空间映射的例子。在图 6-19（a）所示的低维空间中，不能找到一个线性决策超平面将两类数据完美分开，但是当将原始空间的数据，经过映射函数 ϕ 转换到高维空间后，就很容易找到一个"完美"的决策超平面实现线性分类。

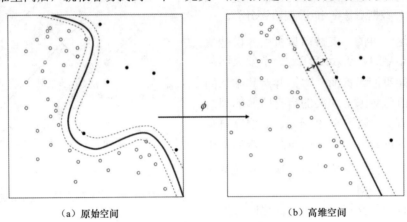

（a）原始空间　　　　　　　　　　　　（b）高维空间

图 6-19　将数据映射到高维空间进行分类

根据此原理，我们在高维的特征空间中用式（6-28）训练支持向量机。因此，对于原始空间中的数据，非线性支持向量机的优化问题为

$$\max_{\alpha} \sum \alpha_i - \frac{1}{2}\sum_i\sum_j \alpha_i\alpha_j y_i y_j \phi(\boldsymbol{x}_i)^{\mathrm{T}}\phi(\boldsymbol{x}_j) \qquad (6\text{-}33)$$

$$\text{s.t.}\quad \alpha_i \geqslant 0$$

虽然映射函数 ϕ 和映射后的高维数据我们无法显式表示，但是，映射函数是由核函数诱导的。利用核函数 $K(\boldsymbol{x}_i,\boldsymbol{x}) = \langle \phi(\boldsymbol{x}_i),\phi(\boldsymbol{x}) \rangle$，我们仍然可以方便地对非线性支持向量机的模型进行求解。

在求解出拉格朗日因子 α_i 后，非线性支持向量机的决策函数为

$$f(\boldsymbol{x}) = \text{sign}\left(\sum_i \alpha_i y_i K(\boldsymbol{x}_i,\boldsymbol{x}) + b\right) \qquad (6\text{-}34)$$

最常用的核函数是多项式核函数（Polynominal Kernel）、径向基核函数（Radial Basis Kernel）和 S 形核函数（Sigmoid Kernel）。

其中，多项式核函数如式（6-35）所示，c、γ 和 d 是调节参数：

$$K(\boldsymbol{x},\boldsymbol{z}) = (c + \gamma \boldsymbol{x}^{\mathrm{T}}\boldsymbol{z})^d \qquad (6\text{-}35)$$

径向基核函数如式（6-36）所示，γ 是其核参数。

$$K(\boldsymbol{x},\boldsymbol{z}) = \exp(-\gamma\,|\,\boldsymbol{x}-\boldsymbol{z}\,|^2),\gamma > 0 \qquad (6\text{-}36)$$

S 形核函数如式（6-37）所示，γ 是其核参数。

$$K(\boldsymbol{x},\boldsymbol{z}) = \tanh(\gamma\boldsymbol{x}^{\mathrm{T}}\boldsymbol{z} + c) \qquad (6\text{-}37)$$

6.6.2　支持向量分类的 Python 实现

Scikit-learn 的 SVM 模块提供了 3 个类实现支持向量模型，包括 SVC、NuSVC 和 LinearSVC。下面对其中常用的两个类（SVC 和 NuSVC）进行介绍。

1. SVC 类

SVC 是 C-SVC 的实现，其基本语法：
```
SVC(C = 1.0, kernel = 'rbf', degree = 3, gamma = 'scale',
        class_weight = None, decision_function_shape = 'ovr')
```
它的主要参数如下。

（1）C：是 C-SVC 中的正则化因子 C，是 SVM 的主要参数之一。

（2）kernel：设置用于训练的核函数，包括'linear'、'poly'、'rbf'、'sigmoid'、'precomputed' 5 种，默认是径向基核函数'rbf'。

（3）gamma：是核函数中的参数（对于'poly'、'rbf'、'sigmoid'这 3 种核函数适用）。可以设置用户指定的浮点数值，或者'scale'和'auto'，默认是'auto'。

（4）class_weight：用于设置不同类别的权重。可以是一个字典型的值或者'balanced'。

（5）decision_function_shape：表示模型如何实现多分类，可以取值为'ovo'（一对一）或'ovr'（一对多），默认是' ovr'。

该类实现了一些用于模型训练和预测的函数，包括 fit()、predict()、score()等，它们的作用和使用方法与前面介绍的 DecisionTree 类和 MLPClassifier 类类似，在此不再赘述。

2. NuSVC 类

NuSVC 是 v -SVC 的实现，其基本语法：
```
NuSVC(nu = 0.5, kernel = 'rbf', degree = 3, gamma = 'scale',
        class_weight = None, decision_function_shape = 'ovr')
```
除了 nu 参数是一个(0, 1]范围的浮点数以外，它的主要参数和 SVC 类一致。

下面的代码 6-7 中，我们演示了使用 SVC 类和 NuSVC 类在 Universal Bank 数据集上实现分类任务。

代码 6-7　使用支持向量机在 Universal Bank 数据集上分类
```
import pandas as pd
import numpy as np
from sklearn.model_selection import train_test_split
from sklearn.pipeline import make_pipeline
from sklearn.preprocessing import StandardScaler
from sklearn.svm import SVC, NuSVC

df = pd.read_csv('UniversalBank.csv')
y = df['Personal Loan']

X = df.drop(['ID', 'ZIP Code', 'Personal Loan'], axis = 1)
X_train, X_test, y_train, y_test = train_test_split(X, y, test_size=0.3, random_state = 0)

# 1. 在规范化数据集上训练 SVC 模型
model = make_pipeline(StandardScaler(), SVC(gamma = 'auto', C=3, class_weight={0:1,1:2}))
model.fit(X_train, y_train)
```

```
acc = model.score(X_test,y_test)
print('在规范化数据集上训练 SVC 模型的准确度: \n', acc)

# 2. 在未规范化数据集上训练 SVC 模型
model = SVC(gamma = 'auto', C = 3)
model.fit(X_train, y_train)
acc = model.score(X_test, y_test)
print('在未规范化数据集上训练 SVC 模型的准确度: \n', acc)

# 3. 在规范化数据集上训练 Nu-SVC 模型
model = make_pipeline(StandardScaler(), NuSVC(gamma = 'auto', nu = 0.07,
                      class_weight = 'balanced'))
model.fit(X_train, y_train)
acc = model.score(X_test, y_test)
print('在规范化数据集上训练 Nu-SVC 模型的准确度: \n', acc)
```

在上面的代码中，我们使用 make_pipeline()函数将规范化操作和创建支持向量分类器集成到一个流水线（Pipeline）。这样，使用该流水线可以在规范化数据集后，直接建立分类器模型。4.3.1 节介绍的 StandardScaler 类可实现数据规范化。代码块步骤 1 和步骤 2 对比了使用 C-SVC 分别在规范化和未规范化数据集上的分类准确度。代码的运行结果如下，可以看出 SVC 模型在规范化的数据集上有更高的准确度。

```
在规范化数据集上训练 SVC 模型的准确度: 0.9793333333333333
在未规范化数据集上训练 SVC 模型的准确度: 0.9226666666666666
在规范化数据集上训练 Nu-SVC 模型的准确度: 0.982
```

在创建 SVC 分类器时，我们还设置了参数 class_weight={0:1, 1:2}，表示给类别 0 分配权重 1，给类别 1 分配权重 2，以适应数据集的类别不平衡情况。代码块步骤 3 在创建 NuSVC 分类器时通过设置权重 class_weight = 'balanced'让程序自己处理类不平衡问题。此处只是用来演示 class_weight 参数的使用，读者可以自己验证各种参数设置给模型性能带来的变化。

6.7 模型的性能评价

本节介绍模型性能评价的基本原理，包括评价指标和评估方法。

6.7.1 分类模型的评价指标

针对分类模型，常用的性能评价指标包括：accuracy（准确度）、precision（精确率或查准率）、recall（召回率或查全率）、F_1 和 F_β。下面以二分类问题为例进行讨论，即数据集中的类别标签只有两类（正例为 Yes 和反例为 No）。每个数据对要么属于正例，要么属于反例，此时，数据对象被模型分类后的情况有以下 4 种。

（1）真正例（True Positive，TP）：正例数据对象被分类器识别为正例。

（2）真负例（True Negative，TN）：反例数据对象被分类器识别为反例。

（3）假正例（False Positive，FP）：反例数据对象被分类器识别为正例。

（4）假负例（False Negative，FN）：正例数据对象被分类器识别为反例。

采用表 6-1 所示的混淆矩阵可以详细描述模型的分类能力。

分类模型的准确度定义为，测试集中被模型正确分类的数据占总数据的百分比：

$$\text{accuracy} = \frac{TP + TN}{TP + TN + FP + FN} \tag{6-38}$$

真实类别	模型预测的类别		
	Yes	No	Total
Yes	TP	FN	P
No	FP	TN	N
Total	P'	N'	P+N（或 P'+N'）

表 6-1　用混淆矩阵表示的分类结果

这样，1−Accuracy 就是错误率（Error Rate），即被错误分类的数据占总数据的百分比：

$$\text{error rate} = \frac{FP + FN}{TP + TN + FP + FN} \tag{6-39}$$

精确率定义为被模型识别为正例的数据对象中是真正例的比例：

$$\text{precision} = \frac{TP}{TP + FP} \tag{6-40}$$

召回率定义为正例数据对象被模型正确分类的比例：

$$\text{recall} = \frac{TP}{TP + FN} = \frac{TP}{P} \tag{6-41}$$

通常精确率和召回率是一对变化相反的指标，模型的精确率高，可能召回率就低，反之，精确率低，可能召回率就高。例如，一个保守的分类模型，只把它认为最可信的数据对象识别为正例，此时，精确率非常高（接近 1），但是，它也把原始数据中大量的实际正例错误地识别为反例，因此，模型的召回率就非常低（接近 0）。

F_β 指标综合考虑了精确率和召回率指标的优点：

$$F_\beta = \frac{(1 + \beta^2) \times \text{precision} \times \text{recall}}{\beta^2 \times \text{precision} + \text{recall}} \tag{6-42}$$

当 $\beta = 1$ 时，就得到我们常用的 F_1 指标：

$$F_1 = \frac{2 \times \text{precision} \times \text{recall}}{\text{precision} + \text{recall}} \tag{6-43}$$

另外一个评价模型性能的指标是受试者操作特征（Receiver Operating Characteristic，ROC）曲线，它可以通过可视化的方式比较模型的性能。该指标计算真正率（True Positive Rate，TPR），即式（6-41）的召回率，和假正率（False Positive Rate，FPR）。在分类器的决策输出中，调整阈值，就可以产生一对真正率和假正率。例如，多层感知机做二分类时，输出层是 sigmoid 激活函数，输出的值范围为 0～1。如果以 0.5 或 0.6 作为阈值，可以产生不同的真正率和假正率。以真正率为 y 轴，假正率为 x 轴，可以绘制 ROC 曲线图，如图 6-20 所示。

ROC 因为是曲线，不能直接用于模型评估。不过可以通过计算曲线下方面积的

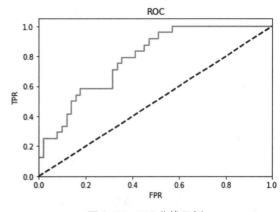

图 6-20　ROC 曲线示例

大小来得到具体的值，称为曲线下面积（Area Under the Curve，AUC）。AUC 值的范围在 0.5～1。值越大意味着模型性能越好。

在很多分类任务中常采用准确度来度量分类模型的性能。但对于不平衡的数据集，该指标可能存在缺陷。例如，医学上检测一种很少发生的疾病，该疾病的发生率是百万分之一，即 1 000 000 个检测对象中只有一个患者。如果分类器简单地将所有的检测对象都识别为"阴性"，模型也会达到 99.999 9%的准确度，但是，这个分类器毫无检测疾病的能力。此时，应该使用精确率和召回率作为评价指标。当分类器将所有的检测对象识别为"阴性"时，模型的 precision 值为 1，但是 recall 值为 0。这时，使用 F_β 作为分类器的评价指标是一个更好的选择。

上面例子中的疾病数据集是显著的类不平衡的数据集（p 表示阳性对象或正例类，n 表示阴性对象或反例类），即两个类别中的数据对象数相差很大。另外一种针对类不平衡数据集进行评价的指标是平衡准确度（Balanced Accuracy，BAC），其计算过程如式（6-44）～式（6-46）所示：

$$ACC(p) = \frac{TP}{TP + FN} \tag{6-44}$$

$$ACC(n) = \frac{TN}{TN + FP} \tag{6-45}$$

$$BAC = \frac{ACC(p) + ACC(n)}{2} \tag{6-46}$$

先分别在测试集上计算正例类（p）和反例类（n）的准确度 $ACC(p)$ 和 $ACC(n)$。然后，用平均值 BAC 作为最终的模型准确度。

F_1、BAC 和 AUC 都可以用于在类不平衡数据集上评估模型性能。

Scikit-learn 的 metics 模块提供了一些函数用于对分类模型的性能指标进行计算。表 6-2 列出了常用的评价指标函数。我们在后面的代码中将使用这些函数对模型的性能进行评价，这里不再单独说明它们的用法。

表 6-2 　　　　　　　　　Scikit-learn 提供的部分常用评价指标函数

评价指标	字符串名字	函数
准确度	accuracy	accuracy_score()
平衡准确度	balanced_accuracy	balanced_accuracy_score()
F_1	f1	f1_score()
精准率	precision	precision_score()
召回率	recall	recall_score()
AUC	roc_auc	roc_auc_score()

6.7.2　模型的评估方法

在模型训练结束后，我们希望评价它的泛化能力，即用性能评价指标检查模型在未知数据集上的表现。通常，我们把数据集划分成互不重叠的训练集和测试集，在训练集上完成模型的训练，然后在测试集上对模型进行评价，这样能比较准确地评价模型的泛化能力。

如果使用训练集来训练模型，再使用同样的训练集来评价模型，这样得到的模型误差称为训练误差（Train Error）。训练误差体现了模型对训练集的拟合能力，我们希望训练误差在模型训练过程越低越好，但低的训练误差不能证明模型具有优异的泛化性能。度量泛化能力的是测试误差（Test Error），即模型在测试集上的评价结果。比较理想的情况是，模型的训练误差和测试误差都比较小，此时模型训练稳定并具有优异的泛化能力。

对于原始数据集，如何划分训练集和测试集呢？通常有以下几种划分数据集的方法。

K 折交叉验证

（1）K 折交叉验证（Cross Validation）。在选择模型的参数时（假设有 m 组候选参数），我们可以把原始训练数据划分成 k 份，用其中一份作为验证集（Validation Set），剩下的 $k-1$ 份作为训练集。这样，我们获得 k 对不同的"训练集和验证集"。然后，在每一对集合上，用训练集以给定的参数训练模型，在验证集评价其性能。这样，对于每一组参数，我们都获得 k 个模型评价结果（如准确度），把它们的均值作为此组参数设置下模型性能评价结果。最后，从 m 组结果中选择出模型的最优参数，用它在原来的训练集上重新训练模型，并在测试集上做最终的性能评价。

（2）三段式划分（Three-way Split）。该方法是指先把数据集划分为训练集和测试集，再从训练集中划分出一部分作为验证集。然后，对于每组模型参数，在训练集上训练模型，在验证集上评价此参数设置下模型的性能表现，从而选择出最优的模型参数。最后，用最优参数在原来的训练集上重新训练模型，并在测试集上做最终的性能评价。

（3）留出法（Hold Out）。当不需要选择模型参数时，可以使用"留出法"直接划分数据集。它按照一定比例（如 70% 和 30%）将数据集随机划分为两个部分，大的是训练集，小的是测试集。它适用于数据集规模较大的情况。

（4）自助法（Bootstrap）。自助法也将数据集划分为训练集和测试集。不同的是，它采用有放回地从规模为 N 的数据集中随机抽样 N 次，产生新的训练数据。按照统计学的描述，原始数据中只会有约 63.2% 数据出现在训练集中，剩下部分作为测试集。

Scikit-learn 的 sklearn.model_selection 模块提供了多种划分数据集的方法。比如，我们前面已经使用 train_test_split() 函数来划分训练集和测试集，它就是"留出法"。该模块还包括其他一些类和函数。下面通过例子来学习几种数据集划分方法的应用。

（1）train_test_split( ) 函数。它的基本语法：

```
train_test_split(arrays, test_size = None, train_size = None,
                 random_state = None, shuffle = True)
```

它的主要参数如下。

- arrays：数据集，可以是 Ndarray 对象或 Pandas 对象等。
- test_size：是一个小数，表示测试集所占的比例。
- train_size：是一个小数，表示训练集所占的比例。
- random_state：设置随机数的种子。
- shuffle：取值为 True 或 False，表示划分前数据集是否重新打乱。

（2）KFold 类。KFold 类实现按 K 折交叉验证的方式划分数据集，常用于模型参数的选择，其基本语法：

```
KFold(n_splits = 5, shuffle = False, random_state = None)
```

它的主要参数和支持的函数如下。

- 参数 n_splits：表示折数 K 的值。
- 函数 split(X)：返回一个 Python 的 generator 对象。每次调用该函数时，就从数据集中返回 K 折交叉验证中的一对训练集和验证集的索引。

（3）StratifiedKFold 类。它和 KFold 类似，但在每一次划分数据集时，使得各类别的数据比例和原始数据保持一致。其基本语法：

```
StratifiedKFold(n_splits = 5, shuffle = False, random_state = None)
```

下面的代码 6-8 的步骤 2 部分演示了使用 KFold 类划分数据集，然后在每一折训练集和验证集对上训练 KNN 分类器和计算其准确度，最后用 5 个模型的平均准确度去评价 KNN 模型的预测能力。

代码 6-8　K 折交叉验证

```
import pandas as pd
import numpy as np
from sklearn.model_selection import train_test_split
from sklearn.neighbors import KNeighborsClassifier
from sklearn.model_selection import KFold

#1. 准备数据集
df = pd.read_csv('UniversalBank.csv')
y = df['Personal Loan']
X = df[['Age', 'Experience','Income', 'CCAvg', 'Mortgage']]
n_neighbors = 5
X2 = np.array(X)
y2 = np.array(y)

#2. 在 5 折交叉验证数据集上测试 KNN 的准确度
kf = KFold(n_splits = 5)
acc = 0
for train_index, test_index in kf.split(X2):
    knn = KNeighborsClassifier(n_neighbors)           #构建 KNN 分类模型
    knn.fit(X2[train_index], y2[train_index])
    acc += knn.score(X2[test_index], y2[test_index])
print('使用 KFold 实现交叉验证计算 KNN 的准确度: %s'% (acc/kf.get_n_splits()))

#3. 使用 cross_val_score()函数实现 5 折交叉验证, 计算 KNN 的准确度
from sklearn.model_selection import cross_val_score
knn = KNeighborsClassifier(n_neighbors)
acc = cross_val_score(knn, X, y, cv = 5)
print('使用 cross_val_score 实现交叉验证计算 KNN 的准确度: %s'% np.mean(acc))
```

上述代码的运行结果：

使用 KFold 实现交叉验证计算 KNN 的准确度: 0.9016
使用 cross_val_score 实现交叉验证计算 KNN 的准确度: 0.9002000000000001

（4）cross_val_score()函数。如果只是评价模型性能，Scikit-learn 的 sklearn.model_selection 模块提供了一个更简单的函数 cross_val_score()，按照交叉验证的方式评估模型的性能，它将返回一个列表，记录每一折交叉验证数据集上的性能评价结果。其基本语法：

```
cross_val_score(estimator, X, y = None, scoring = None, cv = None)
```

它的主要参数如下。

- estimator：训练的模型（对象）。
- X 和 y：数据集 X 及其目标。
- scoring：用于设置模型的评价指标。可以是一个字符串指定哪一种评价指标，可以使用表 6-2 中的字符串。如果不指定，则使用模型的默认评价指标。
- cv：交叉验证的折数。

代码 6-8 中的步骤 3 部分给出了使用 cross_val_score()函数实现 5 折交叉验证，返回 5 折数据集上的 KNN 模型的准确度，最后用它们的平均值作为 KNN 模型的平均结果。可以看到，两种方法通过 5 折交叉验证对 KNN 模型的性能评价结果基本一致。

6.8　案例：信用评分模型

6.8.1　案例描述

党的二十大报告中特别强调了防范金融风险。信用风险，又称信用违约风险，它是金融风险的一种，一般是指信用关系的一方因为另一方没有履约而导致可能的损失。金融机构在市场竞争与业绩成长压力下，对风险管理的要求越来越高。不管是在申请贷款时还是贷款审批后，每一位客户在不同阶段都有不同的潜在信用风险。早期的风险管理依赖于金融机构工作人员的经验，通过借贷申请人的信息，例如，职业、收入、年龄、婚姻状况等做出申请人是否会违约的判断。人工方法的不足：很多借贷人的相关信息关系复杂，人工判断的失误风险很高。信用评分（Credit Scoring）模型就是通过数据挖掘的方法构建模型，用于判断借贷申请人的违约可能性或概率，目前已经成为金融信贷领域一个受欢迎的技术。

本节设计了一个利用分类模型在 Kaggle 信用评分数据集上建立模型，实现客户违约预测的一个案例。该数据集包含三个文件：cc-train.csv 是训练集；cc-test.csv 是测试集；sampleEntry.csv 是测试集中每个用户的违约情况，即目标值 3 个文件。训练集有 15 万条数据对象，测试集有 101 503 条数据对象。数据的特征共有 11 个，均为数值类型，目标值 0 或 1 表示，表示一个申请人最终是否违约。表 6-3 给出了信用评分数据集的特征及其解释。

表 6-3　　　　　　　　　　　信用评分数据集的特征及其解释

特征名	解释
SeriousDlqin2yrs	目标值。1 指示申请人贷款有超过 90 天的逾期，否则为 0
RevolvingUtilizationOfUnsecuredLines	信用卡个人信用余额除以信用额度总数（百分比）
Age	申请者年龄
NumberOfTime30-59DaysPastDueNotWorse	申请者在过去两年有 30～59 天的逾期（但没有更严重）的次数
DebtRatio	每月偿还的债务、赡养费、生活费除以每月总收入
MonthlyIncome	月收入
NumberOfOpenCreditLinesAndLoans	未偿还贷款
NumberOfTimes90DaysLate	有超过 90 天逾期的次数
NumberRealEstateLoansOrLines	抵押贷款和房地产贷款的数量
NumberOfTime60-89DaysPastDueNotWorse	申请者在过去两年有 60～89 天的逾期（但没有更严重）的次数
NumberOfDependents	家庭成员数（不包括申请人自己）

6.8.2　探索性数据分析和预处理

1．考察类的分布情况

下面的代码 6-9 在读入数据集后，以可视化的方式考察了两个类的分布情况。

代码 6-9　考察类的分布情况

```
import pandas as pd
import matplotlib.pyplot as plt
import numpy as np
```

```
f_train = 'cs-training.csv'
f_test = 'cs-test.csv'
f_target = 'sampleEntry.csv'
df_train = pd.read_csv(f_train, header = 0)
df_test = pd.read_csv(f_test, header = 0)
df_target = pd.read_csv(f_target, header = 0)
df_train = df_train.iloc[:, 1:]
df_test = df_test.iloc[:, 1:]
# 类的分布情况

pos = sum(df_train['SeriousDlqin2yrs'] > 0.5)
neg = len(df_train) - pos

plt.figure(figsize=(14,10))
dict = {'POS': pos, 'NEG': neg}

size = len(dict)
for i, key in enumerate(dict):
    plt.bar(i, dict[key], width = 0.2)
    plt.text(i - 0.05, dict[key] + 0.01, dict[key], fontsize = 24)
plt.xticks(np.arange(size), dict.keys(), fontsize = 24)
plt.yticks([10000, 70000, 130000], fontsize = 24)
```

上面的代码统计了数据集中正例和反例的数据对象数，绘制了类分布柱状图，如图 6-21 所示。

可以看到数据集中的正例（有超过 90 天逾期的用户）仅有 10 026 条，反例将近 14 万条。因此，这是一个类不平衡的数据集。在建立模型时需要考虑类不平衡的情况。关于类不平衡问题的处理详见 7.5 节的讨论。

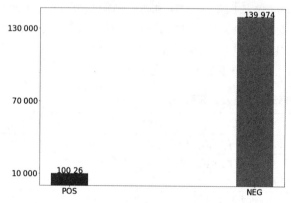

图 6-21　类分布柱状图

2. 考察缺失值

代码 6-10 考察了数据集中的缺失值，并进行了处理。

代码 6-10　考察和处理缺失值（接代码 6-9 执行）

```
#绘制缺失值柱状图
plt.figure(figsize=(14,10))
loc = []
s = pd.isnull(df_train).sum() / len(df_train)
for i in range(0, df_train.shape[1]):
    if s[i] != 0:
        plt.bar(i, s[i],width = 1)
        plt.text(i-0.1, s[i]+0.005, '%.3f'%s[i], fontsize = 24)
        loc.append(i)
plt.xticks(loc, s.index[loc], fontsize = 24)
plt.yticks([0, 0.1,0.2], fontsize = 24)
plt.ylim(0, 0.25)

#处理缺失值
df_train = df_train.drop(['MonthlyIncome'], axis = 1)
df_test = df_test.drop(['MonthlyIncome'], axis = 1)
df_train['NumberOfDependents'].fillna(df_train['NumberOfDependents'].mean(),
 inplace = True)
df_test['NumberOfDependents'].fillna(df_train['NumberOfDependents'].mean(),
                            inplace = True)df_test['NumberOfDependents'].
                            fillna(df_train['NumberOfDependents'].mean(),
                            inplace = True)
```

上面代码使用 Pandas 中的 isnull() 函数来检查缺失值，并把有缺失值的特征绘图显示，如图 6-22 所示。

可以看到在两个特征上有缺失值，即月收入（MonthlyIncome）和家庭成员数（NumberOfDependents）。其中，月收入特征上的缺失值比例达 19.8%，我们直接删除该特征；家庭成员数特征的缺失值比例只有 2.6% 左右，我们采用均值法给予填充。

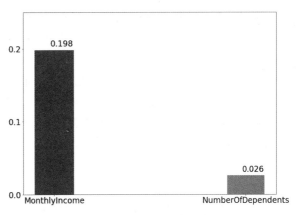

图 6-22　数据的缺失值情况

3．考察特征的分布情况

下面的代码 6-11 绘制了每个特征上的数据分布的散点图，以观察是否有异常值。

代码 6-11　考察特征的数据分布情况（接代码 6-10 执行）

```
fig = plt.figure(figsize = (14,8))
for i in range(df_train.shape[1]):
    fig.add_subplot(5, 2, i+1)
    plt.title(df_train.columns[i], fontsize = 16)
    dat = df_train.iloc[:, i]
    plt.scatter(np.arange(len(dat)), dat, s = 1)
    plt.xticks([])
    plt.yticks(fontsize = 16)
fig.tight_layout()

#删除异常值数据
index = df_train['RevolvingUtilizationOfUnsecuredLines'] <= 1
df_train2 = df_train[index]
index = df_train['age'] > 18
df_train2 = df_train2[index]
```

上面的代码绘制的散点图显示了每个特征的分布，如图 6-23 所示。其中，每个图的横坐标表示数据对象序号，纵坐标表示特征的取值。如果在某个特征下，数据对象的值明显偏离了其他数据对象，则它可能是异常值。

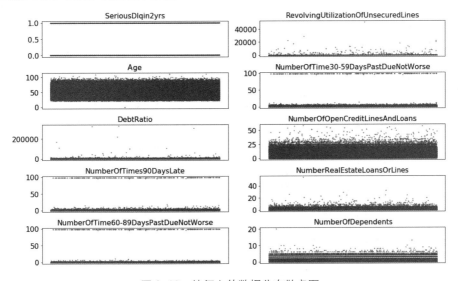

图 6-23　特征上的数据分布散点图

可以看到，在特征 RevolvingUtilizationOfUnsecuredLines、Age、DebtRatio、NumberReal EstateLoansOrLines 上都出现了一定程度的异常值。其中，特征 RevolvingUtilizationOf UnsecuredLines 的值表示百分比，但实际有 3321 条数据的值大于 1，属于明显的异常，我们给予删除。特征 Age 表示的最小年龄是 0，最大值是 109。但实际情况是金融机构的贷款申请者的年龄小于 18 岁是不合理的，应删除。每月偿还的债务、赡养费、生活费除以每月总收入得到的 DebtRatio 的最高值达到 329 664。这一情况虽然怀疑为异常，但因为没有相关背景知识，所以没有处理。

6.8.3　模型训练与评估

在数据探索和预处理之后，本节使用 CART 决策树和支持向量机构建两个信用评分（分类）模型，使用 cross_validate()函数实现交叉验证的方法选择模型的最优参数。模型的性能评价指标选用准确度、平衡准确度和 AUC。

1.　CART 决策树

我们使用 DecisionTreeClassifier 类创建 CART 决策树模型。由于数据类别具有明显的不平衡，我们将它的 class_weight 参数设置为{0:1,1:weight}，两个类别的权重比是数据对象数量之比的倒数。我们还设置了 CART 决策树的 min_samples_leaf（叶子节点最少数据对象数）和 max_depth（最大树深度）两个参数。另外，交叉验证的折数设置为 10。

代码 6-12 演示了创建 CART 决策树模型进行信用评分的过程。

代码 6-12　使用 CART 决策树模型进行信用评分（接代码 6-11 执行）

```
from sklearn.model_selection import KFold
from sklearn.pipeline import make_pipeline
from sklearn.preprocessing import StandardScaler
from sklearn.svm import SVC
from sklearn.tree import DecisionTreeClassifier
from sklearn.neural_network import MLPClassifier
from sklearn.model_selection import cross_validate
import numpy as np

np.random.seed(10)

X = np.array(df_train2.iloc[:, 1:])
y = np.array(df_train2.iloc[:, 0])
weight = sum(y == 0) / sum(y == 1)
class_weight ={0:1, 1:weight}
scoring = ['accuracy', 'balanced_accuracy', 'roc_auc']

# 创建 CART 决策树模型
cart = DecisionTreeClassifier(class_weight = class_weight,
                              min_samples_leaf = 80,
                              max_depth = 8)
scores = cross_validate(cart, X, y, cv = 10, scoring = scoring)
print('CART 决策树模型的信用评分结果: ')
s = np.mean(scores['test_accuracy'])
print('accuracy: %s'% s)
s = np.mean(scores['test_balanced_accuracy'])
print('balanced_accuracy: %s'% s)
s = np.mean(scores['test_roc_auc'])
print('AUC: %s'% s)
```

上述代码运行结果如下：

```
CART 决策树模型的信用评分结果:
accuracy: 0.7713562224925757
balanced_accuracy: 0.7695760271534223
AUC: 0.8429605280584879
```

需要强调的是，读者应该根据交叉验证评估模型的结果不断地调整模型参数，比如 min_samples_leaf 等，以使得模型达到最佳性能。

2. 支持向量机

我们使用 SVC 类创建一个支持向量机模型。同样，我们设置了它的 class_weight 参数以处理类不平衡问题。模型采用 cross_validate()函数评估模型性能。同上一个模型，读者可以根据交叉验证评估模型的结果调整模型参数，以使得模型达到最佳性能。另外，我们使用流水线技术（make_pipeline）将数据规范化和模型训练一起完成。具体细节如代码 6-13 所示。

代码 6-13　使用 SVM 模型进行客户信用评分（接代码 6-12）

```
svm = make_pipeline(StandardScaler(), SVC(gamma = 'auto', C = 100,
                    class_weight = class_weight))
scores = cross_validate(svm, X, y, cv =10, scoring = scoring)
print(' SVM 模型的信用评分结果: ')
s = np.mean(scores['test_accuracy'])
print('accuracy: %s'% s)
s = np.mean(scores['test_balanced_accuracy'])
print('balanced_accuracy: %s'% s)
s = np.mean(scores['test_roc_auc'])
print('AUC: %s'% s)
```

上述代码运行结果如下：

```
SVM 模型的信用评分结果:
accuracy: 0.7685133514719426
balanced_accuracy: 0.7667313666352239
AUC: 0.8405341176593232
```

3. 在测试集上评价模型性能

如果读者在前文代码采用交叉验证方法在训练集和验证集上选择好了各自的最优参数，本节将使用最优参数重新在原始训练集上完成训练，最后在测试集上评价两个模型的性能。代码 6-14 中定义了一个函数 evaluate()，其输入参数包括模型对象（model）、给出模型名字的字符串（name）、测试集（X_test）和测试集对应的目标值（y_true）。模型在测试集上进行评价时，采用了准确度、平衡准确度和 AUC 3 种性能评价指标。

代码 6-14　模型在测试集上的性能评价（接代码 6-13）

```
from sklearn.metrics import accuracy_score
from sklearn.metrics import balanced_accuracy_score
from sklearn.metrics import roc_auc_score

def evaluate(model, name, X_test, y_true):        #自定义评价函数

    print(' %s 模型的信用评分结果: '% name)
    y_pred = model.predict(X_test)
    score = accuracy_score(y_true, y_pred)
    print('accuracy: %s'%score)
    score = balanced_accuracy_score(y_true, y_pred)
    print('balanced accuracy: %s'%score)
    score = roc_auc_score(y_true, y_pred)
    print('AUC: %s'%score)
```

```
X_test = np.array(df_test.iloc[:,1:])
y_test = df_target['Probability'].gt(0.5).astype(np.short)

#使用最优参数训练 CART 决策树
cart = DecisionTreeClassifier(class_weight = class_weight,
                              min_samples_leaf = 80,
                              max_depth = 8)
cart.fit(X, y)
evaluate(cart, 'CART', X_test, y_test)

#使用最优参数训练 SVM 模型
svm = make_pipeline(StandardScaler(), SVC(gamma = 'auto', C = 100,
             class_weight = class_weight))
svm.fit(X, y)
evaluate(svm, 'SVM', X_test, y_test)
```

上面的代码在训练集上分别训练了 CART 和 SVM 模型，然后在测试集上计算了它们的 3 种性能指标。代码的执行结果如下：

```
CART 模型的信用评分结果：
accuracy: 0.7314857688935302
balanced accuracy: 0.8634491673179823
AUC: 0.8634491673179823

SVM 模型的信用评分结果：
accuracy: 0.7594947932573421
balanced accuracy: 0.8327267179409151
AUC: 0.8327267179409151
```

从结果上看，CART 模型和 SVM 模型在用于客户信用评分时均能获得较好的结果。相比而言，CART 模型在这样的不平衡数据集上，平衡准确度和 AUC 均更高，因此，其预测能力更强。读者也可以进一步在测试集上绘制两个模型预测时的混淆矩阵，判断它们在正例和反例数据对象上的分类能力。

6.9　回归

回归是一种有监督学习方法。不像分类模型输出的是离散的类别标签，回归模型输出的是连续数值。本节介绍经典的线性回归模型、CART 决策树回归模型、BP 神经网络回归模型、支持向量回归模型的使用。由于许多模型的原理与前面介绍的分类模型类似，我们主要给出这些回归模型的 Python 实现方法及应用。

6.9.1　线性回归

线性回归模型是一组输入向量（特征）x 的线性组合，其数学模型如下。

$$f(x) = \beta_0 + \beta_1 x_1 + \cdots + \beta_m x_m \tag{6-47}$$

其中，$x = (x_1, \cdots, x_m)^\mathrm{T}$；$\beta_0, \cdots, \beta_m$ 是它们的系数，表示不同变量对模型的重要性程度，β_0 也称为截距。

给定数据集 $D = \{(x_1, y_1), \cdots, (x_n, y_n)\}$，线性回归模型的系数通常用最小二乘法求解。该方法通过最小化式（6-48）所示的残差平方和（Residual Sum of Squares，RSS）来求解模型的系数 $\boldsymbol{\beta} = (\beta_0, \cdots, \beta_m)^\mathrm{T}$。

$$\text{RSS}(\boldsymbol{\beta}) = \sum_{i=1}^{n}(y_i - f(\boldsymbol{x}_i))^2 = \sum_{i=1}^{n}\left(y_i - \beta_0 - \sum_{j=1}^{m}x_{ij}\beta_j\right)^2 \tag{6-48}$$

Scikit-learn 的 sklearn.linear_model 模块提供了 LinearRegression 类来实现线性回归模型，它的基本语法：

```
LinearRegression(fit_intercept = True, positive = False)
```

其中主要的参数如下。

（1）fit_intercept：用于设置是否模型包含截距 β_0，默认值是 True。

（2）positive：用于设置是否使得模型系数均为正值，默认值是 False。

同样，该类也包括用于模型训练和测试的一些函数，包括 fit()、predict()、score() 等。它们的使用和 DecisionTree 类的函数类似，我们不再赘述。

本节以 UCI 数据集中的白葡萄酒质量数据集为例，说明线性回归模型的应用。

数据集：白葡萄酒质量数据集

该数据集有 4898 条数据对象，每个数据对象是一种葡萄酒；包括 11 个特征，均是数值类型，例如酸度、pH 值等；目标值（Quality）是葡萄酒的质量从 0 ~ 10 的打分。图 6-24 给出了它的前 6 条数据。

	fixed acidi	volatile ac	citric acid	residual su	chlorides	free sulfur	total sulfu	density	pH	sulphates	alcohol	quality
0	7	0.27	0.36	20.7	0.045	45	170	1.001	3	0.45	8.8	6
1	6.3	0.3	0.34	1.6	0.049	14	132	0.994	3.3	0.49	9.5	6
2	8.1	0.28	0.4	6.9	0.05	30	97	0.9951	3.26	0.44	10.1	6
3	7.2	0.23	0.32	8.5	0.058	47	186	0.9956	3.19	0.4	9.9	6
4	7.2	0.23	0.32	8.5	0.058	47	186	0.9956	3.19	0.4	9.9	6
5	8.1	0.28	0.4	6.9	0.05	30	97	0.9951	3.26	0.44	10.1	6

图 6-24 白葡萄酒质量数据集的前 6 条数据

下面的代码 6-15 在白葡萄酒质量数据集上使用线性回归模型预测白葡萄酒评分，使用平均绝对误差（Mean Absolute Error，MAE）进行模型评估，其计算式：

$$\text{MAE} = \frac{\sum_{i=1}^{n}|y_i - f(x_i)|}{n} \tag{6-49}$$

代码 6-15 基于线性回归模型的白葡萄酒质量预测

```
import pandas as pd
import numpy as np
from sklearn.model_selection import train_test_split
from sklearn.linear_model import LinearRegression

df = pd.read_csv('winequality-white.csv', delimiter = ';')

y = np.array(df['quality'])
X = df.drop(['quality'], axis = 1)
X_train, X_test, y_train, y_test = train_test_split(X, y, test_size = 0.3, random_
    state = 0)

reg = LinearRegression().fit(X_train, y_train)          #线性回归模型
pred = reg.predict(X_test)
mae = np.sum(np.abs(pred - y_test)) / len(y_test)
print('线性回归模型的MAE为', mae)
```

该代码运行后的输出结果为

线性回归模型的 MAE 为：0.6085

6.9.2 CART 决策树回归

6.4.5 节介绍的 CART 决策树的全称是"分类和回归树"。它不但可以实现分类任务，也可以实现回归任务。当使用 CART 决策树实现回归任务时，使用 sklearn.tree 模块中的 DecisionTreeRegressor 类，其基本语法：

```
DecisionTreeRegressor(criterion = 'mse', max_depth = None,
          min_samples_split = 2, min_samples_leaf = 1,
          max_leaf_nodes = None,  random_state = None)
```

其中，criterion 参数表示回归问题中节点划分的标准，可以取的值包括：'mse'（均方误差、'friedman_mse'（改进的均方误差）、'mae'（平均绝对误差）、'poisson'（泊松偏差）。默认是'mse'.

它的主要参数和函数与 DecisionTree 类基本一样，我们不再赘述。

代码 6-16 演示了使用 CART 决策树回归模型在葡萄酒质量数据上的预测过程。

代码 6-16 基于 CART 决策树回归模型的葡萄酒质量预测

```
import pandas as pd
import numpy as np
from sklearn.model_selection import train_test_split
from sklearn.tree import DecisionTreeRegressor

df = pd.read_csv('winequality-white.csv', delimiter = ';')
y = df['quality']
X = df.drop(['quality'], axis = 1)
X_train, X_test, y_train, y_test = train_test_split(X, y, test_size = 0.3,
random_state = 0)

#建立 CART 决策树回归模型，训练并做性能评价
regressor = DecisionTreeRegressor(random_state = 0)
regressor.fit(X_train, y_train)
pred = regressor.predict(X_test)

mae = np.sum(np.abs(pred - y_test)) / len(y_test)
print('CART 决策回归树模型的 MAE 为', mae)
mse = regressor.score(X_test, y_test)
print('CART 决策回归树模型的 MSE 为', mse)
```

该代码运行后的输出结果为

CART 决策回归树模型的 MAE 为 0.5462585034013605
CART 决策回归树模型的 MSE 为 0.006588524500109938

可见，CART 决策树回归模型在预测葡萄酒质量时，MAE 值比线性回归模型的更好。

6.9.3 BP 神经网络回归

6.5 节介绍的 BP 神经网络同样也可以实现回归任务。对于回归任务，需要使用 sklearn.neural_network 模块中 MLPRegressor 类来创建一个 BP 神经网络回归模型。代码 6-17 演示了 BP 神经网络模型在葡萄酒质量预测问题上的应用。

代码 6-17 基于 BP 神经网络回归模型的葡萄酒质量预测

```
import pandas as pd
import numpy as np
from sklearn.model_selection import train_test_split
from  sklearn.neural_network import MLPRegressor

df = pd.read_csv('winequality-white.csv', delimiter = ';')
y = df['quality']
X = df.drop(['quality'], axis = 1)
```

```
X_train, X_test, y_train, y_test = train_test_split(X, y, test_size = 0.3, random_
state = 0)

#建立 MLP 模型，训练并做性能评价
regressor = MLPRegressor(hidden_layer_sizes = (100,10) , solver = 'adam',
                         activation = 'logistic')
regressor.fit(X_train, y_train)
pred = regressor.predict(X_test)

mae = np.sum(np.abs(pred - y_test)) / len(y_test)
print('BPNN 模型的 MAE 为: ', mae)
mse = regressor.score(X_test, y_test)
print('BPNN 模型的 MSE 为: ', mse)
```
该代码运行后的输出结果为

BPNN 模型的 MAE 为 0.6869347919178889

BPNN 模型的 MSE 为 -0.0040412667740867355

上面的程序构建了一个两层的神经网络，隐层均采用 sigmoid 激活函数。输出层不需要专门构建，MLPRegressor 类会根据训练集中的目标数据自动构建。训练模型采用 "adam" 优化器。

支持向量回归

6.9.4　支持向量回归

6.6 节介绍的支持向量机也提供了回归预测的功能，称为支持向量回归（Support Vector Regression，SVR）。与线性回归相似，支持向量回归模型用其决策函数去拟合数据的分布。

具体来说，给定训练数据集 $D = \{(x_1, y_1), \cdots, (x_n, y_n)\}$，SVR 训练一个模型 $f(x) = \boldsymbol{\omega}^{\mathrm{T}} \cdot x$，我们希望它对数据 x_i 的预测值与实际目标值 y_i 之间的偏差至多为 ε（不敏感因子，取一个较小的值），否则将对模型施加惩罚。这样的支持向量回归又称为 "ε-SVR"。它的优化目标函数为

$$\min_{\boldsymbol{\omega}, \xi_i, \xi_i^*} \frac{1}{2} \boldsymbol{\omega}^{\mathrm{T}} \boldsymbol{\omega} + C \sum_{i=1}^{n} \xi_i + C \sum_{i=1}^{n} \xi_i^*$$

$$\text{s.t.} \begin{cases} y_i - \boldsymbol{\omega}^{\mathrm{T}} x_i \leqslant \varepsilon + \xi_i \\ \boldsymbol{\omega}^{\mathrm{T}} x_i - y_i \leqslant \varepsilon + \xi_i^* \\ \xi_i, \xi_i^* \geqslant 0 \end{cases} \quad (6\text{-}50)$$

其中，SVR 的决策函数 $f(x) = \boldsymbol{\omega}^{\mathrm{T}} \cdot x$ 如图 6-25 的中间直线所示（考虑线性模型），$\boldsymbol{\omega}$ 是其权重向量。$\boldsymbol{\omega}^{\mathrm{T}} x_i + \varepsilon$ 和 $\boldsymbol{\omega}^{\mathrm{T}} x_i - \varepsilon$ 代表了两个 ε 不敏感决策函数，它们之间的区域表示 SVR 容许的预测偏差范围。类似地，SVR 引入两个松弛变量 ξ_i 和 ξ_i^*，对这些位于不敏感区域之外的预测结果进行惩罚。C 是它们的惩罚参数。

Scikit-learn 的 sklearn.svm 模块提供了 SVR 类实现支持向量回归模型。它的基本语法：

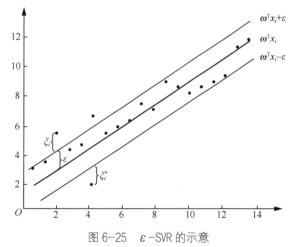

图 6-25　ε-SVR 的示意

```
SVR(C = 1, kernel = 'rbf', degree = 3, gamma = 'scale')
```
它的参数和函数与 6.6.2 节介绍的 SVC 类一致，在此不再赘述。

151

代码 6-18 演示了使用 SVR 模型在葡萄酒质量数据集上进行预测的例子。模型使用 MAE 和 MSE 进行评估。

代码 6-18　基于 SVR 模型的葡萄酒质量预测

```
import pandas as pd
import numpy as np
from sklearn.model_selection import train_test_split
from sklearn.svm import SVR
from sklearn.pipeline import make_pipeline
from sklearn.preprocessing import StandardScaler

df = pd.read_csv('winequality-white.csv', delimiter = ';')
y = np.array(df['quality'])
X = df.drop(['quality'], axis = 1)
X_train, X_test, y_train, y_test = train_test_split(X, y, test_size = 0.3, random_
    state = 0)

#创建 SVR 模型，训练并预测
regressor = SVR(C = 100)
model = make_pipeline(StandardScaler(), regressor)
model.fit(X_train, y_train)
pred = model.predict(X_test)

mae = np.sum(np.abs(pred - y_test)) / len(y_test)
print('SVR 模型的 MAE 为', mae)
mse = model.score(X_test, y_test)
print('SVR 模型的 MSE 为', mse)
```

该代码运行后的输出结果为

```
SVR 模型的 MAE 为 0.5740389235420379
SVR 模型的 MSE 为 0.2103686028368532
```

6.10　本章小结

分类是数据挖掘中的最常见的任务。本章介绍了 5 种基础分类模型，包括朴素贝叶斯、k 近邻、决策树、人工神经网络和支持向量机。虽然这些模型的复杂性不一样（例如，k 近邻模型的原理相对简单，支持向量机模型的理论比较复杂），但不能说哪一种模型就是最优的，每一种模型有其适用的领域和场景。这也符合机器学习中的"没有免费的午餐定理"所阐释的基本原则，即在所有可能的问题上，所有的模型最后表现出的平均性能是一样的。

需要强调的是，本章介绍的是这些模型的基本形式，目前已有很多研究对这些模型进行了扩展和改进。例如，基本 KNN 模型在分类时对于大数据集的效率较低，目前已有不少研究很好地解决了该问题。感兴趣的读者可以通过阅读相关学术文献来进一步深入学习。

习题

1. 怎样从模型泛化能力的角度来理解大数据的重要性？

2. 描述感知机加入隐层的作用。它和支持向量机中哪一部分的功能有相似之处？

3. 如果分别建立两个 BP 神经网络来完成二分类和多分类任务。它们的输出层应该怎么选择神经元数？怎么选择激活函数？

4. 在 C-SVC 模型中，如果发现模型过拟合，即模型训练误差很小，但在校验集上模型性能不好，此时应该如何调整参数 C？

第**7**章 **集成技术**

第 6 章介绍的分类模型都是单一的模型。数据挖掘领域的学者从群体决策的角度出发，思考能否同时创建多个独立模型，再把它们组合在一起以获得性能更好的组合模型，这一类方法也称为"集成技术"。本章介绍集成技术的基本理论和方法，并在 7.5 节讨论集成方法在处理不平衡数据中的应用。

7.1 基本集成技术

集成技术是数据挖掘中的一个重要研究领域。它的特点是不采用单一的模型进行分类，而是通过构造多个独立模型的组合来建立一个性能更优的分类器或回归器。基本的集成技术主要包含装袋（Bagging）、提升（Boosting）和堆叠（Stacking）3 种。

7.1.1 装袋

1. 原理

人们在日常生活中对一件拿不定主意的事情喜欢向多人咨询，然后根据多人的咨询结果进行决策。例如，购买一件贵重商品之前，先咨询多个朋友的意见，如果对某种观点认可的朋友数比对其他观点的多，则按照少数服从多数的原则，将这一主要观点作为最终的决策。装袋的基本思想和上述购买商品过程中的朋友集体决策类似。图 7-1 描述了装袋算法的原理。

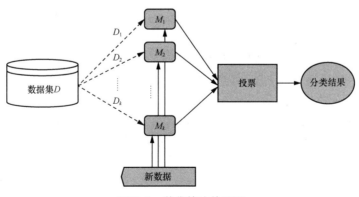

图 7-1 装袋算法的原理

装袋先从数据集 D 中对数据进行有放回的抽样，获得一个规模与原数据集一样的训练集 D_k，这样的抽样总共进行 k 次；然后在每一个训练集 D_k 上训练一个分类模型 M_k；对新的数据对象进行决策时，将所有分类器的识别结果按投票（或加权投票）的方法进行组合，得票最多的类标签就作为新数据所属的类别。

这里训练的分类器 M_k 可以是任意的分类模型，例如决策树、KNN 等，也称为基分类器（Base Classifier）。装袋算法的步骤如算法 7-1 所示。

算法 7-1：装袋

输入： D 是规模为 n 的数据集， K 是基分类器的数量；分类器的训练算法 f （如决策树）

输出：集成分类器 M

步骤：

（1） for $i=1$ to K do。

（2）　　通过对 D 有放回抽样，抽样出 n 条数据，获得数据集 D_i。

（3）　　在 D_i 上使用算法 f 训练基分类器 M_i。

（4）End for。

装袋算法中，每次从有 n 条数据的数据集 D 中有放回地抽取 n 条数据，实际上只能抽取原数据集中约 63.2%的不重复数据。这样，每个基分类器用于训练的数据集 D_i 是有一定差异的，从而避免了训练出的基分类器出现雷同的情况。

2．装袋模型的 Python 实现

Scikit-learn 的 sklearn.ensemble 模块实现的 BaggingClassifier 类能轻松创建一个装袋模型，它的基本语法：

```
BaggingClassifier(base_estimator = None,n_estimators = 10, max_samples = 1.0,
        max_features = 1.0, bootstrap = True, bootstrap_features = False)
```

它的主要参数如下。

（1）base_estimator：是基分类器对象，默认是 CART 决策树对象。

（2）n_estimators：是基分类器的数量，默认是 10。

（3）max_samples：用于设置每个基分类器从原始训练集抽取出的样本数量。可以是整数，也可以是小数，整数表示抽取的样本数，小数表示抽样比例。

（4）max_features：用于设置每个基分类器从原始训练集抽取出样本特征数量。可以是整数，也可以是小数，整数表示抽取的特征数，小数表示抽样比例。

（5）bootstrap：表示抽样数据时是否为有放回的抽样，默认是 True。

（6）bootstrap_features：表示抽样特征时是否为有放回的抽样，默认是 False。

此外，该类的用于模型训练和预测的一些函数，如 fit()、predict()、predict_proba()和 score()，同第 6 章的分类模型中函数的使用方法一致，在此不再详述。

从上面的 BaggingClassifier 类的语法可知，Scikit-learn 在实现装袋模型时进行了扩展，它还支持对特征进行抽样，从而进一步增加基分类器的训练数据的差异。

代码 7-1 演示了在 Universal Bank 数据集（见第 6 章）上使用袋装模型进行分类的过程。

代码 7-1 使用装袋模型在 Universal Bank 数据集上分类

```
import pandas as pd
import numpy as np
from sklearn.model_selection import train_test_split
from sklearn.neighbors import KNeighborsClassifier
from sklearn.ensemble import BaggingClassifier

df = pd.read_csv('UniversalBank.csv')
y = df['Personal Loan']
X = df.drop(['ID', 'ZIP Code', 'Personal Loan'], axis = 1)
X_train, X_test, y_train, y_test = train_test_split(X, y, test_size = 0.3, random_
    state = 0)

#建立 KNN 模型和装袋模型
knn = KNeighborsClassifier(5, weights = 'distance')
bagging_model = BaggingClassifier(base_estimator = knn, n_estimators = 10)

# 模型训练和评估
knn.fit(X_train, y_train)
acc = knn.score(X_test, y_test)
print('KNN 模型的准确度: %s'%(acc))

bagging_model.fit(X_train, y_train)
acc = bagging_model.score(X_test, y_test)
print('Bagging 模型的准确度: %s'%(acc))
```

上面的代码首先创建了一个 KNN 分类模型，用作装袋模型的基分类器。BaggingClassifier 在实现装袋模型时，设置了基分类器的数量为 10。

代码运行后的结果为

```
KNN 模型的准确度: 0.917
Bagging 模型的准确度: 0.920
```

可见，独立的 KNN 模型的分类准确度为 0.917，使用装袋模型后，在测试集上准确度为 0.920，有一定的提升。

7.1.2 提升

1. 原理

装袋算法本质上是一种并行算法，多个基分类器在训练时互不影响，一个基分类器不能利用其他基分类器的结果进一步提高它的能力。然而，人类具有与生俱来的"从错误中吸取经验，从而不断提升"的能力。如果我们把背诵英文单词比作一个分类任务，那么我们的大脑（视为基分类器）的目标是准确识别（分类）单词本上的所有单词。假设第一天我们正确识别了 80 个单词，错误识别了 20 个；那么在第二天的学习过程中，我们将更加重视背错的单词，实现了正确识别 90 个和错误识别 10 个单词的成果；在第三天我们同样重视背错的单词，终于实现了 100%的正确率。在这个过程中，大脑的识别能力在前一天的基础上不断提升，这就是提升算法的思想。

在提升算法中，训练集中的每条数据被赋予了权重，表示它们被重视的程度。权重越高，它们被错分的代价越高，迫使分类器将它们正确地分类。与装袋算法不同，提升算法迭代地训练 K 个基分类器，在带权重的数据集上训练一个基分类器 M_i 后，对其性能进行评价，并增大被它错分的训练样本的权重，然后训练下一轮的基分类器 M_{i+1}，最后根据所有基分类器的性能对它们进行加权组合，实现最终集体决策。

Adaboost 是第一种实用化的提升算法，由 Freund 和 Schapire 于 1995 年提出。它的详细步骤如算法 7-2 所示。

算法 7-2：Adaboost

输入：D 是规模为 n 的训练集，K 是基分类器的数量；分类器的训练算法 f（如决策树）。

输出：集成分类器 M。

步骤：

（1）将训练集 D 中的每条数据的初始权重设为 $1/n$。

（2）FOR $i = 1$ to K do。

（3）　　根据数据的权重从 D 中有放回抽样 n 次，得到训练集 D_i。

（4）　　在 D_i 上使用算法 f 训练一个基分类器 M_i。

（5）　　计算 M_i 的错误率 error(M_i)。

（6）　　IF error(M_i)>0.5 then。

（7）　　　　返回步骤（3）。

（8）　　End IF。

（9）　　FOR D_i 每个正确分类的数据 do。

（10）　　　　权重 ← 权重 × error(M_i)/(1−error(M_i))。

（11）　　规范化所有数据的权重。

（12）　　计算基分类器 M_i 的权重：$\alpha_i \leftarrow \log\dfrac{1-\text{error}(M_i)}{\text{error}(M_i)}$。

（13）END FOR。

（14）获得集成分类器 $M = \sum\limits_{i}\alpha_i M_i$，采用加权投票的方法预测测试样本所属的类别。

基分类器误差率 error(M_i)的计算如式（7-1）所示：

$$\text{error}(M_i) = \sum_{j}^{d} w_j \times \text{err}(\boldsymbol{x}_j) \tag{7-1}$$

其中，err($\boldsymbol{x}_j$)是数据 $\boldsymbol{x}_j$ 被错误分类的误差值，如果错分类，err($\boldsymbol{x}_j$)=1，否则为 0。w_j 是数据 $\boldsymbol{x}_j$ 的权重。同时，如果基分类器性能太差，错误率大于 0.5，则丢弃它。这里，error(M_i) 的值是在[0,1]范围内。

在使用 Adaboost 训练的集成模型 M 进行分类时，每个分类器 M_i 会根据其错误率计算一个权重 α_i。每个分类器对新来的数据 $\boldsymbol{x}$ 进行分类时进行了加权投票。这也是与装袋算法不同的地方。

2. Adaboost 算法的 Python 实现

Scikit-learn 的 sklearn.ensemble 模块实现的 AdaBoostClassifier 类能轻松创建一个 Adaboost 提升模型，它的基本语法：

```
AdaBoostClassifier(base_estimator = None, n_estimators = 50,
learning_rate = 1.0, algorithm = 'SAMME.R')
```

它的主要参数如下。

（1）base_estimator：是基分类器对象，默认为 CART 决策树对象。

（2）n_estimators：是基分类器的数量，默认是 50。

（3）learning_rate：是学习速率，默认为 1。

（4）algorithm：设置学习算法。Scikit-learn 模块实现了 SAMME 和 SAMME.R 两种算法。SAMME.R 是实数计算提升算法，SAMME 是离散值计算提升算法。SAMME.R 比 SAMME 收敛更快，且误差更低。但 SAMME.R 要求模型能输出样本的类别概率（KNN 的预测结果无法输出样本属于类别的概率值）。

代码 7-2 在 Universal Bank 数据集上以 CART 决策树作为基分类器，使用 Adaboost 算法构建了一个提升模型实现分类。

代码 7-2　使用 Adaboost 模型在 Universal Bank 数据集上分类

```
import pandas as pd
import numpy as np
from sklearn.model_selection import train_test_split
from sklearn.ensemble import AdaBoostClassifier
from sklearn.tree import DecisionTreeClassifier

df = pd.read_csv('UniversalBank.csv')
y = df['Personal Loan']
X = df.drop(['ID', 'ZIP Code', 'Personal Loan'], axis = 1)
X_train, X_test, y_train, y_test = train_test_split(X, y, test_size = 0.3, random_
        state = 0)

#建立 CART 决策树基模型和提升模型
cart = DecisionTreeClassifier(min_samples_leaf = 5, max_depth = 6)
ada_model = AdaBoostClassifier(base_estimator = cart, n_estimators = 50,
                    random_state = 10)

#模型训练和测试
cart.fit(X_train, y_train)
acc = cart.score(X_test, y_test)
print('CART 决策树模型的准确度: %s'%(acc))
ada_model.fit(X_train, y_train)
acc = ada_model.score(X_test, y_test)
print('Adaboost 模型的准确度: %s'%(acc))
```

在上述代码中，我们训练了一个包含 50 个基模型的 Adaboost 提升模型。它在测试集上的预测准确度达到了 98.8%，高于单个的 CART 决策树。

```
CART 决策树模型的准确度: 0.984
Adaboost 模型的准确度: 0.988
```

7.1.3　堆叠

堆叠方法

1. 原理

堆叠也称为元集成（Meta Ensembling）。与装袋、提升算法不同，堆叠是一种将多种不同类型的分类器组合在一起的集成技术。在数据挖掘竞赛中，堆叠是一种常用的集成技术。

它是一种两层的集成模型，首先在训练数据集上采用不同的算法独立地训练几个基分类器（模型）作为第一层，再组合第一层模型的输出生成新的数据集（原始的数据集中的标签仍作为新数据集的标签），并在新数据集上训练第二层的分类器（也称为"元模型"）。图 7-2

展示了堆叠算法的工作过程，第一层中的基模型 $M_1 \sim M_k$ 是不同算法训练的基分类器，第二层的 M_0 是在新数据集上训练的元模型。

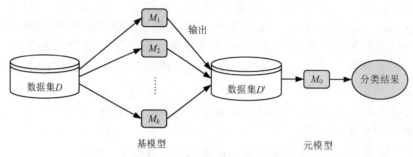

图 7-2　两层堆叠模型的示意

在数据挖掘任务中，第一层的基分类器算法应该选择不同类型的算法生成，使它们对数据的分类能力有明显的差异。

另外，在训练堆叠模型时，周志华的 *Ensemble Learning Foundation and Algorithms* 一书指出，参与训练了第一层分类器的数据，如果也用于产生新的数据集来训练第二层分类器，会使得集成模型有很高的过拟合的可能。因此，建议在实际应用中，将参与训练第一层分类器的数据排除，将剩下的数据代入第一层模型产生新数据集。他推荐采用 K 折交叉验证的方法生成新数据集。由原始数据集生成元模型的训练集和测试集的过程如图 7-3 所示。

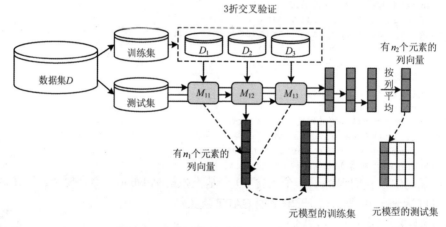

图 7-3　生成元模型训练集和测试集的过程

假设第一层有 4 个基模型，该图描述了其中一个基模型 M_1 生成一组元模型的训练数据和测试数据的过程。设原始数据集 D 有 n 个数据对象。首先将 D 随机划分成有 n_1 条数据的训练集和有 n_2 条数据的测试集。在训练集上用 K 折交叉验证训练 k 个 M_1 模型，在图中的例子中采用了 3 折交叉验证（该方法将训练集分成 3 份，并用任意 2 份训练模型 M_1，然后把第 3 份当作验证集获得模型的输出）。3 折交叉验证结束，产生 3 个有差别的 M_1 模型，即 M_{11}、M_{12} 和 M_{13}，然后把它们在 3 个验证集上的输出重新拼接成一个由 n_1 个元素组成的列向量，作为基模型 M_1 在训练集上的输出。按照这种方式，4 个基模型都产生一个 n_1 维的列向量。最后，将它们拼接成一个大小为 $n_1 \times 4$ 的矩阵，作为元模型的训练集。

类似地，把测试集分别输入 M_{11}、M_{12} 和 M_{13} 这 3 个模型，每个模型产生一个由 n_2 个元素组成的列向量。对它们做按列取平均操作，即可得到基模型 M_1 在测试集上的输出。这样，可以把 4 个基模型在测试集上输出拼接成一个大小为 $n_2 \times 4$ 的矩阵，它就是元模型使用的测试集。

2．堆叠算法的 Python 实现

Scikit-learn 的 sklearn.ensemble 模块提供了 StackingClassifier 类来完成基于堆叠的集成分类模型，其基本语法：

```
StackingClassifier(estimators, final_estimator = None, cv = None,
            stack_method = 'auto')
```

该类的主要参数如下。

（1）estimators：是基模型的列表。列表中的每个元素是一个元组，它给出了一个基模型的名称和基模型对象，例如，('cart', cart)。

（2）final_estimator：表示第二层采用的元模型对象，默认是 LogisticRegression 分类模型。

（3）cv：设置采用交叉验证方法产生新数据集（见图 7-3）的折数。默认是 None，表示采用 5 折交叉验证。

（4）stack_method：设置按照基模型输出的哪一类型的值产生新数据集，可选值包括：auto、predict_proba、decision_function 和 predict。默认为 auto。

此外，StackingClassifier 类包含的 predict()、predict_proba()、score() 等函数与前面介绍的其他模型的同名函数一致，在此不再赘述。

代码 7-3 演示了使用两个基模型（CART 决策树和支持向量机）实现堆叠，对 Universal Bank 数据集进行分类的过程。

代码 7-3　使用堆叠模型在 Universal Bank 数据集上进行分类

```
import pandas as pd
import numpy as np
from sklearn.model_selection import train_test_split
from sklearn.ensemble import StackingClassifier
from sklearn.svm import SVC, NuSVC
from sklearn.tree import DecisionTreeClassifier
from sklearn.pipeline import make_pipeline
from sklearn.preprocessing import StandardScaler
from sklearn.linear_model import LogisticRegression
from sklearn.model_selection import KFold

# 1．读入数据，建立训练集和测试集
df = pd.read_csv('UniversalBank.csv')
y = df['Personal Loan']
X = df.drop(['ID', 'ZIP Code', 'Personal Loan'], axis = 1)
X_train, X_test, y_train, y_test = train_test_split(X, y, test_size = 0.3, random_
state = 0)

# 2．建立元模型、基模型和堆叠模型
cart = DecisionTreeClassifier()
svm = make_pipeline(StandardScaler(),
            NuSVC(gamma = 'auto', nu = 0.07, class_weight = 'balanced'))
lr = LogisticRegression()                    #元模型
estimators = [('cart', cart), ('svm', svm)]  #基模型
```

```
kf = KFold(n_splits = 10)
stacking_model = StackingClassifier(estimators = estimators,        #堆叠模型
                            final_estimator = lr, cv = kf)
# 3. 训练和测试模型
cart.fit(X_train, y_train)
acc = cart.score(X_test, y_test)
print('CART 决策树模型的准确度: %s'%(acc))
svm.fit(X_train, y_train)
acc = svm.score(X_test, y_test)
print('支持向量机模型的准确度: %s'%(acc))
stacking_model.fit(X_train, y_train)
acc = stacking_model.score(X_test, y_test)
print('堆叠（Stacking）模型的准确度: %s'%(acc))
```

上面的代码中采用了两个基分类器进行堆叠，元模型采用 LogisticRegression 分类器。最后的测试结果表明，堆叠模型的准确度达到了 98.5%，优于独立的 CART 决策树和支持向量机模型。

```
CART 决策树模型的准确度: 0.981
支持向量机模型的准确度: 0.982
堆叠（Stacking）模型的准确度: 0.985
```

上面的代码只演示了堆叠两个基分类器，读者也可以添加更多的基分类器，以获得更好的测试性能。

7.1.4 集成技术的定性分析

通常，集成技术比单一的分类器能获得更好的性能。我们可以对其原因进行定性分析：对于分类问题，当遇到数据线性不可分的情况（见图 7-4 所示的数据集），难以找到一个理想的超平面把数据完美分开；集成技术实际上是同时训练多个基分类器，然后组合它们的决策超平面，以获得更好的分类能力。单个基分类器往往在局部范围内的数据上有好的表现（即捕捉数据的局部分布特点），但总体上的分类能力不强，也称为"弱分类器"。但是基分类器在构造时由于训练数据集、特征、样本权重等方面的差异，它们的分类能力也存在明显差异，当我们把这些在局部上表现良好的分类器组合起来时，往往能获得分类能力更好的强分类器。

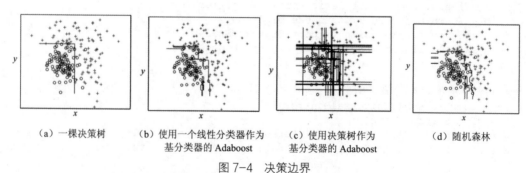

（a）一棵决策树　（b）使用一个线性分类器作为基分类器的 Adaboost　（c）使用决策树作为基分类器的 Adaboost　（d）随机森林

图 7-4　决策边界

注：图片摘自周志华的 *Ensemble Learning Foundation and Algorithms* 一书

图 7-4 以二维数据（x, y 两个轴）的两类分类为例，说明了集成模型的优势。图 7-4（a）显示一棵决策树的决策超平面，它是平行坐标轴的两条直线，由于非常简单，不足以把两类数据完美分开。图 7-4（b）显示了使用一个线性分类器作为基分类器，Adaboost 产生的决策

超平面是多条线段的组合；每条线段是一个基分类器的决策超平面，显然，它已经具有很好的分类能力。图 7-4（c）显示了使用决策树作为 Adaboost 的基分类器，产生了非常复杂的决策超平面，已经可以将两类数据近乎完美地分开。图 7-4（d）显示了另外一种集成模型——随机森林（见 7.2 节）的决策超平面，也可以将两类数据近乎完美地分开。

7.2　随机森林

随机森林是以 CART 决策树作为基模型的集成技术，它基本上是一种装袋模型，在构建决策树时使用了随机的特征选择方法。

7.2.1　工作原理

为了获得有差异的决策树，随机森林采用了随机的方法选择数据集和特征集，这也是"随机"的由来。算法 7-3 描述了随机森林的构建和决策过程。

算法 7-3：随机森林

输入：决策树的数量 K ，数据集 D

输出：随机森林

步骤：

（1）For k = 1 to K

（2）　　从数据集 D 自助抽样产生数据集 D'；

（3）　　While 使用数据集 D' 重复下面的步骤直到生成一棵决策树 T_k；

（4）　　　　从属性集合 F 中选择 m 个属性；

（5）　　　　从 m 个属性中选择最好的属性和划分点；

（6）　　　　除非节点不能再划分，否则划分节点到两个子节点；

（7）输出随机森林 $\{T_k\}_{k=1}^K$。

在预测阶段，随机森林的每棵决策树对待预测的数据记录 x' 进行分类，采用投票方式选择最终预测结果。

7.2.2　随机森林的 Python 实现

Scikit-learn 的 sklearn.ensemble 模块提供了 RandomForestClassifier 类来实现随机森林模型，它的基本语法：

```
RandomForestClassifier(n_estimators =100, criterion = 'gini',
    max_depth = None, bootstrap = True)
```

它的主要参数如下。

（1）n_estimators: 设置基分类器的数量。

（2）criterion：设置基分类器（CART 决策树）的节点不纯度指标，默认是'gini'。

（3）max_depth：设置树的最大深度，默认不限制树的深度。

（4）bootstrap：设置是否采用自助法从数据集抽样建立树，默认是 True，否则每棵树都使用整个数据集。

其他参数与 6.4 节 CART 决策树中的参数一致。此外，该类包含的 fit()、predict()、predict_proba()、score()等函数与其他模型中的同名函数的使用方法一致。

代码 7-4 演示了在 Universal Bank 数据集上采用随机森林模型进行分类的过程。

代码 7-4　使用随机森林模型在 Universal Bank 数据集上进行分类

```python
import pandas as pd
import numpy as np
from sklearn.model_selection import train_test_split
from sklearn.ensemble import RandomForestClassifier

#1. 读数据，建立训练集和测试集
df = pd.read_csv('UniversalBank.csv')
y = df['Personal Loan']
X = df.drop(['ID', 'ZIP Code','Personal Loan'], axis = 1)
X_train, X_test, y_train, y_test = train_test_split(X, y, test_size = 0.3,
random_state = 0)

#2. 计算样本权重
sample_weights = np.ones((y_train.shape[0],))
sample_weights[y_train == 1] = np.ceil(sum(y_train == 0) / sum(y_train == 1))

#3. 构建随机森林模型
model = RandomForestClassifier(n_estimators = 400, max_depth = 8,
                               min_samples_split = 3, random_state = 0)
#4. 训练和测试模型
model = model.fit(X_train, y_train, sample_weights)
acc = model.score(X_test, y_test)
print('随机森林模型的准确度: %s' % acc)
```

代码 7-4 的步骤 2 中，为了处理数据的不平衡问题，给训练集中的每个样本分配一个权重，方法：初始时给每个样本分配权重 1，然后用多数类样本（类别为 0）数量除以少数类样本数量作为少数类（类别为 1）样本权重。代码 7-4 的步骤 3 构建了随机森林模型，包含 400 棵决策树，每棵树的最大深度是 8 层，每个节点对应的训练样本大于 3 个时，才可以继续分裂。

代码的运行结果如下，随机森林模型的测试准确度达到了 98.7%。

随机森林模型的准确度：0.9873333333333333

7.3　提升树

提升树（Boosted Tree）有很多名字，如梯度提升树（Gradient Boosted Tree，GBT）、梯度提升决策树（Gradient Boosted Decision Tree，GBDT）、多重累加回归树（Mutiple Additive Regression Tree，MART）等。作为一个非常有效的机器学习方法，提升树是数据挖掘和机器学习领域最常用的模型之一。因为它的效果好，对于输入数据的要求不敏感，是 Kaggle 数据挖掘竞赛中使用非常广泛的工具，也在工业界中有大量的应用。

7.3.1　原理

提升树是一种回归的集成模型，它的基分类器是 CART 回归树。与随机森林基于装袋思想构造集成模型的方式不同，提升树采用提升的思想集成多棵树。

以下面的一个回归预测问题为例来说明提升树的使用。假设我们希望对家庭成员喜好游戏的程度进行评分。如果已经训练好了提升树，它有两棵 CART 回归树（见图 7-5）。每个家庭成员的特征包括：{年龄,是否使用计算机}。

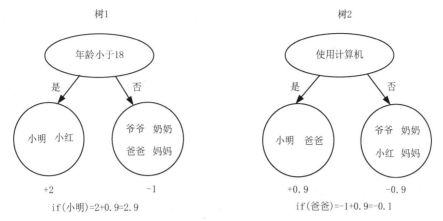

图 7-5 提升树的预测过程

对于每条测试数据，每棵回归树会在叶子节点产生一个预测评分，最终模型的预测结果是多棵树的评分之和。例如，如果新的测试数据是小明，他的特征：{年龄小于 18,使用计算机}，则模型会给出 2.9 的评分；如果新的测试数据是爸爸，他的特征：{年龄大于 18, 使用计算机}，他会得到-0.1 的评分。

下面简单介绍提升树的工作原理。机器学习模型（分类模型或回归模型）一般都会定义一个目标函数，例如

$$\mathrm{Obj}(\theta) = L(\theta) + \Omega(\theta) \qquad (7\text{-}2)$$

其中，$L(\theta)$ 是损失函数（或误差函数）。$\Omega(\theta)$ 是正则化项，即惩罚模型的复杂度，因为模型越复杂，越可能过拟合。

提升树可以实现回归和分类任务。当实现回归任务时，可以采用均方误差损失函数 $L(y_i, \hat{y}_i) = (y_i - \hat{y}_i)^2$（这里，$y_i$ 是训练集中数据对象 x_i 的目标值，$\hat{y}_i$ 是模型预测的结果）。当实现分类任务时，y_i 的取值是 1 或-1，可以采用交叉熵损失函数 $L(y_i, \hat{y}_i) = (y_i \ln(1 + \mathrm{e}^{-\hat{y}_i}) - (1 - y_i) \ln(1 + \mathrm{e}^{\hat{y}_i}))$。

机器学习的目标是计算参数 θ 使得目标函数取最优值。假设 f_k 是一棵 CART 回归树，F 是包含所有回归树的集合，提升树的基本模型：

$$\hat{y}_i = \sum_{f_k \in F} f_k(x_i) \qquad (7\text{-}3)$$

为了求解该模型，提升树的目标函数：

$$\mathrm{Obj}(\theta) = \sum_i^n L(y_i, \hat{y}_i) + \sum_{k=1}^K \Omega(f_k) \qquad (7\text{-}4)$$

其中，一棵 CART 树的复杂度 $\Omega(f_k)$ 可以用树的节点个数和叶子节点上输出的评分（或叶子节点的权重）的平方和来表示。

提升树的训练采用加法训练（Additive Train）的方式。每一次迭代时，保留原来的模型不变，增加一棵新的 CART 回归树 f_k 到集成模型中。新加入的回归树是为了拟合原来模型的误差。这种操作就是"提升"。

在人工神经网络等模型的梯度下降优化过程中，通过梯度调整模型的参数，以使损失函

$$\hat{y}_i^{(0)} = 0$$

$$\hat{y}_i^{(1)} = f_1(x_i) = \hat{y}_i^{(0)} + f_1(x_i)$$

$$\hat{y}_i^{(2)} = f_1(x_i) + f_2(x_i) = \hat{y}_i^{(1)} + f_2(x_i)$$

$$\vdots$$

$$\hat{y}_i^{(t)} = \sum_{k=1}^{t} f_k(x_i) = \hat{y}_i^{(t-1)} + f_t(x_i)$$

图 7-6　提升树的训练过程

数减小。提升树则是通过加入新树，不断减小损失函数的值，和梯度下降方法的目标是一致的。所以，提升树也称为梯度提升树。

提升树的训练过程如图 7-6 所示。

初始时，提升树是一棵空树，输出的值 $\hat{y}^{(0)}$ 都是 0。在迭代的产生提升树的过程中，每一趟迭代中加入的函数 $f_t(x)$（一棵 CART 回归树）应该使得目标函数更优。所以优化算法会枚举树的不同结构，根据目标函数寻找出一个最优结构的树（即 $f_t(x)$）加入模型中。不过枚举一棵树 $f_t(x)$ 所有可能的结构这个操作不太可行，所以常用的方法是贪心法，即从根节点开始构造这棵树时，每一次尝试去对已有的一个叶子划分成左右两个叶子节点。对于一个具体的划分方案，根据获得的增益来判断是否产生一棵新树。

7.3.2　提升树的 Python 实现

提升树有不同的实现版本，比如，陈天奇开发的 XGBoost、微软公司开发的 LightGBM 和一家俄罗斯公司的开源 CatBoost。Scikit-learn 也提供了自己版本的提升树，sklearn.ensemble 模块中的 GradientBoostingClassifier 类能帮我们轻松创建一个提升树分类模型，它的基本语法为

```
GradientBoostingClassifier(loss = 'deviance', learning_rate = 0.1,
                    n_estimators =100, subsample = 1.0, validation_fraction = 0.1)
```

它的主要参数如下。

（1）loss：是训练模型的损失函数，包括'deviance'和'exponential'。其中，deviance 是负对数似然损失函数，适用于分类模型且输出概率值结果的情况。exponential 与 Adaboost 算法的损失函数一致，默认值是'deviance'。

（2）learning_rate：学习速率，默认值是 0.1。

（3）n_estimators：提升树模型的迭代次数。

（4）subsample：是一个 0~1 的小数，表示用于训练一个基模型的样本比例。

（5）validation_fraction：表示训练模型时，自动从训练集中划分的验证集的比例。

其他参数和函数与 6.4 节 CART 决策树中的参数一致。另外，如果要实现用于回归问题的提升树，可以使用 GradientBoostingRegressor 类，它的使用方法和 GradientBoostingClassifier 的相似（除了 loss 参数的设置），我们不再详述。

代码 7-5 演示了使用提升树在 Universal Bank 数据集上进行分类的例子。

代码 7-5　使用提升树在 Universal Bank 数据集上分类

```
import pandas as pd
import numpy as np
from sklearn.model_selection import train_test_split
from sklearn.ensemble import GradientBoostingClassifier

# 1. 读入数据，建立训练集和测试集
df = pd.read_csv('UniversalBank.csv')
y = df['Personal Loan']
X = df.drop(['ID', 'ZIP Code', 'Personal Loan'], axis = 1)
X_train, X_test, y_train, y_test = train_test_split(X, y, test_size = 0.3, random_
    state = 0)

# 2. 计算样本权重
sample_weights = np.ones((y_train.shape[0],))
```

```
sample_weights[y_train == 1] = np.ceil(sum(y_train == 0) / sum(y_train == 1))

# 3. 建立提升树模型
model = GradientBoostingClassifier(n_estimators = 200, learning_rate = 0.3,
                                   max_depth = 5, min_samples_leaf = 4, random_state = 0)

# 4. 训练和评估模型
model.fit(X_train, y_train, sample_weights)
acc = model.score(X_test, y_test)
print('提升树模型的准确度: %s' % acc)
```

代码 7-5 的步骤 3 中创建了一个迭代次数为 200 的提升树分类模型，学习速率为 0.3，每个 CART 基模型的最大深度设为 5。代码的运行结果如下：

提升树模型的准确度: 0.991

可见，提升树在 Universal Bank 数据集上测试准确度达到了 99.1%，与第 6 章和第 7 章中的其他模型相比，获得了较好的结果。

7.4 案例：电信客户流失预测

党的二十大报告中指出中国共产党领导的中国式现代化"坚持把实现人民对美好生活的向往作为现代化建设的出发点和落脚点"。以电信行业为观察点，我们可以切身感觉到最近十年的变化，各大电信公司的服务越来越多元化、费用越来越低，行业竞争越来越激烈。对各大电信公司来说，给客户提供更好的服务，防止客户流失是一项重要的工作。相关研究表明，挽留一位老客户比发展一位新客户花费的成本更低但得到的收益更高，而要从竞争对手那里挖走一个客户更加困难。面对当前的市场竞争形势和市场态势，电信运营商必须在发展新客户的同时，全面开展客户流失管理，有效地开展存量运营，稳定自己的现有客户群体。建立客户流失预测模型是很多电信公司进行客户挽留策略的第一步。本节在一个 Kaggle 数据集上采用集成技术建立客户流失预测模型。

7.4.1 探索数据

Kaggle 数据集一共有 7043 条数据和 21 个特征，其中最后一个 churn 特征是目标值，描述了客户是否流失。其特征和描述如表 7-1 所示。

表 7-1　　　　　　　　　　　　　　数据集特征和描述

特征	描述
CustomerID	客户编号
Gender	性别（male、female）
SeniorCitizen	客户是否为老年人（1、0）
Partner	客户是否有伙伴（Yes、No）
Dependents	客户是否有亲属（Yes、No）
tenure	成为公司客户的连续时间（月数）
PhoneService	客户是否开通了电话业务（Yes、No）
MultipleLines	该客户有多个电话号码（Yes、No、No Phone Service）
InternetService	客户互联网服务的方式（DSL、Fiber Optic、No）
OnlineSecurity	客户是否开通在线安全服务（Yes、No、No Internet service）

续表

特征	描述
OnlineBackup	客户是否开通在线备份服务（Yes、No、No Internet service）
DeviceProtection	客户是否开通装置保护服务（Yes、No、No Internet service）
TechSupport	客户是否开通技术支持服务（Yes、No、No Internet service）
StreamingTV	客户是否开通了流媒体电视服务（Yes、No、No Internet service）
StreamingMovies	客户是否开通了流媒体电影服务（Yes、No、No Internet service）
Contract	客户选择的合同期限（Month-to-month、One year、Two year）
PaperlessBilling	客户选择了无纸账单吗（Yes、No）
PaymentMethod	支付方式（Electronic check、Mailed check, Bank transfer、Credit card）
MonthlyCharges	客户每月的缴费
TotalCharges	客户总共的缴费
Churn	客户是否流失了（Yes、No）

读入数据后我们发现，TotalCharges 特征是 string 类型，并且 11 个出现了' '表示的缺失值。因为 TotalCharges 是用户的总共缴费，它出现缺失时我们可以用客户的每月缴费（MonthlyCharges）来填充。同时，我们将该特征转换为浮点型，如代码 7-6 所示。

代码 7-6　检查和处理缺失值

```python
import matplotlib.pyplot as plt
import pandas as pd
import numpy as np
from sklearn.preprocessing import LabelEncoder
from sklearn.preprocessing import OneHotEncoder

df = pd.read_csv('churn.csv')

#处理 TotalCharges 特征上的缺失值
idx = df['TotalCharges'] == ' '
df['TotalCharges'][idx] = df['MonthlyCharges'][idx]
df['TotalCharges'] = pd.to_numeric(df['TotalCharges'], downcast = "float")

#对 Churn 特征进行编码
le = LabelEncoder()
le.fit(df['Churn'])
y = le.transform(df['Churn'])

df = df.drop(['customerID', 'Churn'], axis = 1)
```

代码 7-6 还删除了客户编号特征 CustomerID，把目标 Churn 编码成数值 0 或 1。

当考察类别分布时，类分布柱状图如图 7-7 所示。可以看到，该数据集是类不平衡数据集。在类别"1"上的样本数明显少于类别"0"上的样本数。

因为该数据集混合了类别特征和数值特征（其中，除了 SeniorCitizen、tenure、MonthlyCharges、TotalCharges 4 个数值特征外，其他的都是类别特征），所以我们采

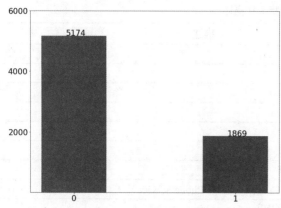

图 7-7　类分布柱状图

用独热编码方法对类别特征进行了处理，如代码 7-7 所示。

代码 7-7　对类别特征进行独热编码（接代码 7-6）

```
excluded_cols = ['SeniorCitizen', 'tenure', 'MonthlyCharges', 'TotalCharges']
cates = list(set(df.columns) - set(excluded_cols))
encoder = OneHotEncoder(drop = 'first')
df2 = encoder.fit_transform(df[cates]).toarray()
X = np.concatenate((df2, df[excluded_cols]), axis = 1)
```

7.4.2　模型性能比较

本节在前面处理过的数据集上分别采用提升树、随机森林、Adaboost 这 3 种集成模型按照 10 折交叉验证的方法评估模型性能。数据集划分如代码 7-8 所示。

代码 7-8　按照 10 折交叉验证划分数据集（接代码 7-7）

```
from sklearn.ensemble import GradientBoostingClassifier
from sklearn.model_selection import StratifiedKFold
from sklearn.model_selection import KFold
from sklearn.ensemble import RandomForestClassifier
from sklearn.ensemble import AdaBoostClassifier
from sklearn.tree import DecisionTreeClassifier
from sklearn.metrics import balanced_accuracy_score
from sklearn.metrics import accuracy_score

np.random.seed(10)
skf = StratifiedKFold(n_splits =10, shuffle = True, random_state = 10)
```

上面的代码使用了 sklearn.model_selection 模块中的 StratifiedKFold() 函数划分数据集。它在产生每一折的数据时保持样本类别的比例相同。

模型评估采用了准确度和平衡准确度两个指标。模型的训练和评估过程如代码 7-9 所示。

代码 7-9　评估 3 种分类模型的性能（接代码 7-8）

```
# 1. 设置初始准确度和平衡准确度
acc_rf, acc_gbt, acc_ada = 0, 0, 0      #设置 3 种模型的初始准确度
bacc_rf, bacc_gbt, bacc_ada = 0, 0, 0  #设置 3 种模型的初始平衡准确度

for train_index, test_index in skf.split(df, y):
    X_train = X[train_index]
    y_train = y[train_index]
    X_test = X[test_index]
    y_test = y[test_index]

# 2. 计算样本权重
sample_weights = np.ones((len(y_train), ))
sample_weights[y_train == 1] = np.ceil(sum(y_train == 0) / sum(y_train == 1))

# 3. 提升树模型的训练与评估
gbt = GradientBoostingClassifier(n_estimators = 200,
                                 learning_rate = 0.3,
                                 max_depth = 5,
                                 min_samples_leaf = 4,
                                 random_state = 0)
gbt.fit(X_train, y_train, sample_weights)
y_pred = gbt.predict(X_test)
acc_gbt += accuracy_score(y_test, y_pred)
bacc_gbt += balanced_accuracy_score(y_test, y_pred)
```

```
# 4. 随机森林的训练与评估
rf = RandomForestClassifier(n_estimators = 1000,
                            max_depth = 8,
                            min_samples_split = 3,
                            random_state = 0)
rf.fit(X_train, y_train,sample_weights)
y_pred = rf.predict(X_test)
acc_rf += accuracy_score(y_test, y_pred)
bacc_rf += balanced_accuracy_score(y_test, y_pred)

# 5. Adaboost 的训练与评估
cart = DecisionTreeClassifier(min_samples_leaf = 15, max_depth = 15)
ada = AdaboostClassifier(base_estimator = cart, n_estimators = 1000, random_state = 10)
ada.fit(X_train, y_train, sample_weights)
y_pred = ada.predict(X_test)
acc_ada += accuracy_score(y_test, y_pred)
bacc_ada += balanced_accuracy_score(y_test, y_pred)

# 6. 显示分类结果
print('提升树的准确度: %s, 平衡准确度: %s'%(acc_gbt/10, bacc_gbt/10))
print('随机森林的准确度: %s, 平衡准确度: %s'% (acc_rf/10,bacc_rf/10))
print('Adaboost 的准确度: %s, 平衡准确度: %s'%(acc_ada/10, bacc_ada/10))
```

上述代码中，for 循环的每一趟将获得 K 折交叉验证确认的训练集和测试集。因为每一趟循环要分别计算两个指标，最后以平均值作为最终的模型性能。代码块的步骤 2 中，计算了每一趟的模型评估中当前训练集的样本权重 sample_weights。代码块的步骤 3、步骤 4、步骤 5 分别训练与评估提升树、随机森林和 Adaboost 模型。在代码块步骤 6 中，计算每趟循环模型评估结果累加后的均值，作为模型最终性能。代码的运行结果：

```
提升树的准确度: 0.7614663926499033, 平衡准确度: 0.7223020243731618
随机森林的准确度: 0.7577742182462928, 平衡准确度: 0.7683200372943599
Adaboost 的准确度: 0.7621746050934881, 平衡准确度: 0.6793865234032379
```

可以看出，当前程序随机森林在平衡准确度指标上取得了最好的性能。读者也可以自行调节各模型的参数，尝试获得更好的分类结果。

7.5 类不平衡问题

大部分分类模型都假设训练数据是平衡的，即每一个类别的数量没有显著的差异。但在实践中遇到的数据集往往没有这么理想，不少时候都存在严重的类不平衡问题，即训练集中某一个类别的样本数远远多于另外一个类别的。例如，在疾病诊断数据集中，除了很少一些患病样本以外，大部分样本都是健康人的数据。许多分类模型往往在多数类样本上表现良好，而在少数类样本上表现很差，因为尽管这样，模型仍然能够获得很高的准确度。然而，在许多应用中（如疾病诊断、信用卡欺诈检测等），对少数类样本进行准确的识别是更重要的任务。

解决类不平衡问题的方法主要包括抽样方法、代价敏感学习方法和集成学习方法。

抽样方法通过对原始数据集的不同类别进行抽样，产生新的平衡数据集，它包括：过抽样（Over-sampling）、欠抽样（Under-sampling）、合成数据等多种方法。其中，过抽样通过对少数类上的样本进行多次抽样，以产生和多数类数量相等的样本，显然，过抽样可能改变少数类的分布；欠抽样是从多数类中抽取一定比例的样本，数量和少数类相当，以便实现数据类别的平衡，显然，欠抽样将导致一部分数据信息丢失。

代价敏感的学习（Cost-sensitive Learning）的思想是对每一类样本设置不同的错分代价，其中，少数类样本的代价更高，以减少其被错分的概率。前面介绍的许多模型都提供了设置样本权重或者类别权重的方法，例如，DecisionTreeClassifier 类、SVC 类、RandomForestClassifier 类和 GradientBoostingClassifier 类，它们在创建模型时或者模型的训练函数 fit() 中，都可以设置类别权重或样本权重。这实际上是使用代价敏感的学习方法处理不平衡数据。

另一种处理不平衡数据的方法是采用集成学习。既然装袋算法的每个基分类器只抽样了部分数据集进行训练，那么，我们也可以从多数类中抽样一定比例的样本，将它和少数类样本一起构成平衡数据集，进而训练基分类器，最后组合多个基分类器构成集成模型。Easy Ensemble 和 Balance Cascade 就是两种代表性的利用集成学习处理不平衡数据的模型。本章只介绍 Easy Ensemble 方法。

7.5.1　类不平衡处理方法

下面我们重点介绍 3 种解决数据集类不平衡问题的方法。

1. SMOTE

SMOTE（Synthetic Minority Over-sampling Technique）是一种通过过抽样少数类来生成平衡数据集的技术。它通过在少数类上使用过抽样技术生成合成的新样本，而不是简单地重复抽样。算法描述如算法 7-4 所示。

算法 7-4：SMOTE

输入：少数类样本集合 samples；合成的样本倍数 N；最近邻的数量 k；
输出：合成的少数类样本。
步骤：
（1）$idx \leftarrow 0$；
（2）synthetic $\leftarrow$ [][]；
（3）For $i \leftarrow 1:|\text{samples}|$
（4）　　为 samples[i] 在少数类上计算 k 个最近邻；
（5）　　For $i \leftarrow 1:N$
（6）　　　　随机选择一个最近邻 j；
（7）　　　　For 每一个属性 attr
（8）　　　　　　diff $\leftarrow$ samples[i][attr] $-$ samples[j][attr]；
（9）　　　　　　$\alpha \leftarrow 0$ 到 1 之间的一个随机数；
（10）　　　　　synthetic[idx][attr] $\leftarrow$ samples[i][attr] $+ \alpha \times$ diff；
（11）　　　　End
（12）　　　idx++；
（13）　　End
（14）End
（15）返回 synthetic。

下面通过图 7-8 所示的例子来理解 SMOTE 的工作原理。

设有一个数据对象 $x_1 = (6,4)$。数据对象 $x_2 = (4,3)$ 是它的 k 个最近邻之一。根据 x_1 和 x_2 在每个属性（特征）上产生一个新的值。假设 0 到 1 之间的随机数 $\alpha_1 = 0.2$ 和 $\alpha_1 = 0.8$，则生成的一条新的数据对象是 $x_3 = (5.6, 3.2)$。

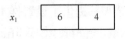

| x_1 | 6 | 4 |

| x_2 | 4 | 3 |

| x_3 | 5.6 | 3.2 |

$x_3[0] = x_1[0] + \alpha_1 \times (x_2[0] - x_1[0])$

$x_3[1] = x_1[1] + \alpha_2 \times (x_2[1] - x_1[1])$

图 7-8　产生一条新的数据对象的示意

有研究证明，在少数类上采用 SMOTE，结合在多数类上的欠抽样，可以使得分类器取得更好的性能。

2. ADASYN

ADASYN（Adaptive Synthetic Sampling Approach for Imbalanced Learning）是一种自适应地在少数类上合成样本的方法。SMOTE 是随机地从少数类中抽取样本来进行合成的，而 ADASYN 根据少数类的分布，从少数类中比较难被学习的样本产生新的数据。ADASYN 算法描述如算法 7-5 所示。

算法 7-5：ADASYN

输入：不平衡的训练集 D，其中，D_s 和 D_l 分别是少数和多数类集合。

输出：合成的平衡数据集。

步骤：

（1）计算两类不平衡度 $d \leftarrow |D_s| / |D_l|$；

（2）计算需要被生成的少数类的样本数 $G \leftarrow (|D_l| - |D_s|) \times \beta$；

（3）为 D_s 中的每条数据 x_i 计算 $r_i \leftarrow \Delta_i / k$；

（4）将每个 r_i 规范化，得到 $\hat{r_i} = r_i / \sum_{k=1}^{|D_s|} r_k$；

（5）计算 D_s 中的每个样本 x_i 应该被生成的新样本数 $g_i = \hat{r_i} \times G$；

（6）For each x_i in D_s

（7）　　Repeat g_i

（8）　　　　从 x_i 的 k 个最近邻中，随机选择一条属于少数类的样本 x_i'；

（9）　　　　生成一条样本 $s_i = x_i + (x_i' - x_i) \times \alpha$；

（10）　　End

（11）End。

算法的步骤（2）中，β 是控制不平衡程度的参数，$\beta = 1$ 意味着两类完全平衡。步骤（3）的 $r_i \leftarrow \Delta_i / k$ 是一个少数类中的样本 x_i 在它的 k 个最近邻中，计算的属于多数类别的比例，$r_i \in [0,1]$。Δ_i 是多数类的数量。步骤（4）是对所有的 r_i 进行规范化，使得它们的和是 1。步骤（9）中的 α 是一个随机数，$\alpha \in [0,1]$。

3. Easy Ensemble

它采用集成学习的思想解决类不平衡问题。Easy Ensemble 是 2009 年由南京大学周志华教授提出的算法，它首先在多数类上使用欠抽样技术获得一个规模与少数类相当的子集，然后和少数类一起构成平衡数据集，并在它上面训练一个 Adaboost 集成模型。重复多次这样的操作，将训练的多个 Adaboost 模型再组合起来。算法的详细描述如算法 7-6 所示。

算法 7-6：Easy Ensembe

输入：不平衡的训练集 D ，其中， D_s 和 D_l 分别是少数类和多数类；从 D_l 抽样的次数 T ；训练一个 Adaboost 模型的迭代次数 s 。

输出：集成模型 H 。

（1） $i \leftarrow 0$ ；

（2） Repeat

（3） $\quad i \leftarrow i + 1$ ；

（4） $\quad$ 从 D_l 随机欠抽样一个子集 D_l^i ，满足 $|D_l^i| = |D_s|$ ；

（5） $\quad$ 使用 D_s 和 D_l^i 训练一个 Adaboost 模型 H_i ，包含 s 个弱分类器 h_j 。每个分类器的权重是 $\alpha_{i,j}$ ；

（6） Until $\quad i = T$ ；

（7） 输出集成分类器： $H(x) = \text{sgn}\left(\sum_{i=1}^{T} \sum_{j=1}^{s} \alpha_{i,j} h_{i,j}(x) \right)$ 。

可见，Easy Ensemble 通过由 T 个 Adaboost 分类器以投票的方法做最后的决策，而每个 Adaboost 分类器都是在抽样后的平衡数据集上经过 s 轮迭代后训练而成的。它通过集成学习技术巧妙地解决了类不平衡问题。

7.5.2 不平衡数据处理的 Python 实现

Python 的 imbalanced-learn 模块提供了多种不平衡数据的处理方法。该模块需要在 Anaconda 命令行终端中执行 pip install imbalanced-learn 命令来安装。下面简要介绍基于其中的 SMOTE、ADASYN 和 EasyEnsembleClassifier 类的使用。

1. SMOTE 类

imbalanced-learn 的 over_sampling 模块中的 SMOTE 类可以实现过抽样，它的基本语法：

```
SMOTE(sampling_strategy = 'auto', random_state = None, k_neighbors = 5)
```

它的主要参数如下。

（1）sampling_strategy：表示抽样策略。它可以是一个浮点值或一个字符串。浮点值表示在少数类上抽样的样本与多数类上抽样的样本的比例。当是字符串时，设置抽样的目标列。抽样后所有的类上样本数一致。默认是'auto'。各字符串和含义如下。

'minority'：仅在少数类上抽样。

'not minority'：在除了少数类的其他类上抽样。

'not majority'：在除了多数类的其他类上抽样。

'all'：在所有类上抽样。

'auto'：等价于'not majority'。

（2）k_neighbors：设置少数类样本的最近邻数量。

此外，创建该类的对象后，调用函数 fit_resample(X, y)可以产生平衡的数据集。X 和 y 是数据集的特征部分和目标值。

2. ADASYN 类

imbalanced-learn 的 over_sampling 模块中的 ADASYN 类可以实现过抽样，它的基本语法：

```
ADASYN(sampling_strategy = 'auto', random_state = None, n_neighbors = 5)
```

它的主要参数的含义与 SMOTE 类的基本一样。创建该类的对象后，调用函数 fit_

resample(X, y)可以产生平衡的数据集。

3．EasyEnsembleClassifier 类

imbalanced-learn 的 over_sampling 模块中 EasyEnsembleClassifier 类可以实现一个 Easy Ensemble 集成模型，它的基本语法：

```
EasyEnsembleClassifier(n_estimators = 10, base_estimator = None,
        sampling_strategy = 'auto', replacement = False, random_state = None)
```

它的主要参数如下。

（1）n_estimators：一个整数值，表示集成的 Adaboost 模型的数量。

（2）base_estimator：使用的 Adaboost 基模型对象。

（3）sampling_strategy：表示抽样策略，除了没有'minority'外，其他策略与 SMOTE 中的抽样策略一样。

（4）replacement：布尔值（True 或 False），表示是否为有放回地对多数类抽样。

此外，在创建该类的对象后，调用函数 fit_resample(X, y)可以获得平衡的数据集。

在使用 Easy Ensemble 集成方法处理不平衡数据时，过程相对复杂，需要创建如下 3 种模型对象（可以参考代码 7-15）。

（1）创建一个 CART 决策树模型。

```
cart = DecisionTreeClassifier(min_samples_leaf = 5, max_depth = 6)
```

（2）以 CART 决策树为基模型，创建 Adaboost 模型（包含 100 棵 CART 决策树）。

```
ada = AdaboostClassifier(base_estimator = cart, n_estimators = 100)
```

（3）使用 Adaboost 为基模型创建 Easy Ensemble 模型（基模型数量是 10，采用有放回的抽样）。

```
eec = EasyEnsembleClassifier(base_estimator = ada,
        sampling_strategy = 'all', replacement = True)
```

代码 7-10～代码 7-15 演示了在 UniversalBank 数据集上 4 种类不平衡处理方法的使用。包括采用代价敏感的学习方法（通过设置模型的类权重参数）、SMOTE 过抽样、ADASYN 过抽样和 Easy Ensemble 集成模型（完整的代码参见文件 imbalanced.py）。

代码 7-10　读入数据

```
from numpy import mean
from sklearn.model_selection import RepeatedStratifiedKFold
from sklearn.tree import DecisionTreeClassifier
from imblearn.pipeline import Pipeline
from imblearn.over_sampling import SMOTE, ADASYN
from imblearn.under_sampling import RandomUnderSampler
from imblearn.over_sampling import RandomOverSampler
import pandas as pd
import numpy as np
from sklearn.model_selection import train_test_split
from sklearn.neighbors import KNeighborsClassifier
from sklearn.model_selection import cross_validate
from imblearn.ensemble import EasyEnsembleClassifier
from sklearn.ensemble import AdaBoostClassifier

np.random.seed(10)
k = 5
df = pd.read_csv('UniversalBank.csv')
y = df['Personal Loan']
X = df.drop(['ID', 'ZIP Code', 'Personal Loan'], axis = 1)
scorings = ['accuracy', 'balanced_accuracy']
```

这部分代码的作用：读入数据后，去除编号（ID）特征和邮政编码（ZIP Code）特征，获得数据集 X 和目标 y。

代码 7-11　不处理类不平衡问题的 CART 决策树模型（接代码 7-10）

```
model = DecisionTreeClassifier(min_samples_leaf = 7)
scores = cross_validate(model, X, y, cv = 10, scoring = scorings)
print('不处理类不平衡问题的 CART 决策树模型: ')
s = np.mean(scores['test_balanced_accuracy'])
print('平衡准确度: %s'% s)
s = np.mean(scores['test_accuracy'])
print('准确度: %s'% s)
```

该段代码建立了一棵 CART 决策树，没有处理类不平衡问题，而是采用 10 折交叉验证方法来评估模型。代码运行后的结果如下：

```
不处理类不平衡问题的 CART 决策树模型:
平衡准确度: 0.9498525073746313
准确度: 0.9833999999999999
```

可以看到，因为存在类不平衡问题，所以平衡准确度指标比准确度低得多。

代码 7-12　设置类别权重来处理类不平衡问题（接代码 7-10）

```
class_weight = {0:1, 1:sum(y == 0) / sum(y == 1)}          #设置类别权重
model = DecisionTreeClassifier(class_weight = class_weight, min_samples_leaf = 7)
scores = cross_validate(model, X, y, cv = 10, scoring = scorings)
print('设置类别权重后的 CART 决策树模型: ')
s = np.mean(scores['test_balanced_accuracy'])
print('平衡准确度: %s'% s)
s = np.mean(scores['test_accuracy'])
print('准确度: %s'% s)
```

6.4.5 节介绍的实现 CART 决策树的 DecisionTreeClassifier 类包含一个参数 class_weight。它可以通过设置类别权重来处理类不平衡问题。我们使用一个词典，给出每个类别的权重，它把多数类（0 类）的权重设为 1，少数类（1 类）的权重设置为多数类样本数和少数类样本数之比。代码运行后的结果如下：

```
设置类别权重后的 CART 决策树模型:
平衡准确度: 0.9640302359882005
准确度: 0.9719999999999999
```

可以看到，与不处理类不平衡问题的 CART 模型相比，该模型平衡准确度有所提升，准确度稍有下降。但在解决类不平衡问题时，模型使用平衡准确度指标更合理。

代码 7-13　使用 SMOTE 方法来处理类不平衡问题（接代码 7-10）

```
smote = SMOTE(sampling_strategy = 'minority', k_neighbors = k)
X_res, y_res = smote.fit_resample(X, y)
model = DecisionTreeClassifier(min_samples_leaf = 7)
scores = cross_validate(model, X_res, y_res, cv = 10, scoring = scorings)
print('使用 SMOTE 过抽样处理不平衡数据后的 CART 决策树模型如下。')
s = np.mean(scores['test_balanced_accuracy'])
print('平衡准确度: %s'% s)
s = np.mean(scores['test_accuracy'])
print('准确度: %s'% s)
```

该段代码采用 SMOTE 方法在少数类上进行过抽样，从而生成平衡数据集，再训练 CART 决策树。代码的运行结果如下：

```
使用 SMOTE 过抽样处理不平衡数据后的 CART 决策树模型如下。
平衡准确度: 0.9618362831858407
准确度: 0.9618362831858407
```

同样，使用 SMOTE 方法后，CART 决策树的平衡准确度指标也有明显提升。

代码 7-14　使用 ADASYN 方法来处理类不平衡问题（接代码 7-10）

```
adasyn = ADASYN(sampling_strategy = 'minority')
model = DecisionTreeClassifier(min_samples_leaf = 7)
```

```
X_res, y_res = adasyn.fit_resample(X, y)
scores = cross_validate(model, X_res, y_res, cv = 10, scoring = scorings)
print('使用 ADASYN 过抽样处理不平衡数据后的 CART 决策树模型如下。')
s = np.mean(scores['test_balanced_accuracy'])
print('平衡准确度: %s'% s)
s = np.mean(scores['test_accuracy'])
print('准确度: %s'% s)
```

该段代码采用 ADASYN 方法在少数类上进行过抽样，从而生成平衡的合成数据集。代码运行后的结果如下：

```
使用 ADASYN 过抽样处理不平衡数据后的 CART 决策树模型如下。
平衡准确度: 0.9590223185715481
准确度: 0.9589152170281814
```

同样，与不处理类不平衡问题的情况相比，ADASYN 方法也能带来平衡准确度的提升。

代码 7-15　使用 Easy Ensemble 方法来处理类不平衡问题（接代码 7-10）

```
cart = DecisionTreeClassifier(min_samples_leaf = 5, max_depth = 6)
ada = AdaBoostClassifier(base_estimator = cart, n_estimators = 100)
eec = EasyEnsembleClassifier(base_estimator = ada,
                    sampling_strategy = 'all', replacement = True)
scores = cross_validate(eec, X, y, cv = 10, scoring = scorings)
print('处理不平衡问题的 Easy Ensemble 集成模型如下。')
s = np.mean(scores['test_balanced_accuracy'])
print('平衡准确度: %s'% s)
s = np.mean(scores['test_accuracy'])
print('准确度: %s'% s)
```

使用 Easy Ensemble 集成模型处理类不平衡问题时，需要先建立 Adaboost 模型作为基模型。详细步骤已在前面介绍 EasyEnsembleClassifier 类时给予了说明。代码运行后的结果如下：

```
处理不平衡问题的 Easy Ensemble 集成模型如下。
平衡准确度: 0.9753318584070797
准确度: 0.9756
```

显然，相比于其他方法，Easy Ensemble 模型通过组合多个 Adaboost 基模型，很好地处理了类不平衡的问题，取得了最佳的平衡准确度。

7.6　本章小结

集成是数据挖掘领域中一项非常有用的技术，在各种数据挖掘竞赛中折桂的模型有相当一部分都采用了集成技术。本章介绍的基本集成方法包括：装袋、提升和堆叠，以及在基本集成技术上发展的随机森林和提升树。随机森林本质上是一种装袋模型，它可以处理混合型特征的数据。提升树在本质上是一种提升模型，相比于随机森林它只能处理数值型的特征。此外，本章还介绍了几种常用的类不平衡数据的处理方法。

习题

1. 在装袋模型中，每次从训练集中抽样建立一个数据子集时，为什么不能采用无放回抽样？
2. 装袋算法与提升算法在投票时有什么不同？
3. 为什么说随机森林也是一种装袋模型？
4. scikit-learn 包提供的许多分类模型都有参数可以解决类不平衡问题。请寻找和比较这些模型的参数。

174

第 **8** 章 聚类分析

在一些数据挖掘场景中，我们预先并不知道数据的类别标签，也不知道总的类别数量，但我们仍希望从数据中获得一些有价值的信息。例如，在企业的精准营销活动中，可以对企业后台数据库中存储的数以万计的客户数据进行分析，选取特定的相似性尺度，将客户划分为若干个有明显差异的子集或群体，从而获得每个客户群体的典型特征，并对其做针对性的营销方案。显然，此例中的识别不同的企业客户群体是一件非常有价值的工作。

我们把对无标签的数据集进行划分或识别，获得若干个有意义的子集的过程称为"聚类"（Clustering），其中，每个子集称为"簇"（Cluster）。聚类是典型的无监督式数据挖掘方法，是该领域的另一个重要的研究分支。本章将首先介绍其基本原理，然后介绍 k-means 算法、DBSCAN 算法和 GMM 算法 3 个代表性的聚类方法及其 Python 实现。

8.1 聚类的基本原理

聚类分析是一种常见的人类行为。即便一名 6 岁的儿童也能很容易把一组动物图片划分为哺乳动物、鸟类、鱼类、昆虫、爬行动物等簇。他可以通过直观地观察不同的动物在一些物理特征（如形体、四肢、毛发、牙齿等）上的相似性，把相似的动物划分到同一个簇。

从数据分析的角度来说，聚类就是对数据在特征指标下的相似性进行分析，将数据划分或识别为若干个有意义的簇。其目标：簇内的数据对象是相似的或相关的，而不同簇的数据对象是不同的或不相关的。簇内相似性越大，簇间差别越大，聚类效果就越好。简言之，就是"高的簇内相似性，低的簇间相似性"。

与分类模型相比，聚类分析无须知晓数据的类别标签和类别数量，通过将数据划分为不同的簇，自动发现数据中潜在的类别，是一类无监督的数据挖掘方法。它在很多行业都有一些典型应用。

- **市场营销**：利用客户的购买历史、兴趣偏好等数据，聚类能够对客户做类别的细分，帮助市场营销人员对不同群体的客户定制针对性的产品和服务，从而实现精准营销。
- **生物信息学**：聚类常常用于蛋白质序列分析和基因表达数据分析。例如，分子结构相似的蛋白质，功能也相似，通过聚类将功能相似的蛋白质聚为同一个簇，为研究蛋白质的功能提供帮助。
- **工程规划**：结合地理信息系统（Geographic Information System，GIS）了解地理位置信息，聚类可以被应用在基站选址、变电站选址、银行网点选址等工程规划应用中。例如，利用移动设备提供的 GIS 定位数据，可以分析人群在一个地区的分布特点和聚集程度，从而为移动基站的选址规划提供依据。

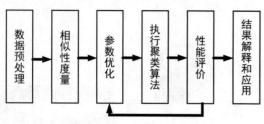

图 8-1　聚类分析的一般流程

通常来说，聚类分析的一般流程如图 8-1 所示。

其中，数据预处理工作可以使用第 4 章和第 5 章介绍的方法和工具完成，包括缺失值填充、去噪、规范化、降维、特征选择等操作。

相似性度量是指根据数据对象的特点选用合适的相似性度量方法来衡量对象之间的相似性水平，它是影响聚类效果好坏的两个关键因素之一。我们在第 3 章介绍了多种计算数据之间相似性的方法，例如，适用于数值特征的各种距离函数，适用于二元特征的杰卡德相似系数，以及针对文档数据的余弦相似度等。

参数优化是指许多聚类算法都有一些参数需要设置，它们对聚类结果有明显影响。因此，需要采用一些经验的或者实验的方法选择算法的最优参数。在介绍本章的几种聚类算法时，我们将同时讨论其常用的参数优化方法。

目前，已经提出了许多聚类算法。针对不同的数据类型、目的及应用场景，它们大体上可以分成如下几类。

（1）基于划分的算法：给定一个包含 n 个对象的数据集，基于划分的算法首先确定划分数目 k，且满足 $k \ll n$，然后依据对象之间的相似度迭代地将数据划分为互不重叠的 k 个簇，使得同一个簇中的数据对象之间尽可能相似，不同簇之间的数据对象尽可能不同。代表性的算法包括：k 均值聚类（k-means）算法、k 中心点（k-medoids）算法、基于随机选择的算法（CLARANS）等。

（2）基于层次的算法：基于层次的算法对给定数据集进行层次分解，直到获得预先设定的 k 个簇。它可以分为自底向上的凝聚型算法（先将每个数据视为一个簇，再逐层合并最相近的簇）和自顶向下的分裂型算法（先将全部数据集视为一个簇，再逐层地选择簇并将其分裂为更小的簇）。代表性的算法包括：凝聚的层次聚类算法（AGNES）、分裂的层次聚类算法（DIANA）、平衡迭代削减算法（BIRCH）、基于代表点的聚类算法（CURE）、变色龙算法（CHAMELEON）等。

（3）基于密度的算法：基于密度的算法把簇视为数据分布空间中的稠密区域，它们被低密度区域分割开。因此，相比于基于划分的算法，基于密度的算法通常适合于识别任意形状的簇，并且能自动确定簇的数量。代表性的算法包括：DBSCAN（基于密度的带噪声的空间聚类）算法、OPTICS（排序点识别聚类结构）算法、DENCLUE（基于密度的聚类）算法、DPC（基于密度峰值的聚类）算法等。

（4）基于网格的算法：基于网格的算法将数据的每个属性的可能值分割成多个相邻的区间，进而形成一个多维的网格结构，所有聚类都在网格上进行。其优点是处理速度快，其处理时间独立于数据对象数，而仅依赖于数据属性分割后的区间数。代表性的算法包括：STING（统计信息网格聚类）算法、CLIQUE（基于网格的聚类）算法等。

（5）基于模型的算法：狭义的基于模型的算法认为簇服从空间中某种分布函数或概率，然后试图寻找该分布的最佳参数或定义，从而确定每一个簇。典型的算法如高斯混合模型（Gaussian Mixture Modle，GMM）算法。广义的基于模型的算法也指将神经网络模型、信息传播模型等应用在聚类问题中的算法，例如，基于 SOM 竞争网络的聚类算法、近邻传播

（Affinity Propagation，AP）聚类算法等。

聚类算法在数据集上训练出聚类模型后，对聚类结果进行性能评价是非常有必要的，否则结果很难被应用。通常，聚类算法的性能评价指标分成如下两类。

（1）**内部度量指标**：此类指标无须知晓数据的真实的簇分布，例如，轮廓系数（Silhouette Coefficient）、CH 指数（Calinski Harabasz Index）等。

（2）**外部度量指标**：需要事先知晓数据真实的簇分布或者类别标签，例如，兰德指数（Rand Index）、互信息（Mutual Information）等。

聚类的最后一个阶段是聚类结果的解释和应用，包括结果的可视化、不同簇的数据特点分析、聚类结果的实际工程应用等。

本章将介绍 k-means 算法、DBSCAN 算法、GMM 算法 3 种代表性的聚类算法，并使用它们对 Blobs 和 Moons 两个经典数据集（见图 8-2）进行聚类，最后对其聚类质量进行评价。

> **数据集：Blobs 和 Moons**
> Blobs 和 Moons 是两个经典的人工合成数据集，由于每个数据对象都是二维平面中的点，我们可以方便地观察聚类算法的结果。在 Python 中，可以直接使用 sklearn 包中的 make_blobs()和 make_moons()函数生成它们。

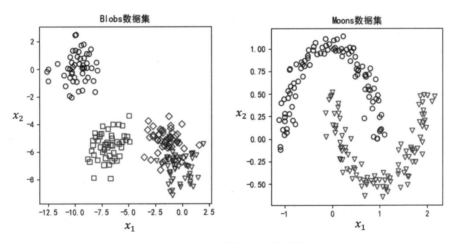

图 8-2 Blobs 和 Moons 数据集（样本数 $n = 200$）

8.2 k-means 算法

k-means 是聚类分析中最经典、应用最广泛的一种基于划分的聚类算法。由于该算法的计算效率高，它已被广泛应用于解决大规模的数据聚类问题。

使用肘部法确定
k-means 算法的
参数 k

8.2.1 基本原理

对于一个包含 n 个数据对象的数据集 D 和预先指定的聚类数目 k，经典的 k-means 算法迭代地将数据划分成 k 个不相交的簇，目标是最大化簇内数据的相似度。通常，它使用误差平方和（Sum of Squared Error，SSE）指标来衡量簇内数据的相似度，其定义：

$$SSE = \sum_{i=1}^{k} \sum_{x \in C_i} dist(x, \mu_i)^2 \tag{8-1}$$

其中，x 表示数据对象；dist() 是距离函数，如欧氏距离函数；C_i 表示划分后的第 i 个簇，包含 n_i 个数据对象；μ_i 表示第 i 个簇的质心（均值），由式（8-2）计算得到：

$$\mu_i = \frac{1}{n} \sum_{x \in C_i} x \tag{8-2}$$

显然，越小的 SSE 值意味着每一个簇内的数据之间彼此越相似，即获得了越好的聚类结果。

k-means 算法的计算流程：①随机地选择 k 个数据对象，每个对象代表一个簇的初始质心；剩余的对象根据与各个簇中心的距离，被划分到最近的簇；②重新计算每个簇的质心（均值），反复执行上述两个步骤后，使得 SSE 不断降低直至收敛。k-means 算法的具体步骤如算法 8-1 所示。

算法 8-1：k-means 算法

输入：数据集 D，簇的数目 k。

输出：划分后的 k 个簇。

步骤：

（1）任意选择 k 个数据对象作为初始质心。

（2）重复执行。

（3）将每个数据对象划分到最近的质心，获得 k 个簇。

（4）重新计算每个簇的质心。

（5）直到质心不再发生变化。

图 8-3 的例子描述了 k-means 算法在一个简化的 Blobs 数据集上的聚类过程。该数据集只包含 30 个样本，由 3 个簇组成，如图 8-3（a）所示。我们预先设置簇的数量为 $k=3$。在第一次迭代中，随机选择 3 个初始质心（用"+"标记），并按照欧氏距离将剩余数据对象分配到最近的质心，产生数据的第一次划分，图 8-3（b）中的虚线描绘了划分后的各簇的轮廓。在第二次迭代中，重新计算每个簇的数据对象的均值，并作为更新后的质心位置，再对数据进行重新分配，产生数据的第二次划分，图 8-3（c）中的虚线描绘了此时各簇的轮廓。重复此迭代过程，直到质心不再发生变化，获得最终的聚类结果，如图 8-3（d）所示。可见，k-means 算法的聚类结果与原始数据的簇分布完全一致。

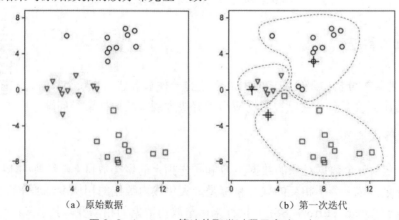

（a）原始数据　　　　　（b）第一次迭代

图 8-3　k-means 算法的聚类过程示意（一）

178

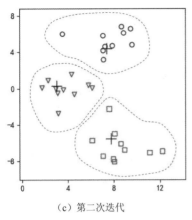 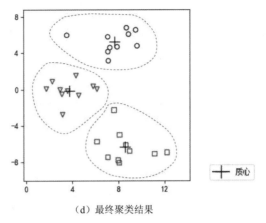

（c）第二次迭代　　　　　　　　　　（d）最终聚类结果

图 8-3　k-means 算法的聚类过程示意（二）

图 8-4 给出了迭代过程中 SSE 值的变化情况。可以看到，k-means 算法在此数据集上只需要迭代 6 次就停止训练。并且，SSE 值随着迭代逐渐下降，这表明簇内数据之间的相似性不断增加，直到最终 k-means 算法识别出了正确的簇。

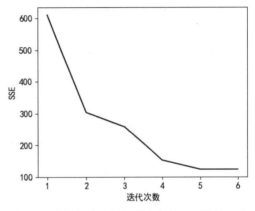

k-means 算法的计算复杂度是 $O(nkt)$，其中，n 是数据对象的数量；k 是簇的数量；t 是迭代次数。大多数情况下，k 和 t 的值都远小于 n，可以近似地认为算法的复杂度与 n 呈线性关系。因此，k-means 算法具有良好的伸缩性和计算效率，非常适合处理大数据集，这也是它的主要优点。

图 8-4　SSE 值在迭代过程中呈逐渐下降的趋势

8.2.2　进一步讨论

接下来，我们讨论 k-means 算法中的几个重要问题。

1．k 值的选取问题

k-means 算法的簇的数目需要预先指定，但是这个 k 值通常难以确定。很多情况下，事先并不知道数据集应该被划分成多少个簇才最合适，这也是 k-means 算法的一个缺陷。目前，通常有多种方法实现 k 值的选取。其一，先采用快速聚类算法（如 Canopy 算法）对数据进行"粗"聚类，确定簇的数目，再使用 k-means 进行"细"聚类；其二，使用基于 SSE 值的肘部（Elbow）法或轮廓系数法，通过实验方法选择最优的 k 值。

这里，我们重点介绍肘部法的基本原理。通常，随着簇的数目的增加，聚类结果的误差平方和（即 SSE 值）呈逐渐下降趋势。并且，当 k 小于真实的簇数目时，k 的增大将大幅增加每个簇内部的聚合程度或相似度，故 SSE 的下降幅度会很大；而当 k 值达到真实簇数目时，再将其增加 1，并不会显著改变簇内部的聚合程度，所以 SSE 值的下降幅度会骤减，并且随着 k 值的继续增大而趋于平缓下降。也就是说，SSE 值随着 k 值的变化曲线呈现一个手肘的形状，如图 8-5 所示，而这个肘部位置对应的 k 值是对实际簇数的理想的估计。这也是该方法被称为肘部法的原因。

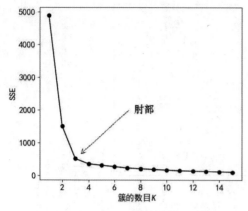

图 8-5　肘部法确定簇的数目

2．初始质心的选择问题

从 k-means 的算法步骤上看，初始质心的选择对聚类结果有很大的影响。一旦初值选择不合适，可能使聚类过程变得缓慢，甚至无法得到正确的聚类结果。在图 8-6 所示的特殊 Blobs 数据集（设置 3 个簇的方差分别为 0.5、2、0.8）上，当有两个初始质心过于靠近并且都位于"▽"簇上时，如图 8-6（b）所示，k-means 算法最终不能识别正确的簇。

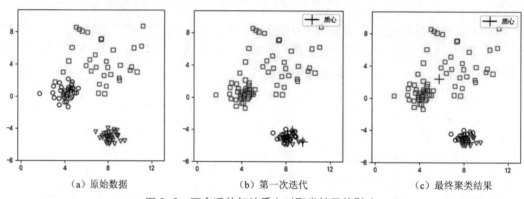

（a）原始数据　　　　　　　（b）第一次迭代　　　　　　（c）最终聚类结果

图 8-6　不合适的初始质心对聚类结果的影响

解决该问题的一种做法：多次运行 k-means 算法，每次使用一组不同的随机初始质心，然后选择具有最小 SSE 值的聚类结果。另外，一些改进算法采用特殊的规则选取初始质心。例如，k-means++算法选取初始质心时采用了质心应当尽量远离的原则，可以有效避免出现图 8-6 中的情况。

3．数据对象之间的相似度度量方法

在 k-means 算法中，一个重要操作是计算数据对象之间的相似度。通常，它采用欧氏距离函数度量相似度，这也是目前 Scikit-learn 支持的方法。实际上，还可以采用 3.4 节介绍的曼哈顿距离、余弦相似度、杰卡德相似系数等度量数据之间的相似度。例如，在文档聚类问题中，可以基于余弦相似度将文档划分为多个簇。

当数据的特征是标称型时，簇的均值失去意义，我们可以使用 k-modes 算法（它是 k-means 的变体算法）进行聚类。它基于特征的取值差异度量数据之间的相似度，并利用众数取代均值进行聚类。另外，k-prototype 算法结合了 k-means 算法和 k-modes 算法的优点，能够聚类具有混合特征的数据。

8.2.3　基于 Python 的实现

在 Scikit-learn 的 cluster 模块中，已经给出了多种聚类算法的 Python 实现，表 8-1 列出了它支持的常用聚类算法。

表 8-1   Scikit-learn 支持的常用聚类算法

类名	说明
KMeans	k 均值聚类算法
AgglomerativeClustering	层次聚类算法
DBSCAN	具有噪声的基于密度的空间聚类算法
AffinityPropagation	基于信息传递的近邻传播聚类算法
Birch	利用层次方法的平衡迭代削减聚类算法
OPTICS	通过点排序识别聚类结构，DBSCAN 的改进算法
SpectralClustering	谱聚类，基于图论的聚类算法

这里，使用 KMeans 类很容易创建一个聚类模型，其主要参数、属性和函数如表 8-2 所示。

表 8-2   KMeans 类的主要参数、属性和函数

项目	名称	说明
参数	n_clusters	设定的簇的数目，默认为 8
	max_iter	最大迭代次数，默认为 300
	init	设定质心的初始化方法，可以取值为'k-means++'（默认）、'random'（随机质心）或者输入质心位置（用 Ndarray 向量表示）
	random_state	设置初始化质心的生成器，可以取值为 int 型整数、RandomState 对象或者None。如果取值为整数，它可作为随机数生成器的 seed
属性	cluster_centers_	向量（[n_clusters, n_features]），代表聚类（簇）质心的位置
	Labels_	聚类结果——每个数据对象所属的簇的标号
	inertia_	每个数据对象到其所属簇的质心的距离之和
函数	fit(X)	在数据集 X 上训练聚类算法
	predict(X)	预测数据集 X 上每个样本所属的簇标号
	fit_predict(X)	在数据集 X 上训练聚类算法，并预测样本的簇的标号

创建一个 KMeans 聚类模型的典型过程如下（假设预置的簇数量为 4）：

```
model = KMeans (n_clusters = 4, random_state = 12345)
```

获得 k-means 算法对数据集的聚类结果的操作语句如下：

```
y_pred = model.fit_predict(X)
```

代码 8-1 中演示了利用 k-means 算法实现图 8-2 所示的 Blobs 数据集进行聚类的过程。这里，我们设置算法的簇数目为 4。

代码 8-1 k-means 算法在 Blobs 数据集上的聚类过程

```
import matplotlib.pyplot as plt
from sklearn.cluster import KMeans
from sklearn.datasets import make_blobs

#1. 获得数据集
n_samples = 200                                    #样本数量
X, y = make_blobs(n_samples = n_samples,
            random_state = 9, centers = 4, cluster_std = 1)
```

```
#2.KMeans 模型创建和训练预测
model = KMeans(n_clusters = 4, random_state = 12345)
y_pred = model.fit_predict(X)

#3.聚类结果及评价
print("聚类后的 SSE 值:", model.inertia_)          # SSE 值
print("聚类质心: ", model.cluster_centers_)

#4.绘图显示聚类结果
plt.figure(figsize = (5, 5))
plt.rcParams['font.sans-serif'] = ['SimHei']       #显示中文标签
plt.rcParams['axes.unicode_minus'] = False
plt.scatter(X[y_pred == 0][:, 0], X[y_pred == 0][:, 1], marker = 'D', color = 'g')
plt.scatter(X[y_pred == 1][:, 0], X[y_pred == 1][:, 1], marker = 'o', color = 'b')
plt.scatter(X[y_pred == 2][:, 0], X[y_pred == 2][:, 1], marker = 's', color = 'm')
plt.scatter(X[y_pred == 3][:, 0], X[y_pred == 3][:, 1], marker = 'v', color = 'r')
plt.title("k-means 算法的聚类结果, k = 4")
                                                   plt.show()
```

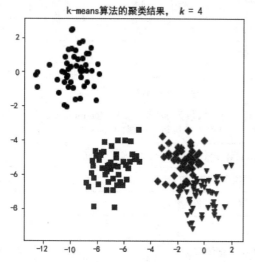

图 8-7 k-means 算法在 Blobs 数据集上的聚类结果

在此例中，k-means 算法最终的聚类结果如图 8-7 所示，相应的 SSE 值为 354.798。从图中可以看出，原始 Blobs 数据集中除了"◇"和"▽"两个簇中的少量样本重叠之外，k-means 算法均能准确地将数据划分到其所在的簇。

8.2.4 k-means 算法的优缺点

k-means 是一种应用非常广泛的聚类算法，其主要优点有：

（1）原理简单、收敛速度快；

（2）伸缩性好，能处理大规模数据；

（3）聚类效果较好，特别是针对球形簇或者凸簇的聚类效果好。

然而，k-means 算法也存在一些明显的缺点。除了前面提及的需要事先确定 k 值外，它还存在以下几方面的不足。

（1）在非凸簇上的聚类效果不好。

例如，对图 8-2 中的 Moons 数据集，k-means 算法的聚类结果如图 8-8（a）所示（数据个数为 200，k=2）。显然，数据集的两个簇并非球形分布，也是非凸的，k-means 并不能识别这样的簇，显示了错误的聚类结果。产生该结果的原因：k-means 算法总是试图最小化 SSE 值，造成它更倾向识别出球形的簇。

（2）对簇大小差异显著的簇的聚类效果不好。

例如，对于图 8-8（b）所示的变形 Blobs 数据集，它包含 4 个簇，每个簇的数据对象个数分别为 500、100、50、10。k-means 的聚类结果如图 8-8（c）所示。显然，算法识别的簇是错误的。这是因为 k-means 在优化时总是最小化 SSE 值，在此过程中，大的簇可能会由于导致高的 SSE 值而被迫分裂为多个更小的簇。

（3）对含噪声的数据集聚类效果不好。

例如，对于图 8-8（d）所示的变形 Blobs 数据集，它包含 3 个簇，每个簇具有不同的密度（方差分别为 1.0、0.5、2.5）。k-means 算法的聚类结果如图 8-8（e）所示。显然，它识别的簇也是不完全正确的，识别出的低密度簇明显偏小，而识别的高密度簇包含过多来自其他簇的数据对象。造成该现象的原因也和最小化 SSE 值有关，低密度的簇由于分布范围过大，将导致高的 SSE 值，因此，k-means 将它的一些数据对象划分到其他高密度簇中。

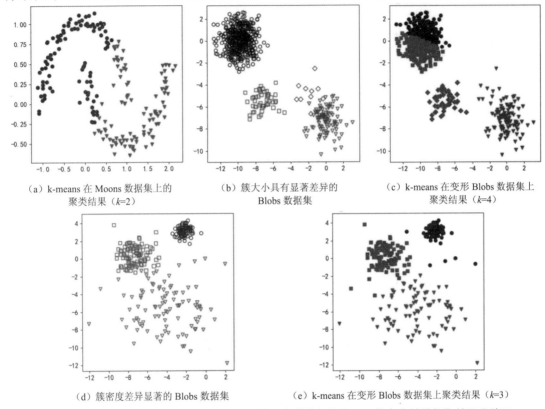

（a）k-means 在 Moons 数据集上的
聚类结果（$k=2$）

（b）簇大小具有显著差异的
Blobs 数据集

（c）k-means 在变形 Blobs 数据集上
聚类结果（$k=4$）

（d）簇密度差异显著的 Blobs 数据集

（e）k-means 在变形 Blobs 数据集上聚类结果（$k=3$）

图 8-8　k-means 算法在非凸数据集、不同簇大小的数据集和不同簇密度的数据集的聚类效果

（4）在高维数据集上的效果不理想。

常用的距离度量（如欧氏距离）失去意义，因而 k-means 算法不适合直接处理高维数据集。在实际聚类问题中，可以采用 PCA、无监督特征选择等方法，对高维数据进行降维操作，再应用 k-means 算法聚类。

8.3　聚类算法的性能评价指标

聚类算法在数据集上完成训练后，需要一些指标来评价算法的聚类质量。在聚类分析中，常用的评价聚类结果的准则：簇内（Inter-cluster）越紧密、簇间（Intra-cluster）越分离越好。也就是说，聚类算法应该最小化簇内部数据对象之间的差异，并最大化簇和簇之间的差异。式（8-1）定义的 SSE 可以用来评价聚类结果的质量，但是它只度量了簇的内聚性，并且只适合球状分布的簇。此外，根据 8.2.4 节的讨论，SSE 指标也不适合评价不同大小、不同密度的簇，且容易受噪声影响。

除了 SSE 指标以外，一些实用的性能评价指标被纷纷提出，它们可以分为两大类：内部度量指标和外部度量指标。其中，常见的内部度量指标包括轮廓系数（Silhouette Coefficient）、CH 指数、DB 指数（Davies Bouldin Index）、邓恩指数（Dunn Index）、PBM 指标等；常见的外部度量指标包括兰德指数、互信息等。本节将讨论上述几个常用指标的定义，以及基于 sklearn.metrics 模块的实现方法。

8.3.1　内部度量指标

内部度量指标又称为非监督度量指标，它只利用了数据聚类后的结构信息，从簇的紧密度、分离度、连通性和重叠度等方面对聚类结果进行评价。

1. 轮廓系数

轮廓系数是一种广泛使用的性能指标。单个数据对象 x_i 的轮廓系数定义为

$$s_i = \frac{b-a}{\max\{a,b\}} \tag{8-3}$$

其中，a 是数据对象与同一个簇内的其他数据之间的平均距离（如欧氏距离）；b 是它与其他簇的数据之间的平均距离。显然，它们分别反映了聚类结果中簇的紧密度和分离度。

这样，聚类结果的轮廓系数可以定义为

$$sc = \frac{1}{n}\sum_{i=1}^{n} s_i \tag{8-4}$$

轮廓系数取值范围为[-1,1]，取值越接近 1，说明聚类质量越好，相反，取值越接近-1，说明聚类质量越差。

此外，轮廓系数也经常被用于簇的数目选取问题中。与肘部法不同，我们可以选取数据集上的轮廓系数达到最大值时的 k 值作为最佳簇的数目。考虑到该过程很容易实现，在这里不给出利用轮廓系数选择"最 k 值"的 Python 代码，读者可以思考后自行编写。

2. CH 指数

CH 指数也综合考虑了簇的紧密度和分离度。不同的是，它通过计算簇中各数据对象与簇质心的距离平方和来度量簇内的紧密度，通过计算各簇的质心与数据集质心的距离平方和来度量数据集的分离度。CH 指数定义为分离度和紧密度之比：

$$CH = \left[\frac{\sum_{i=1}^{k} n_i \|\mu_i - \mu\|^2}{k-1}\right] \Bigg/ \left[\frac{\sum_{i=1}^{k}\sum_{j=1}^{n_i} \|x_j - \mu_i\|^2}{n-k}\right] \tag{8-5}$$

其中，μ_i 是第 i 个簇的质心位置；μ 是整个数据集的质心位置；n_i 是第 i 个簇的数据个数。

CH 指数值越大，表示聚类算法识别的簇越紧密，且簇之间越分散，即具有更好的聚类解释。实际上，CH 指数通常也可以用于簇的数量选取，即选取 CH 指数值最大时对应的值作为理想簇的数目。读者可以自行分析并实现该方法。

8.3.2　外部度量指标

外部度量指标又称为有监督度量指标。在评价聚类算法的性能时，如果有数据集的外部

信息可用（如数据对象的类别标签），则实际上已知数据集的划分情况。此时，只需要比较算法的聚类结果和已知划分的匹配度就可以评价聚类算法的性能。

1. 兰德指数

对于数据集 D，已知数据的实际划分为 $U = \{U_1, U_2, \cdots, U_r\}$，其中，$U_i(i=1,2,\cdots,r)$ 表示数据集的第 i 个簇，满足 $\bigcup_{i=1}^r U_i = D$ 和 $U_i \bigcap U_j = \varnothing$。假设聚类算法对数据集的划分结果为 $C = \{C_1, C_2, \cdots, C_k\}$，且满足 $\bigcup_{i=1}^k C_i = D$ 和 $C_i \bigcap C_j = \varnothing$。

对于数据集中任意一对数据对象组合，可以获得下面 4 个统计量。

- a：在 U 中属于同一个簇，且在 C 中也属于同一个簇的数据对象个数。
- b：在 U 中属于同一个簇，但在 C 中不属于同一个簇的数据对象个数。
- c：在 U 中不属于同一个簇，但在 C 中属于同一个簇的数据对象个数。
- d：在 U 中不属于同一个簇，且在 C 中也不属于同一个簇的数据对象个数。

此时，兰德指数定义为

$$\text{RI} = \frac{a+d}{a+b+c+d} \tag{8-6}$$

兰德指数的值在[0,1]，当聚类结果"完美"匹配时，兰德指数为 1。

实际上，兰德指数存在一个明显问题：当两个划分都是完全随机确定的情况下，其数值并不是一个接近于 0 的值。因此，调整兰德指数（Adjusted RI，ARI）被提出，它具有更好的聚类结果区分度。

为了清楚地说明 ARI 指标定义，我们把同时被划分到簇 U_i 和簇 C_j 的数据对象个数记为 n_{ij}，把划分到簇 U_i 的数据对象个数记为 $n_{i.}$，把划分到簇 C_j 的数据对象个数记为 $n_{.j}$，则容易得到如表 8-3 所示的列联表。

表 8-3　　　　　　　　　　根据对象划分情况列联表

实际簇	算法划分后的簇				
	C_1	C_2	$\cdots$	C_k	总和
U_1	n_{11}	n_{12}	$\cdots$	n_{1k}	$n_{1.}$
U_2	n_{21}	n_{22}	$\cdots$	n_{2k}	$n_{2.}$
$\vdots$	$\vdots$	$\vdots$	$\vdots$	$\vdots$	$\vdots$
U_r	n_{r1}	n_{r2}	$\cdots$	n_{rk}	$n_{r.}$
总和	$n_{.1}$	$n_{.2}$	$\cdots$	$n_{.k}$	n

这样，ARI 定义为

$$\begin{aligned} \text{ARI} &= \frac{\text{RI} - E(\text{RI})}{\max(\text{RI}) - E(\text{RI})} \\ &= \frac{\sum_{i,j}\binom{n_{ij}}{2} - \left[\sum_i\binom{n_{i.}}{2}\sum_j\binom{n_{.j}}{2}\right]/\binom{n}{2}}{\frac{1}{2}\left[\sum_i\binom{n_{i.}}{2} + \sum_j\binom{n_{.j}}{2}\right] - \left[\sum_i\binom{n_{i.}}{2}\sum_j\binom{n_{.j}}{2}\right]/\binom{n}{2}} \end{aligned} \tag{8-7}$$

其中，$E(\text{RI})$ 可以近似看作兰德指数的均值，分母项起到归一化的作用。

ARI 的取值范围为[−1,1]，值越大意味着聚类结果与真实情况越吻合。

例 8-1：计算 ARI 指标

设包含 6 个对象的数据集的实际簇划分为 labels_real = [0, 0, 0, 1, 1, 1]，聚类算法的划分结果为 labels_pred = [0, 0, 1, 1, 2, 2]，求 ARI 值。

解： 首先绘制如下的列联表。

实际簇	算法划分后的簇			
	C_1	C_2	C_3	总和
U_1	2	1	0	3
U_2	0	1	2	3
总和	2	2	2	6

由列联表可求：

$$\sum_{i,j}\binom{n_{ij}}{2}=\binom{n_{11}}{2}+\binom{n_{23}}{2}=2$$

$$\sum_{i}\binom{n_{i.}}{2}=\binom{n_{1.}}{2}+\binom{n_{2.}}{2}+\binom{n_{3.}}{2}=3$$

$$\sum_{j}\binom{n_{.j}}{2}=\binom{n_{.1}}{2}+\binom{n_{.2}}{2}=6$$

$$\text{ARI}=\frac{2-(3\times 6)/15}{\frac{1}{2}(3+6)-(3\times 6)/15}\approx 0.2424$$

这表明聚类结果与实际情况的符合程度并不高。

---

2. 互信息

我们先给出数据划分的信息熵的定义，设 $U=\{U_1,U_2,\cdots,U_r\}$ 是对数据集 D 的划分结果，它将数据集划分为 r 个簇。可以将数据划分到第 i 个簇的概率估计为 $p_i=\left.|U_i|\right/n=\left.n_i\right/n$。此时，划分 U 的信息熵定义为

$$H(U)=-\sum_{i=1}^{r}p_i\cdot\log p_i \tag{8-8}$$

当我们希望度量聚类算法的划分结果 C 与数据的实际划分 U 的程度一致时，需要使用互信息指标，它的定义如下：

$$\text{MI}(U,C)=\sum_{i=1}^{r}\sum_{j=1}^{k}p_{i,j}\log\frac{p_{i,j}}{p_i\times p_j} \tag{8-9}$$

其中，$p_{i,j}$ 可以利用表 8-3 的列联表进行计算，定义为

$$p_{i,j} = \frac{\left|U_i \bigcap C_j\right|}{n} = \frac{n_{ij}}{n} \tag{8-10}$$

最后，我们进一步通过标准化操作，将 MI(U,C) 的值域标准化在[0,1]范围内，得到标准互信息（Normalized Mutual Information，NMI），定义为

$$\mathrm{NMI}(U,C) = \frac{\mathrm{MI}(U,C)}{\sqrt{H(U)H(C)}} \tag{8-11}$$

> **例 8-2：计算 NMI 指标**
>
> 针对前面 8-1 的例子，我们容易计算实际簇划分和聚类算法的划分结果的信息熵：
>
> $H(U) = -2 \times 0.5 \times \lg(0.5) \approx 0.6931$
>
> $H(C) = -3 \times 0.3333 \times \lg(0.3333) \approx 1.0986$
>
> $\mathrm{MI}(U,C) = 0.3333 \times \lg\left(\dfrac{0.3333}{0.5 \times 0.3333}\right) + 0.1667 \times \lg\left(\dfrac{0.1667}{0.5 \times 0.3333}\right) +$
>
> $\qquad 0.1667 \times \lg\left(\dfrac{0.1667}{0.5 \times 0.3333}\right) + 0.3333 \times \lg\left(\dfrac{0.3333}{0.5 \times 0.3333}\right)$
>
> $\qquad \approx 0.4621$
>
> 于是，$\mathrm{NMI}(U,C) = \dfrac{0.4621}{\sqrt{0.6931 \times 1.0986}} \approx 0.5295$。

8.3.3　基于 Python 的实现

在 Scikit-learn 的 sklearn.metrics 模块中，给出了常用的聚类算法评价指标的计算函数，表 8-4 列出部分内部度量指标和外部度量指标。

表 8-4　　　　　　　　sklearn.metric 模块中实现的常用聚类评价指标

类别	指标	函数名
内部度量指标	轮廓系数	silhouette_score(X, y_pred)
	CH 指数	calinski_harabasz_score(X, y_pred)
	DB 指数	davies_bouldin_score(X, y_pred)
外部度量指标	RI	rand_score(y, y_pred)
	ARI	adjusted_rand_score(y, y_pred)
	MI 指数	mutual_info_score(y, y_pred)
	NMI 指数	normalized_mutual_info_score(y, y_pred)
	FMI 指数	fowlkes_mallows_score(y, y_pred)

要使用这些指标函数，应该先引用 sklearn.metrics 模块，然后直接使用表 8-4 中的函数获得相应的聚类评价结果。

代码 8-2 演示了在代码 8-1 的基础上，对 k-means 算法在 Blobs 数据集上的聚类结果进行多个指标的性能评价。这里，变量 X、y、y_pred 的定义和代码 8-1 中的一致，分别是数据矩阵、数据对象实际的簇标号、聚类算法预测的簇标号。

代码 8-2　聚类结果评价

```
from sklearn import metrics

print("1.内部度量指标")
print("  轮廓系数: %0.3f" % metrics.silhouette_score(X, y_pred))
print("  CH 指数: %0.3f" % metrics.calinski_harabasz_score(X, y_pred))

print("2.外部度量指标")
print("  ARI: %0.3f" % metrics.adjusted_rand_score(y, y_pred))
print("  NMI 指数: %0.3f" % metrics.normalized_mutual_info_score(y, y_pred))
```

注：此部分代码并非独立运行，应该插放在代码 8-1 后一起运行。

运行此代码，可以对 k-means 算法在 Blobs 数据集上的聚类结果进行更全面的评价。其评价结果为

```
1.内部度量指标
    轮廓系数: 0.554
    CH 指数: 836.190
2.外部度量指标
    ARI: 0.837
    NMI 指数: 0.854
```

可见，k-means 算法在该数据集上获得的 ARI 和 NMI 指数都接近 1，聚类效果比较好，这和图 8-7 中我们观察的结果是一致的。

8.4　DBSCAN 算法

基于划分的聚类方法（如 k-means）适用于发现球形簇或者凸簇，对于任意形状的不规则簇［见图 8-8（a）中的 Moons 数据集的两个非凸簇］其聚类效果通常不佳。

估计 DBSCAN 的邻域半径参数 Eps 的选取方法

以 DBSCAN、OPTICS、DENCLUE、DPC 等为代表的基于密度的聚类算法则弥补了该不足，能够很好地发现任意形状的簇，具有更好的适用性。通常，这些算法将簇视为数据空间中数据对象分布的高密度区域，它们被周围的低密度区域分割成任意形状。

本节首先给出 DBSCAN（Density-based Spatial Clustering of Application with Noise）算法涉及的基本概念，然后重点介绍它的原理和 Python 实现。

8.4.1　基本概念

基于密度的聚类算法的一个关键操作是估计数据对象所处位置的密度的大小。DBSCAN 使用了一种基于中心点的方法。它采用数据对象的邻域半径内的点的个数（不包括自身）来估计它的密度。例如，图 8-9（a）所示，若邻域半径用 Eps 表示，数据对 O_1 的以 Eps 为半径的领域内的其他点的数量为 7，即其密度为 7。

下面的定义给出了邻域和密度的更规范的描述。

- **Eps 邻域**：对于任意数据对象 $x \in D$，称 $N_e(x) = \{y \mid y \in D, y \neq x, d(y, x) \leqslant \text{Eps}\}$ 为 x 的以 Eps 为半径的邻域，简称 Eps 邻域。这里，$d()$ 是距离函数，常用欧氏距离函数。
- **密度**：对于任意数据对象 $x \in D$，称 $\rho(x) = |N_e(x)|$ 为 x 的密度。注意，这里的密度是一个估计值，且依赖于邻域半径 Eps 的值。

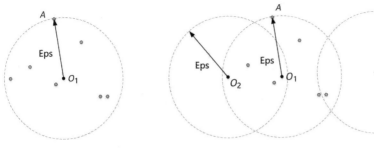

（a）基于邻域半径的密度度量　　　　　　（b）核心点、边界点和噪声点

图 8-9　DBSCAN 算法中的一些基本概念

在估计出所有数据的密度值后，我们就可以判断它们在数据空间中的位置，将它们识别为下面 3 种情况。

- **核心点**（Core Point）：即高密度区域内的点，其密度大于指定的密度阈值（用 MinPts 表示）。例如，当 MinPts = 4 时，图 8-9（b）中的对象 O_1 的密度为 7，它是核心点。

- **边界点**（Border Point）：即位于高密度区域边缘上的点。边界点不满足核心点的定义，但是它位于某个核心点的邻域内。例如，图 8-9（b）中的对象 O_2 的密度为 3，但是它距离核心点较近，是边界点。

- **噪声点**（Noise Point）：即位于低密度区域中的点，既不是核心点，也不是边界点。例如，图 8-9（b）中的对象 O_3 的密度为 1 且距离核心点较远，是噪声点。

核心点位于高密度区域的内部，彼此靠近的核心点应该属于同一个簇。为了识别出这样的簇，DBSCAN 算法采用了密度可达和密度相连的概念，如下所示。

- **直接密度可达**（Directly Density-reachable）：如果 x 是给定参数 Eps 和 MinPts 下的核心对象，另外一个数据对象 y 在它的邻域内，即 $y \in N_e(x)$，则称 y 是从 x 直接密度可达的。DBSCAN 利用直接密度可达关系，可以把核心点邻域范围内的点识别为同一个簇。

- **密度可达**（Density-reachable）：如果存在一组数据对象 $x_1, x_2, \cdots, x_i, \cdots, x_m \in D$，若它们满足对于任意的 x_i $(1 \leqslant i < m)$，x_{i+1} 都是从 x_i 直接密度可达的（基于参数 Eps 和 MinPts），则称数据对象 x_m 关于核心点 x_1 是密度可达的。显然，这一组数据形成一条从核心点 x_1 出发的路径，路径上除 x_m 以外都是核心点，路径上所有点都是从 x_1 密度可达的。利用密度可达关系，DBSCAN 算法把路径上相互靠近的簇连接起来，形成更大的簇。例如，在图 8-10（a）中，点 x_4 和核心点 x_1 是密度可达的，它们和路径上的核心点 x_2 和 x_3 一起被识别为同一个簇。

- **密度相连**（Density Connected）：如果两个数据对象 $y, z \in D$ 都是从核心点 x 密度可达的（基于参数 Eps 和 MinPts），则称它们是密度相连的。利用密度相连关系，DBSCAN 算法可以将多条从同一个核心点出发的路径关联起来，形成更大的簇。例如，在图 8-10（b）中，有两条与核心点 x_1 出发的密度可达路径 $x_1 \rightarrow x_2 \rightarrow x_3 \rightarrow x_4$ 和 $x_1 \rightarrow x_5 \rightarrow x_6 \rightarrow x_7 \rightarrow x_8$，其中的数据对象 x_4 和 x_8 是密度相连的，这两条路径上的点被识别为同一个簇。

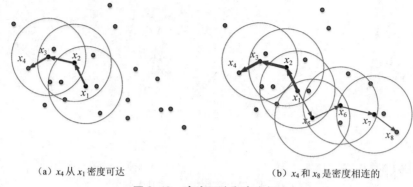

（a）x_4 从 x_1 密度可达 　　　　　（b）x_4 和 x_8 是密度相连的

图 8-10　密度可达和密度相连

8.4.2　DBSCAN 聚类算法的原理

基于前文的定义，DBSCAN 算法识别一个簇的过程：从某个核心点出发，获得密度相连的最大数据对象集合，它们一起组成一个聚类簇。

那么，怎么才能找到这样的连通的对象集合呢？DBSCAN 使用了一种简单的方法：它任意选择一个暂不属于任何簇的核心对象作为种子，然后寻找从此核心对象密度可达的所有数据对象集合，将它们识别为一个聚类簇，并做标记；接着，继续选取另一个不属于任何簇的核心对象，并寻找从此核心对象密度可达的数据对象集合，这样就得到另一个聚类簇，并做标记；这样一直运行到所有的核心对象都被标记到某个簇为止。

容易分析，DBSCAN 算法通过密度可达关系聚类的簇可以是任意形状和大小的，且簇内的任意两个数据对象是密度相连的。如果两个核心点不是密度相连的，它们各自形成的簇也不是连通的，将被由噪声点构成的低密度区域分割和包围。因此，DBSCAN 算法能自动确定聚类簇的数量，无须事先指定。

DBSCAN 聚类算法的具体步骤如算法 8-2 所示。

算法 8-2：DBSCAN 聚类算法

输入：数据集 D，邻域半径 Eps 和密度阈值 MinPts。

输出：标记的聚类簇。

步骤：

（1）利用参数 Eps 和 MinPts 计算所有数据对象的密度，将它们识别为核心点、边界点和噪声点。

（2）删除所有的噪声点。

（3）从未被标记的核心点中任意选取一个对象 x。

（4）为 x 创建一个新的聚类簇，并找出所有从 x 密度可达的未标记对象加入该簇中，同时标记簇中的所有对象，返回步骤（3）。

（5）输出已标记的全部聚类簇，算法结束。

上述算法中的一个关键操作是确定数据对象 Eps 邻域。根据 8.4.1 节的定义，通常利用距离函数判断某个对象 y 是否在对象 x 的邻域内，即它们之间的距离是否小于 Eps。距离函数可以采用 3.4 节介绍的欧氏距离、曼哈顿距离、余弦距离、杰卡德相似系数、切比雪夫距离等。

在算法步骤（2）中，利用密度直接过滤掉了噪声。算法最终识别的簇中只包括核心点和密度可达的边界点，避免了噪声对聚类结果的影响，这是 DBSCAN 的一个显著优点。

DBSCAN 算法的计算复杂度为 $O(n\log n)$，稍差于 k-means 算法，但在大数据下也具有较好的计算效率。

8.4.3　进一步讨论

DBSCAN 算法有邻域半径 Eps 和密度阈值 MinPts 两个重要的参数。前者直接影响数据对象的密度，后者直接影响判断数据对象的类型（核心点、边界点和噪声点）。目前，它们的选取有一些经验和方法。

1. 邻域半径 Eps 的选取

通常采用绘制 K-距离曲线图（K-distance Graph），将曲线图上的拐点位置作为最佳的邻域半径。其中，K-距离是数据对象与它的"第 K 近"的对象之间的距离，而 K 取值为密度阈值 MinPts 的大小。将所有数据对象的 K-距离按从小到大排序后，就可以绘制出 K-距离曲线（图 8-11 显示了具有 1000 个样本的 Moons 数据集上的 K-距离曲线，且 K=4）。在一般的聚类问题中，大部分数据对象应该聚集在簇内部和位于高密度区，它们的 K-距离较小，成为核心点；而少量的噪声对象由于位于低密度区，它们的 K-距离较大。因此，我们在 K-距离曲线图上，选取拐点位置对应的值作为识别核心点的邻域半径是非常合理的。

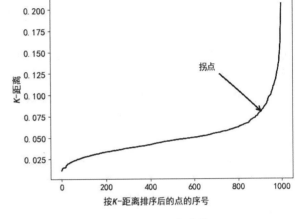

图 8-11　K-距离曲线

2. 密度阈值 MinPts 的选取

阈值的选取有一个指导性的原则：

$\text{MinPts} \geqslant d+1$，其中，$d$ 是指数据对象的维度。例如，图 8-11 中的 Moons 数据集是二维的，我们取 MinPts 的值为 4 是合适的。该参数的具体取值需要通过实验的方法进行，以选取获得最佳聚类效果时的值。读者可以借助网格搜索方法实现该参数的选取。

8.4.4　基于 Python 的实现

使用 Scikit-learn 的 cluster 模块提供的 DBSCAN 类，可以轻松创建一个 DBSCAN 聚类模型，它的主要参数、属性和函数如表 8-5 所示。

表 8-5　　　　　　　　　　　　DBSCAN 类的主要参数、属性和函数

项目	名称	说明
参数	eps	邻域半径，默认为 0.5
	min_samples	密度阈值，即成为核心点的最低密度值，默认为 5
	metric	对象之间的距离函数，可以取值为 'eculidean'、'manhattan'、'cosine'、'chebyshev'、'minkowski'、'mahalanobis'、'jaccard' 等，默认是欧氏距离
	algorithm	最近邻搜索算法，可以取值为'auto'、'ball_tree'、'kd_tree'、'brute'，默认为 'auto'

项目	名称	说明
属性	core_sample_indices_	一维向量(n_core_samples,)，代表核心对象的索引
	labels_	聚类结果，即每个数据对象所属簇的标号。其中，–1 代表噪声点，其他值（0,1,2,…）代表识别的簇的标号
函数	fit(X)	在数据集 X 上训练聚类算法
	predict(X)	预测数据集 X 上每个样本所属的簇标号
	fit_predict(X)	在数据集 X 上训练聚类算法，并预测样本的簇的标号

创建一个 DBSCAN 聚类模型的典型过程如下：

```
model = DBSCAN (eps=0.2, min_samples = 4)
```

获得 DBSCAN 聚类算法对数据集的聚类结果的操作语句如下：

```
y_pred = model.fit_predict(X)
```

在下面的例子中，我们利用 DBSCAN 聚类算法实现对图 8-2 所示的 Moons 数据集的聚类。在图 8-8（a）中，k-means 算法并不能对这样的非凸簇进行正确聚类。

为了说明 DBSCAN 算法具有过滤噪声的特点，我们人为地在 Moons 数据集中增加了两个噪声点，如图 8-12（a）所示。模型参数经过实验选取为 Eps = 0.2 和 MinPts = 4。代码 8-3 展示了在该数据集上聚类的过程。

代码 8-3　DBSCAN 算法在带噪声的 Moons 数据集上的聚类过程

```python
import matplotlib.pyplot as plt
import numpy as np
from sklearn.cluster import DBSCAN
from sklearn.datasets import make_moons
from sklearn import metrics

# 1. 获得数据集
n_samples = 200                         #样本数量
X, y = make_moons(n_samples = n_samples, random_state = 9,noise = 0.1)
#添加噪声（若无须噪声，此步骤可删除）
X = np.insert(X, 0, values = np.array([[1.5, 0.5], [-0.5, 0]]), axis = 0)
y = np.insert(y, 0, [0, 0], axis = 0)

# 2. DBSCAN 模型创建和训练
model = DBSCAN( eps = 0.2, min_samples = 4)
y_pred = model.fit_predict(X)           # –1 代表噪声，其余值代表预测的簇标号，如 0、1

# 统计聚类后的簇数量
n_clusters_ = len(set(y_pred)) - (1 if -1 in y_pred else 0)

# 3. 聚类模型评价
print('聚类的簇数: %d ' % n_clusters_)
print('轮廓系数: %0.3f ' % metrics.silhouette_score(X, y_pred))
print('调整兰德指数 ARI: %0.3f ' % metrics.adjusted_rand_score(y, y_pred))

# 4. 绘图显示聚类结果
core_samples_mask = np.zeros_like(model.labels_, dtype = bool)  #获得核心对象的掩码
core_samples_mask[model.core_sample_indices_] = True
#绘制原始数据集
set_marker = ['o', 'v', 'x', 'D', '>', 'p', '<']
set_color = ['b', 'r', 'm', 'g', 'c', 'k', 'tan']
```

```
plt.figure(figsize = (5, 5))
for i in range(n_clusters_):
    plt.scatter(X[y == i][:, 0], X[y == i][:, 1], marker = set_marker[i],
                color = 'none', edgecolors = set_color[i])
plt.title('Moons 数据集 ( 带 2 个噪声点 )', fontsize = 14)

#绘制 DBSCAN 的聚类结果
plt.figure(figsize = (5, 5))
unique_labels = set(y_pred)

i = -1                      #flag 变量
for k, col in zip(unique_labels, set_color[0: len(unique_labels)]):
    if k == -1:
        col = 'k'        #黑色表示标记噪声点
    class_member_mask = (y_pred == k)
    i += 1
    if (i>=len(unique_labels)): i = 0

    #绘制核心对象
    xcore = X[class_member_mask & core_samples_mask]
    plt.plot(xcore[:, 0], xcore[:, 1], set_marker[i], markerfacecolor = col,
             markeredgecolor = 'k', markersize = 8)
    #绘制边界对象和噪声
    xncore = X[class_member_mask & ~core_samples_mask]
    plt.plot(xncore[:, 0], xncore[:, 1], set_marker[i], markerfacecolor = col,
             markeredgecolor = 'k', markersize = 4)
plt.title('DBSCAN 算法的聚类结果: 识别的簇=%d' % n_clusters_, fontsize = 14)
plt.show()
```

图 8-12（b）显示了代码运行后 DBSCAN 算法的聚类结果，它正确识别了 Moon 数据集中的两个簇，得到的轮廓系数为 0.215，AMI 指标高达 0.980，说明聚类质量非常高。并且，在图 8-12（b）中，我们用大图标、小图标和符号"×"分别表示核心点、边界点和噪声点。显然，DBSCAN 能正确识别高密度区域的核心点、位于簇边缘的少数边界点，并准确标记出噪声点。这表明它在聚类含噪声、非凸数据集时具有优异性能，并自动确定了簇的数量。

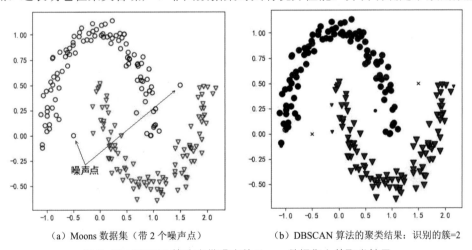

（a）Moons 数据集（带 2 个噪声点）   （b）DBSCAN 算法的聚类结果：识别的簇=2

图 8-12　DBSCAN 算法在带噪声的 Moons 数据集上的聚类结果

8.4.5　DBSCAN 算法的优缺点

DBSCAN 是一种基于密度的聚类算法，它的主要优点如下。

（1）不需要事先指定簇的数目。

（2）可以对任意形状、任意大小的簇进行聚类。相对地，k-means 这种基于划分的算法一般只适应于凸簇的聚类。

（3）对噪声或异常数据不敏感，可以在聚类过程中过滤噪声点或异常点。

（4）聚类结果稳定，不受算法初始值的影响。相对地，k-means 算法明显受到初始质心的影响。

DBSCAN 算法的主要缺点如下。

（1）当不同簇之间的密度差异较大时，DBSCAN 存在参数 Eps 和 MinPts 选取困难的问题，因而不适用于这样的数据集。例如，在图 8-13（a）所示的变体 Blobs 数据集上，两个簇的密度差异显著（簇内方差分别设置为 0.5 和 3）。此时，如果选择较小的邻域半径，则很容易将密度小的簇识别为噪声，如图 8-13（b）和图 8-13（c）所示，如果选择较大的邻域半径，则可能把密度大的簇附近的噪声也识别为它的核心点，如图 8-13（d）所示。

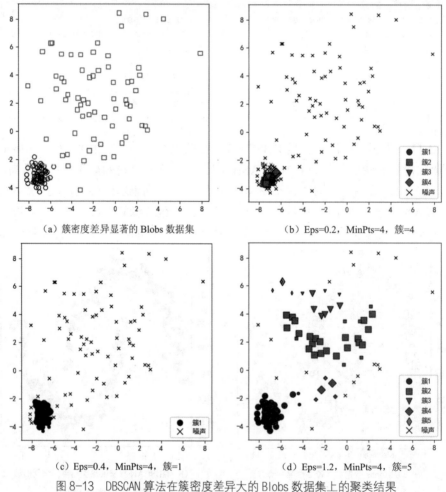

（a）簇密度差异显著的 Blobs 数据集　　　　（b）Eps=0.2，MinPts=4，簇=4

（c）Eps=0.4，MinPts=4，簇=1　　　　（d）Eps=1.2，MinPts=4，簇=5

图 8-13　DBSCAN 算法在簇密度差异大的 Blobs 数据集上的聚类结果

（2）对于高维数据集，常用的距离度量（如欧氏距离）失去意义，此时很难估计数据对象的密度，因而 DBSCAN 也不适合处理高维数据集。在实际聚类问题中，我们可以采用 PCA、无监督特征选择等技术，对高维数据进行降维操作，再应用 DBSCAN 算法聚类。

（3）对于有重叠区域的两个簇，因为它们彼此密度相连，DBSCAN 常常将它们识别为同一个簇，这与实际情况不符。在图 8-2（a）所示的 Blobs 数据集中，它有 4 个簇，右下方的 2 个簇明显重叠，此时 DBSCAN 算法的聚类结果如图 8-14 所示，它只识别出了 3 个簇。

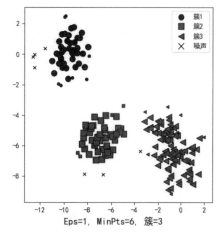

（4）DBSCAN 的参数选取相对于 k-means 算法稍显困难。不同的参数组合对最后的聚类效果有较大影响（见图 8-13）。它的改进算法——OPTICS 则很大程度上减少了参数的影响，有兴趣的读者可以进一步了解该算法。

最后，我们总结一下，什么时候需要用 DBSCAN 来聚类呢？一般来说，如果数据集的簇是稠密的且密度差异不大，形状也不规则，那么用 DBSCAN 会比 k-means 聚类效果好很多。如果数据集的簇密度小且有明显重叠区域，则不推荐用 DBSCAN。

图 8-14　DBSCAN 将有重叠区域的两个簇识别为同一个

8.5　GMM 聚类算法

与此前介绍的聚类算法不同，高斯混合模型（GMM）假设每一个簇都是由一个指定参数的高斯分布所生成的，整个数据集是由多个高斯分布混合而成的。GMM 聚类模型通过估计出每一个高斯分布的参数和混合系数，从而明确地给出生成数据集的概率密度函数。因此，GMM 能够显式地估计出数据集的分布模型，是一种基于概率的生成式聚类算法。本节将介绍 GMM 聚类算法的原理、算法步骤，以及基于 Python 的实现。

使用EM法估计GMM聚类算法的参数

8.5.1　基本原理

从概率论的角度来讲，每个数据集的分布具有特定的概率密度函数 $p(x)$，利用该函数可生成同分布条件下的任意数量的数据样本。为了容易给出概率密度函数的数学公式，通常假定数据集服从某种形式的分布，如高斯分布、泊松分布、伯努利分布、二项式分布等。其中，最常见的是高斯分布，它具有良好的数学性质及适用性。例如，对于图 8-15（a）中的由 200 个数据对象组成的二维数据集，可以用均值为 $(0,0)$、协方差为 $\begin{bmatrix} 3 & 2 \\ 2 & 1 \end{bmatrix}$ 的高斯分布 $N(x|\boldsymbol{\mu},\boldsymbol{\Sigma})$ 来描述，即它的概率密度函数为

$$p(x|\boldsymbol{\mu},\boldsymbol{\Sigma}) = \frac{1}{(2\pi)^{\frac{d}{2}}|\boldsymbol{\Sigma}|^{\frac{1}{2}}} \exp\left(-\frac{(x-\boldsymbol{\mu})^{\mathrm{T}}\boldsymbol{\Sigma}^{-1}(x-\boldsymbol{\mu})}{2}\right) \tag{8-12}$$

其中，参数 $\boldsymbol{\mu}$ 是高斯分布的均值或期望；$\boldsymbol{\Sigma}$ 是其协方差；d 是数据的维度。

图中阴影部分区域是该高斯分布 3 倍标准差范围内的区域。显然，参数为 $\boldsymbol{\mu}$ 和 $\boldsymbol{\Sigma}$ 的二维高斯分布函数 $N(x|\boldsymbol{\mu},\boldsymbol{\Sigma})$ 非常"完美"地描述了该数据集的分布。GMM 算法就是利用一个高斯分布描述数据集中的一个簇，能够给出其明确的概率密度函数。

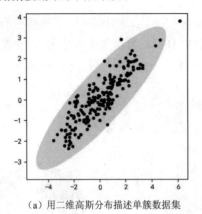
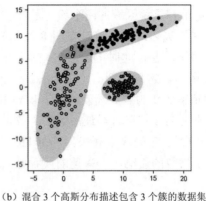

（a）用二维高斯分布描述单簇数据集　　　　（b）混合 3 个高斯分布描述包含 3 个簇的数据集

图 8-15　用高斯分布对数据集进行描述

对于包含多个簇的数据集，GMM 算法首先定义簇的权重 w_k（即样本生成自不同簇的概率），然后，每个簇用一个高斯分布 $N(x|\boldsymbol{\mu}_k, \boldsymbol{\Sigma}_k)$ 进行描述。这样，数据集是由多个高斯分布混合而成（每个高斯分布又称为一个"分量"）的，它的概率密度函数为

$$p(x|\boldsymbol{w}, \boldsymbol{\mu}, \boldsymbol{\Sigma}) = \sum_{k=1}^{K} w_k \cdot p(x|\boldsymbol{\mu}_k, \boldsymbol{\Sigma}_k) \tag{8-13}$$

这里，K 是事先确定的簇的数量，高斯分量的权重满足 $\sum_{k=1}^{K} w_k = 1$ 和 $w_k \geq 0$。

如图 8-15（b）所示的数据集，它可以视为由 3 个高斯分布混合而成。它们的参数分别为 $\boldsymbol{\mu}_1 = (0,0), \boldsymbol{\Sigma}_1 = \begin{bmatrix} 1 & 12 \\ 5 & 20 \end{bmatrix}$，$\boldsymbol{\mu}_2 = (10,10), \boldsymbol{\Sigma}_2 = \begin{bmatrix} 10 & 4 \\ 4 & 1 \end{bmatrix}$，$\boldsymbol{\mu}_3 = (10,0), \boldsymbol{\Sigma}_3 = \begin{bmatrix} 1.5 & 0 \\ 0 & 1 \end{bmatrix}$，其中，3 个高斯分量的权重均为 1/3。

当我们获得 GMM 中每个高斯分量的参数后，就可以计算每一个数据对象属于各个高斯分量的概率，并把概率值最大的高斯分量作为数据对象所属的簇。

在实际聚类问题中，只有数据集，即从未知概率密度函数下采样出的 n 个数据对象。此时，GMM 的参数 w_k、$\boldsymbol{\mu}_k$、$\boldsymbol{\Sigma}_k$（其中，$k = 1, 2, \cdots, K$）均是未知的。为了求解这些参数，我们采用了极大似然估计法，最大化以下对数似然函数：

$$L = \log \prod_{j=1}^{n} p(x_j|\boldsymbol{w}, \boldsymbol{\mu}, \boldsymbol{\Sigma}) = \sum_{j=1}^{n} \log \sum_{k=1}^{K} w_k N(x_j|\boldsymbol{\mu}_k, \boldsymbol{\Sigma}_k) \tag{8-14}$$

显然，该似然函数无法直接通过解析方式求得解，我们常采用 EM（Expectation Maximization，期望最大化）算法进行迭代优化求解。EM 算法是于 1977 年提出的对含有隐变量的概率模型参数进行极大似然估计的一种有效方法，它主要通过 E-step（期望步）、M-step（最大化步）反复迭代，直至似然函数收敛至局部最优解。本节不讨论 EM 算法的原理和详细推导过程，只给出利用 EM 求解 GMM 算法参数的具体步骤，如算法 8-3 所示。

算法 8-3：利用 EM 求解 GMM 参数的过程

步骤：

（1）随机初始化 GMM 的参数 $w_k, \boldsymbol{\mu}_k, \boldsymbol{\Sigma}_k$，其中 $k = 1, 2, \cdots, K$。

（2）E-step：

使用当前参数计算隐变量 $\gamma_{j,k}$，它表示第 j 个数据对象属于第 k 个高斯分量的概率，即 $\gamma_{j,k} = $

$$\frac{w_k \cdot N\left(x_j | \boldsymbol{\mu}_k, \boldsymbol{\Sigma}_k\right)}{\sum\limits_{k=1}^{K} w_k \cdot N\left(x_j | \boldsymbol{\mu}_k, \boldsymbol{\Sigma}_k\right)}, j = 1, 2, \cdots, n, \quad k = 1, 2, \cdots, K 。$$

（3）M-step：

利用隐变量 $\gamma_{j,k}$ 更新参数 $w_k, \boldsymbol{\mu}_k, \boldsymbol{\Sigma}_k$，其中

权重：$w_k = \dfrac{\sum\limits_{j=1}^{n} \gamma_{j,k}}{n}, k = 1, 2, \cdots, K$；

均值向量：$\boldsymbol{\mu}_k = \dfrac{\sum\limits_{j=1}^{n} \gamma_{j,k} \cdot x_j}{\sum\limits_{j=1}^{n} \gamma_{j,k}}, k = 1, 2, \cdots, K$；

协方差矩阵：$\boldsymbol{\Sigma}_k = \dfrac{\sum\limits_{j=1}^{n} (\gamma_{j,k} \cdot x_j - \mu_k)(\gamma_{j,k} \cdot x_j - \mu_k)^{\mathrm{T}}}{\sum\limits_{j=1}^{n} \gamma_{j,k}}, k = 1, 2, \cdots, K$。

（4）检查参数的收敛情况，如果没有达到预设的收敛条件，返回步骤（2）；否则，算法结束，返回 GMM 的参数 $w_k, \boldsymbol{\mu}_k, \boldsymbol{\Sigma}_k$ 和隐变量 $\gamma_{j,k}$。

这样，我们可以给出 GMM 聚类算法的完整步骤，如算法 8-4 所示。

算法 8-4：GMM 聚类算法

输入：包含 n 个对象的数据集 D，簇的数目 K。

输出：划分后的 K 个簇。

步骤：

（1）执行算法 8-3，获得 K 个高斯分量的参数和隐变量 $\gamma_{j,k}$，$j = 1, 2, \cdots, n;\ k = 1, 2, \cdots, K$。

（2）依据 $\gamma_{j,k}$ 的值，将第 j 个数据划入概率最大的簇 C_{target}，即 $\text{target} = \text{argmax}\{\gamma_{j,k} | k = 1, 2, \cdots, K\}$。

（3）返回划分后的簇 $C_1 \bigcup C_2 \bigcup \cdots \bigcup C_K$，算法结束。

8.5.2　进一步讨论

1. 和 k-means 算法的比较

观察 GMM 算法的步骤可以发现，它和 k-means 算法的步骤有相似之处，它们都需要事先指定簇的数量，都是迭代地将数据划分到不同的簇，然后更新每个簇的均值。实际上，有一些学者将 k-means 算法看成 GMM 算法的特殊情况。但是，GMM 算法远比 k-means 复杂。

（1）GMM 是一种基于概率的模型，能够估计出数据对象属于每一个簇的概率，而不是简单地依据距离来划分数据。

（2）GMM 通过特定参数的高斯分布来描述一个簇，簇的形状可以是椭圆，而不像 k-means 那样只擅长识别球形的簇，因而适用范围更广。

（3）GMM 能估计出数据集的概率密度函数，还能生成同分布的新数据，因而是一种生成式模型。

2．簇数量的选择

GMM 是一种基于概率的聚类模型，能够给出每个高斯分量的数学函数，其对数似然函数实际上反映了混合高斯模型对数据集的拟合程度。聚类时，我们希望求解的混合高斯分布对数据拟合较好，即获得较高的对数似然函数值，同时，我们又不希望 GMM 中的高斯分量过多，意味着更多的模型参数和复杂度。

因此，我们使用贝叶斯信息准则（Bayesian Information Criterion，BIC）来选择最佳的簇数量，其定义为

$$BIC = K \cdot \ln(n) - 2\ln(L) \tag{8-15}$$

其中，L 是式（8-14）定义的对数似然函数。

显然，第一项代表了模型的复杂度，第二项代表模型的性能。BIC 就是要在模型复杂度和性能之间取得平衡。GMM 选取使得 BIC 值取最小时的 K 值作为最佳的聚类簇数量，在 8.5.3 节的实现中，我们将演示基于 BIC 的参数选取过程。

8.5.3 基于 Python 的实现

使用 Scikit-learn 的 mixture 模块中的 GaussianMixture 类，可以轻松创建一个 GMM 聚类模型，它的主要参数、属性和函数如表 8-6 所示。

表 8-6　　　　　　　　GaussianMixture 类的主要参数、属性和函数

项目	名称	说明
参数	n_components	高斯分量的个数，默认为 1
	covariance_type	协方差类型，可以取值为'full'、'tied'、'diag'、'spherical'，默认类型为'full'，表示各高斯分量具有不同的协方差矩阵
	max_iter	最大迭代次数，默认为 100
	random_state	设置初始化质心的生成器，可以取值为整型数、RandomState 对象或者 None。如果取值为整数，它作为随机数生成器的 seed
属性	weights_	每个高斯分量的权重，表示为一维向量(n_components,)
	means_	每个高斯分量所表示的簇的均值
	covars_	每个高斯分量所表示的簇的协方差
函数	fit(X)	在数据集 X 上训练聚类算法
	predict(X)	预测数据集 X 上每个样本所属的簇标号
	fit_predict(X)	在数据集 X 上训练聚类算法，并预测样本的簇的标号
	bic(X)	计算在数据集 X 上当前 GMM 的 BIC 值
	predict_proba(X)	给出数据集 X 中的每个对象属于每个高斯分量的概率矩阵
	sample(n_samples)	用混合高斯分布生成 n_samples 个新数据对象，例如，X,y=model.sample(200)

创建一个 GMM 聚类模型的典型过程如下：

```
model = GaussianMixture (n_components = 3, covariance_type = 'full', random_state = 12)
```

获得 GMM 聚类算法对数据集的聚类结果的操作语句如下：

```
y_pred = model.fit_predict(X)
```

在下面的例子中，我们利用 GMM 聚类算法实现对图 8-2 所示的 Blobs 数据集的聚类。其中，聚类模型采用 sklearn.mixture 模块中的 GaussianMixture 类创建，并设置簇数目为 4，代码实现如代码 8-4 所示。

代码 8-4　GMM 聚类算法在 Blobs 数据集上的聚类过程

```
from sklearn.mixture import GaussianMixture
from sklearn.datasets import make_blobs      #用于生成数据集的库
import numpy as np
from sklearn import metrics
import matplotlib.pyplot as plt
from utils import draw_ellipse, BIC          #引用辅助函数

# 1. 获得数据集
n_samples = 200                              #样本数量
X, y = make_blobs(n_samples = n_samples, random_state = 9, centers = 4, cluster_std = 1)

# 2. GMM 的创建和训练
K = 4                                        #簇的数量
model = GaussianMixture(n_components = K, covariance_type = 'full', random_state = 15)
y_pred = model.fit_predict(X)

# 3. 聚类模型评价
print(" 轮廓系数: %0.3f" % metrics.silhouette_score(X, y_pred))
print(" 调整兰德指数 AMI: %0.3f" % metrics.adjusted_rand_score(y, y_pred))

# 4. 绘图显示 GMM 的聚类结果
plt.figure(figsize = (5, 5))
plt.rcParams['font.sans-serif'] = ['SimHei']              #显示中文标签
plt.rcParams['axes.unicode_minus'] = False

for i in range(K):
    plt.scatter(X[y_pred == i][:, 0], X[y_pred == i][:, 1],
                marker=set_marker[i], color=set_color[i])
    #为簇绘制椭圆阴影区域
    for p, c, w in zip(model.means_, model.covariances_, model.weights_):
        draw_ellipse(p, c, alpha = 0.05)

plt.title(" GMM 的聚类结果, K=%d"% K, fontsize = 14)
plt.show()
```

GMM 算法最终的聚类结果如图 8-16（a）所示，阴影区域表示了学习的 4 个高斯分量的区域，感兴趣的读者可以使用 model.means_ 和 model.covariances_ 属性查看高斯分量的均值和协方差。聚类得到的轮廓系数为 0.553，AMI 为 0.828，说明聚类质量比较好。

需要说明的是，此例中使用了辅助函数 draw_ellipse() 来绘制图 8-16 中的阴影区域，它的实现如代码 8-5 所示（也可参见文件 utils.py）。

另外，我们在代码 8-4 中设置簇数量为 K = 4。实际上，也可以使用 8.5.2 节介绍的 BIC 计算簇的数量，只需直接调用下面代码中的 BIC() 函数。可以发现，利用 BIC 自动计算的最佳簇数量为 K = 3，聚类结果如图 8-16（b）所示。产生这种差异的原因是 Blobs 数据集右下角的两个簇互相重叠，GMM 认为把它们视为一个簇更合适。

代码 8-5　GMM 算法的两个辅助函数（utils.py）

```
from matplotlib.patches import Ellipse
import matplotlib.pyplot as plt
import numpy as np
```

```
from sklearn.mixture import GaussianMixture

#函数：在给定的位置画一个椭圆
def draw_ellipse(position, covariance, ax = None, **kwargs):
    ax = ax or plt.gca()
    #将协方差转换为主轴
    if covariance.shape == (2, 2):
        U, s, Vt = np.linalg.svd(covariance)
        angle = np.degrees(np.arctan2(U[1, 0], U[0, 0]))
        width, height = 2 * np.sqrt(s)
    else:
        angle = 0
        width, height = 2 * np.sqrt(covariance)
    ax.add_patch(Ellipse(position, 3 * width, 3 * height, angle, **kwargs))

#函数：计算 BIC
def BIC(X):
    lowest_bic = np.infty
    bic = []
    n_components_range = range(1, 10)

    for n_components in n_components_range:
        gmm_model = GaussianMixture(n_components = n_components)
        gmm_model.fit(X)
        bic.append(gmm_model.bic(X))
        if bic[-1] < lowest_bic:
            lowest_bic = bic[-1]
    bic = np.array(bic)
    return bic.argmin() + 1
```

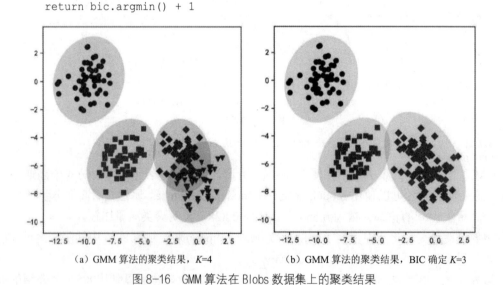

（a）GMM 算法的聚类结果，K=4　　　　（b）GMM 算法的聚类结果，BIC 确定 K=3

图 8-16　GMM 算法在 Blobs 数据集上的聚类结果

8.5.4　讨论：优点和不足

GMM 算法是一种基于概率的生成式聚类算法，它的优点如下。

（1）聚类结果可以表示为数据对象属于某一个簇的概率，结果更具可解释性。GaussianMixture 类的 predict_proba() 函数可以输出该概率矩阵。

（2）适用于椭圆形的簇，比 k-means 算法更具灵活性。

（3）GMM 是一种生成式模型，它明确给出每个簇的概率密度函数，因而可以生成同分布的新数据集。例如，我们用 GaussianMixture 类的 sample() 函数重新生成 Blobs 数据集的 100 个样本，如图 8-17 所示。

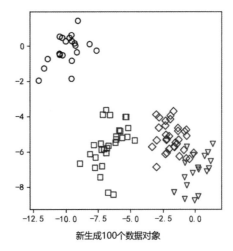

如前文所述，GMM 及其迭代求解过程和 k-means 算法相似，它也存在以下一些不足。

（1）需要事先确定簇的数量。

（2）GMM 的参数依赖于 EM 方法求解，后者容易陷入局部最优解。因此，GMM 的聚类结果具有一定程度的不稳定性。

（3）由于需要求解的参数比较多，因此 GMM 算法的运算速度较慢。

图 8-17　GMM 可以生成同分布的新数据集

新生成100个数据对象

8.6　本章小结

聚类是数据挖掘领域一个富有活力的研究领域，属于无监督的数据分析方法。聚类方法具有广泛的应用，既可作为独立的数据挖掘工具来学习数据中簇的分布或规律，也可以作为其他数据挖掘模型的预处理步骤。

聚类模型种类众多，本章介绍了 k-means、DBSCAN 和高斯混合模型（GMM）这 3 种代表性的聚类模型。其中，k-means 是使用广泛的一种基于划分的模型，具有计算速度快、伸缩性好等特点；DBSCAN 是一种基于密度的模型，具有自动确定簇的数目、适用于非凸簇、噪声不敏感等特点；GMM 是一种基于概率的生成式模型，具有结果可解释性高、可以生成新数据等特点。

除了这 3 种模型，学术界还提出基于层次的聚类、基于网格的聚类、基于谱图的聚类、基于深度学习的聚类等方法，它们在伸缩性、健壮性、可解释性、准确度、高维数据适应性等方面具有各自的特点，感兴趣的读者可以进一步了解这些聚类模型。

习题

1．请简述使用肘部法实现 k-means 聚类算法参数选择的原理。

2．请说明如何选择 DBSCAN 聚类算法的两个关键参数。

3．对于高维数据集（如维度超过 50），是否适合使用高斯混合聚类模型进行聚类？请说明原因。

4．UCI 数据库中的批发商（wholesales customers）数据集包含了 440 个批发商客户在一段时间内的采购数据，共 8 个特征，包括在鲜货（fresh）、奶制品（milk）、食品杂货（grocery）等类别产品上的采购支出。请采用合适的聚类算法对这些批发商进行聚类，并分析每一类别的批发商在采购行为上有何显著特点。读者可以到 UCI 网站下载该数据集。

第**9**章 关联规则分析

关联规则分析是一种挖掘数据集中不同项目之间相关关系的技术。关联规则分析比较著名的例子是"啤酒和尿布"的故事。在超市购物篮数据中,"啤酒"和"尿布"看上去是没有关系的两个商品,但研究人员发现,购买尿布的顾客也倾向于购买啤酒。这个经典的例子表明,在我们的日常数据中可能隐藏着许多有趣的关联关系。关联规则分析方法最早是在 20 世纪 90 年代被提出的。当时计算机科学家 Rakesh Agrawal、Tomasz Imieliński 和 Arun Swami 开发了一种使用零售终端系统数据分析商品之间关系的算法,并将该算法应用于大型零售场景,用于预测不同商品被顾客一起购买的可能性。因此,关联规则分析方法也常称为"购物篮分析"。

9.1 概述

关联(Association)就是反映数据集中某个项目与其他项目之间的相互依赖关系。如果两个或多个项目在数据集中频繁地同时出现,就认为它们之间存在相关性。例如,"啤酒"和"尿布"经常性地同时出现在顾客的购物篮数据中。

关联规则分析(Association Rule Analysis),又称为"关联规则挖掘"或"关联挖掘",是一种旨在从各种数据(常使用事务数据集、交易数据集或关系数据集)中发现关于项目的频繁出现模式、相关关系或因果结构,并形成蕴含式的关联规则。

除了在前面提及的商品零售领域,关联规则分析还在很多领域有广泛应用。

- 医疗领域:医生可以使用关联规则来辅助诊断以发现隐藏病症。例如,病人在患有流感时都有许多共同的症状(如发烧、打喷嚏、酸痛、咳嗽、白细胞增加等),但同时每个病人在就诊时所描述的症状又有显著差异(如发烧、咳嗽和胃痛)。医生可以利用关联规则分析方法,从以往的流感病例中获得一些与流感相关的关联规则(如{发烧,咳嗽} ⇒ 流感),帮助快速地进行诊断。
- 网站结构优化:开发人员可以收集用户访问一个网站时点击的链接数据,找出频繁被访问的网页或板块,对网站的结构和布局进行改进,以提升用户体验。

9.1.1 基本概念

在介绍关联规则分析算法之前,我们先给出它的几个基本概念。

1．事务数据

事务数据（Transaction Data）是关联分析中的数据对象，我们可以把它理解为与一次活动或事件（例如，顾客的一次超市购买行为、电脑用户对网站的一次访问）相关的数据集合，它由项目（Item）集合与事务标识（TID）组成。表 9-1 给出了某超市的购物篮数据，它记录了 4 次购物活动的数据。

表 9-1　　　　　　　　　　　　　事务数据集的例子

订单号（TID）	购买商品（Item）
10	牛奶,面包,饼干
20	啤酒,牛奶,尿布
30	牛奶,饼干,面包,果酱
40	牛奶,面包,鸡蛋,啤酒

2．项集

项集（Itemsets）是事务中若干项目（项）的集合。对于含有 k 个项的集合 L，我们称为"k 项集"。例如，项集{牛奶,面包,饼干}是一个"3 项集"。

3．支持度

一个项集 L 的支持度（Support）是指同时包含项集 L 所有项目的事务数除以总事务数，其计算如式（9-1）所示。其中，$\sigma(L)$ 表示包含项集 L 的所有项目的事务数，$P(L)$ 指项集发生的概率，N 表示总事务数：

$$\text{support}(L) = \frac{\sigma(L)}{N} = P(L) \tag{9-1}$$

例如，在含有 1000 条购物记录的数据中，有 100 笔交易出现了同时购买牛奶和面包的情况，则 2 项集{牛奶,面包}的支持度可以计算为

$$\text{support}(牛奶,面包) = \frac{\sigma(L)}{N} = \frac{100}{1000} \times 100\% = 10\%$$

4．频繁项集

在关联规则分析任务中，我们通常会人为设置一个阈值，称为最小支持度（min_support）。我们把支持度大于该阈值的项集称为频繁项集（Frequent Itemsets）。

5．关联规则

关联规则（Association Rule）是形如 $A \Rightarrow B$ 的蕴含式，它表示项集 A 在某个事务中出现，则项集 B 也以一定概率出现。其中，A 和 B 是两个不相交的项集，分别称为规则前件和规则后件。关联规则的支持度就是前件和后件的并集的支持度，即 $\text{support}(A \Rightarrow B) = \text{support}(A \bigcup B)$。

6．置信度

关联规则 $A \Rightarrow B$ 的置信度（Confidence）是指若项集 A 发生的情况下项集 B 发生的概率值。

其计算方法是用同时包含 A 和 B 的事务数量除以只包含 A 的事务数量，如式（9-2）所示。

$$\text{confidence}(A \Rightarrow B) = \frac{\text{同时包含项集}A\text{和}B\text{的事务数}}{\text{只包含项集}A\text{的事务数}} = \frac{\sigma(A \cup B)}{\sigma(A)} = \frac{P(AB)}{P(A)} \quad (9\text{-}2)$$

在刚才的例子中，假设牛奶和面包在 100 笔交易中被一起购买，而面包在 150 笔交易中被购买，则关联规则"面包 ⇒ 牛奶"的置信度可以计算为

$$\text{confidence}(\text{面包} \Rightarrow \text{牛奶}) = \frac{\sigma(\text{面包},\text{牛奶})}{\sigma(\text{面包})} = \frac{100}{150} \times 100\% \approx 66.7\%$$

通常，我们还会再设置一个最小置信度（min_confidence）阈值，以衡量规则的可靠性。我们把同时满足最小支持度和最小置信度阈值的规则称为"强规则"，它是关联规则分析的主要结果。

7．提升度

提升度（Lift）是指在规则 $A \Rightarrow B$ 中，由于项集 A 发生导致的项集 B 发生的概率与项集 B 发生概率之比，即规则的置信度与规则后件的支持度之比。其计算如式（9-3）所示。

$$\text{lift}(A \Rightarrow B) = \frac{(\text{同时包含}A,B\text{的事务数})/(\text{包含}A\text{的事务数})}{\text{包含}B\text{的事务数}}$$

$$= \frac{\text{confidence}(A \Rightarrow B)}{\text{support}(B)} = \frac{P(AB)}{P(A)P(B)} \quad (9\text{-}3)$$

从统计角度分析，如果项集 A 的出现对项集 B 的出现没有影响，即 A 和 B 之间相互独立，应该满足 $P(AB) = P(A)P(B)$，此时提升度为 1。我们希望挖掘的关联规则都应该是提升度大于 1 的强关联规则。

9.1.2 关联规则挖掘算法

关联规则挖掘的目标是找出满足最小支持度、最小置信度和提升度要求的强关联规则。由于事务数据集中的项目或商品数量众多，通过蛮力搜索的方法显然不可行。

为了提高关联规则挖掘的效率，研究人员提出了许多高性能的算法，表 9-2 列出了几种经典的关联规则挖掘算法。它们通常将关联规则挖掘任务分为两个步骤。

（1）产生所有的频繁项集：找出满足最小支持度阈值的频繁 1 项集、频繁 2 项集、频繁 3 项集……。

（2）由频繁项集产生强关联规则：利用频繁项集产生满足最小置信度的强规则。

表 9-2　　　　　　　　　　　　常用关联规则挖掘算法

名称	描述
Apriori 算法	最常用也是最经典的关联规则挖掘算法。其核心思想是利用逐层搜索的迭代方法，通过连接与剪枝操作找出频繁项集，然后形成规则
FP-growth 算法	针对 Apriori 算法中多次扫描事务数据集的不足，提出构建频繁模式树（FP-tree）来压缩事务数据集中的信息，然后利用 FP-tree 高效地产生频繁项集
Eclat 算法	Eclat 算法是一种深度优先算法，采用垂直数据表示形式，在概念格理论的基础上利用基于前缀的等价关系将搜索空间划分为较小的子空间

9.2 Apriori 算法生成频繁项集

Apriori 算法采用自下而上的策略，从频繁 1 项集开始，通过连接和剪枝操作，逐层搜索频繁项集，最后生成关联规则。

为了提高搜索频繁项集的效率，它使用了一种称为"先验原理"的重要性质，以缩小搜索空间。

9.2.1 先验原理

性质 9.1（先验原理）：频繁项集的所有非空子集也必须是频繁项集。

根据该性质可以得出：如果项集 I 不是频繁项集，则向该项集中添加项目 A，且新的项集 $I \cup A$ 也一定不是频繁项集。Apriori 算法就利用该性质来删除候选项集（也称为"剪枝"），以提高搜索效率。

如图 9-1 所示，假设存在事务数据集的全部项目为 $\{A,B,C,D,E\}$，在逐层搜索过程中，如果发现 2 项集 $\{A,B\}$ 是非频繁项集，则它的超集 $\{A,B,C\}$、$\{A,B,D\}$、$\{A,B,E\}$，以及包含 $\{A,B\}$ 的 4 项集和 5 项集均为非频繁项集，可以直接从搜索空间中剪枝（见图 9-1 中虚线部分所示）。

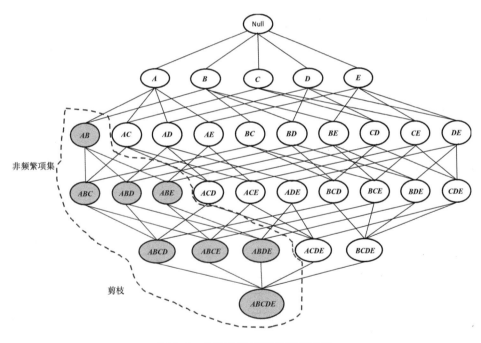

图 9-1 基于先验原理的剪枝过程

基于先验原理，Apriori 算法主要分为两个阶段：①产生频繁项集；②基于频繁项集生成关联规则。

9.2.2 产生频繁项集

先介绍 Apriori 中的连接和剪枝两个关键操作。

1. 连接

Apriori 算法使用连接操作将两个频繁 k 项集生成一个候选的 $k+1$ 项集。假设所有 k 项集中的项都已经排序（如按英文字母顺序），可表示为 $L_k = (l_1, l_2, \cdots, l_k)$。如果两个 k 项集 L_k^1 和 L_k^2 的前 $k-1$ 项的内容完全一致，且第 k 项不一致（即 $l_i^1 = l_i^2, i = 1, 2, \cdots, k-1; l_k^1 \neq l_k^2$），则它们是可以连接的，连接后的结果是生成一个候选的 $k+1$ 项集 C_{k+1}，可表示为 $C_{k+1} = (l_1^1, l_2^1, \cdots, l_k^1, l_k^2)$。连接操作可以简洁地表示为 $C_{k+1} = L_k \bowtie L_k$。

2. 剪枝

为了提高效率，Apriori 算法利用先验原理对候选集 C_{k+1} 进一步压缩。如果 C_{k+1} 的一个 k 项子集没有出现在频繁 k 项集中，根据先验原理，C_{k+1} 一定是非频繁的，可以被剪枝。

Apriori 算法寻找最大频繁项集基本包含 6 个步骤，如算法 9-1 所示。

算法 9-1：Apriori 算法生成频繁项集

输入：事务数据集，最小支持度 min_support，最小置信度 min_confidence。

输出：频繁项集

（1）扫描事务数据集，提取事务中的候选 1 项集 C_1，并计算它们的支持度；

（2）基于 min_support 阈值，确定频繁 1 项集 L_1，并设置 $k=1$；

（3）利用连接操作 $L_k \bowtie L_k$，产生候选 $k+1$ 项集 C_k；

（4）扫描事务数据集，计算 C_k 中每个候选 $k+1$ 项集的支持度计数，确定频繁 $k+1$ 项集 L_{k+1}；

（5）设置 $k = k+1$，重复步骤（3）和步骤（4），直到不再生成新的频繁项集；

（6）输出全部的频繁项集。

下面将结合一个具体的案例进行解释。假设我们拥有包含 4 条购物记录的事务数据集，如表 9-3 所示。例如，在订单号 10 的记录中，消费者购买了 A、C、D 这 3 种商品。我们设置最小支持度为 0.5（即支持度计数 2）和最小置信度为 0.5 。

表 9-3 　　　　　　　　　　　　　　　　某零售事务数据集

订单号（TID）	购买商品（Item）
10	A,C,D
20	B,C,E
30	A,B,C,E
40	B,E

期望找出所有的频繁项集，主要过程如图 9-2 所示。

（1）第一次扫描所有事务，从仅包含单个项目的项集开始，得到候选 1 项集 C_1，并计算每个项集的支持度。例如，$\text{support}(\{A\}) = \dfrac{2}{4} = 0.5$ 或支持度计数 $\sigma(\{A\}) = 2$。根据预设的最小支持度阈值，删掉不频繁的 1 项集 {D}，得到频繁 1 项集 L_1。

（2）使用连接操作 $L_1 \bowtie L_1$，得到候选 2 项集 C_2。

（3）第二次扫描所有事务，并计算每个候选 2 项集的支持度。例如，$\text{support}(\{A,B\}) = \dfrac{1}{4} =$

0.25 和支持度计数 $\sigma(\{A,B\})=1$。根据预设的最小支持度阈值，删掉不频繁的 2 项集 {A,B} 和 {A,E}，得到频繁 2 项集 L_2。

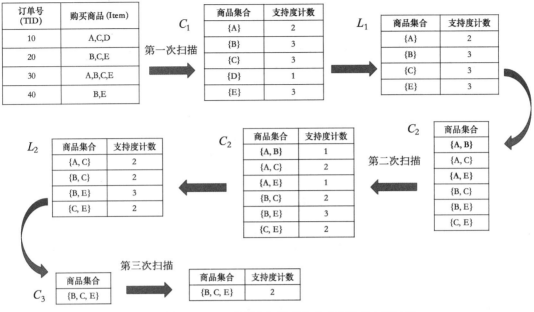

图 9-2 基于 Apriori 的最大频繁项集生成算法的主要过程

（4）使用连接操作 $L_2 \bowtie L_2$，得到候选 3 项集 C_3。由于当前候选 3 项集只有一个 {B,C,E}，可以判断它的所有 2 项子集都是频繁的，因此无须剪枝。

（5）第三次扫描所有事务，计算候选 2 项集的支持度。例如，候选 3 项集 {B,C,E} 的支持度为 2，满足最小支持度的要求，因此它是频繁的。

9.2.3 生成关联规则

找到所有的频繁项集后，就可以直接利用它们生成关联规则。通常的做法：对于一个频繁项集 L，将它分为两个不相交的非空子集，例如 X 和 Y，则可以生成候选关联规则 $X \Rightarrow Y$，然后计算它的置信度。如果满足最小置信度要求，它就是一个强关联规则。

Apriori 算法利用剪枝策略生成关联规则的过程

然后，对于一个频繁 k 项集 L_k，理论上最多可以产生 $2^k - 2$ 个候选关联规则，如果逐一检查其置信度，计算开销非常大。例如，频繁项集 $\{A,B,C,D\}$ 产生的候选规则包括：$\{A,B,C\} \Rightarrow \{D\}$，$\{A,B,D\} \Rightarrow \{C\}$，$\{A,C,D\} \Rightarrow \{B\}$，$\{B,C,D\} \Rightarrow \{A\}$，$\{A,B\} \Rightarrow \{C,D\}$，$\{A,C\} \Rightarrow \{B,D\}$，$\{A,D\} \Rightarrow \{B,C\}$，$\{B,C\} \Rightarrow \{A,D\}$，$\{B,D\} \Rightarrow \{A,C\}$，$\{C,D\} \Rightarrow \{A,B\}$，$\{A\} \Rightarrow \{B,C,D\}$，$\{B\} \Rightarrow \{A,C,D\}$，$\{C\} \Rightarrow \{A,B,D\}$，$\{D\} \Rightarrow \{A,B,C\}$。

Apriori 采用了一种剪枝策略来压缩候选规则的数量。

剪枝策略：如果 $X \Rightarrow Y$ 是一个不满足最小置信度要求的候选规则，则 $X-S \Rightarrow Y+S$ 的置信度也不满足最小置信度要求。其中，S 是频繁项集 $L = X \cup Y$ 中的一个非空子集，它和 Y 没有交集。这样，$Y+S$ 表示两个子集的并集即 $Y \cup S$，$X-S$ 表示从子集 X 去除 S 后的剩余子集。

例如，如果候选规则 $\{A,B,C\} \Rightarrow \{D\}$ 的置信度不满足要求，则候选规则 $\{A,B\} \Rightarrow \{C,D\}$ 的

也不满足要求。

9.2.4 基于 Python 的 Apriori 算法实现

Scikit-learn 模块没有提供 Apriori 算法的实现。我们需要使用第三方的 mlxtend 库，它的 frequent_patterns 模块提供了 Apriori 算法的实现。读者需要在 Anaconda 命令行终端中使用 pip install mlxtend 命令安装该库。

其中，apriori()函数用于产生频繁项集，它的基本语法为

```
apriori(df, min_support = 0.5, use_colnames = False, max_len = None)
```
它的主要参数说明如表 9-4 所示。

表 9-4　apriori()函数的主要参数

参数名称	说明
df	接收独热编码的数据框对象。数据框中的值只允许 0/1 或 True/False 这样的二元数据
min_support	接收浮点数，用于设置最小支持度。默认为 0.5
use_colnames	接收布尔值（True/False），默认为 False。如果为 True，则在返回的结果中使用数据框的列名而不是列索引
max_len	接收整数，默认为 None。表示生成的项集的最大长度

需要注意的是，apriori()函数要求输入的数据框对象的值必须为 0/1 或者 True/False 这样的二元数据。因此，需要对表 9-3 这样的事务数据集进行编码。mlxtend.preprocessing 模块提供了 TransactionEncoder()函数，能轻松实现该编码过程。例如，在代码 9-1 中，输入数据经编码后的结果如下。

```
     A       B       C       D       E
0  True   False   True    True   False
1  False  True    True    False  True
2  True   True    True    False  True
3  False  True    False   False  True
```

代码 9-1 演示了使用 apriori()函数获取表 9-3 所示的零售数据集中的频繁项集的过程。这里，我们设置最小支持度为 0.5。

代码 9-1　使用 apriori()获取频繁项集的过程

```
import pandas as pd
from mlxtend.frequent_patterns import apriori
from mlxtend.preprocessing import TransactionEncoder
itemSetList = [['A', 'C', 'D'],
               ['B', 'C', 'E'],
               ['A', 'B', 'C','E'],
               ['B', 'E']]

#数据预处理——编码
te = TransactionEncoder()
te_array = te.fit(itemSetList).transform(itemSetList)
df = pd.DataFrame(te_array, columns = te.columns_)

#挖掘频繁项集（最小支持度为 0.5）
frequent_itemsets = apriori(df, min_support = 0.5, use_colnames = True)
print("发现的频繁项集包括: \n", frequent_itemsets)
```

运行上述代码生成所有满足最小支持度阈值的频繁项集，输出结果为

```
发现的频繁项集包括:
   support  itemsets
0    0.50      (A)
1    0.75      (B)
2    0.75      (C)
3    0.75      (E)
4    0.50    (C, A)
5    0.50    (B, C)
6    0.75    (B, E)
7    0.50    (C, E)
8    0.50  (B, C, E)
```

规则的生成主要使用 mlxtend.frequent_patterns 模块中的 association_rules()函数，它可输出满足最小置信度要求的强关联规则，如代码 9-2 所示。它的基本语法为

```
association_rules(df, metric = 'confidence', min_threshold = 0.8, support_only = False)
```

它的主要参数如表 9-5 所示。

表 9-5　　　　　　　　　　　　association_rules()函数的主要参数

参数名称	说明
df	接收表示频繁项集的 DataFrame 对象，含有 ['support', 'itemsets'] 两列，通常是 apriori() 函数的输出结果
metric	表示规则生成的评价指标，包括'support'、'confidence'、'lift'、'conviction'、'leverage'等。默认为'confidence'
min_threshold	接收浮点数，表示 metric 指标的最小阈值。默认为 0.8
support_only	接收布尔值（True/False），表示输出规则时是否只输出支持度指标（其他指标用 NaN 代替），默认为 False

需要注意的是，metric 参数设置了生成规则时使用的指标默认是置信度，它的阈值通过 min_threshold 参数给出。当然，也可以使用 lift、conviction、leverage 等指标。其中，conviction 称为 "确信度"，取值范围为[0,inf]；leverage 称为 "杠杆率"，取值范围为[−1,1]。它们的含义和提升度类似，用于度量规则 $A \Rightarrow B$ 的前件和后件之间的相关性，取值越大越相关，其具体定义分别为

$$\text{conviction}(A \Rightarrow B) = \frac{1 - \text{support}(B)}{1 - \text{confidence}(A \Rightarrow B)} \tag{9-4}$$

$$\text{leverage}(A \Rightarrow B) = \text{support}(A \Rightarrow B) - \text{support}(A) \times \text{support}(B) \tag{9-5}$$

代码 9-2　使用 association_rules()函数生成强关联规则（接代码 9-1）

```
from mlxtend.frequent_patterns import association_rules
rules = association_rules(frequent_itemsets, metric = 'confidence',
                    min_threshold = 0.5,
                    support_only = False)

rules= rules[ rules['lift']>1]
print("生成的强关联规则为: \n", rules)
```

在代码中，我们利用最小置信度 0.5 生成强关联规则，并使用条件 rules['lift'] > 1 只保留提升度大于 1 的强规则。代码执行后的输出结果：

```
生成的强关联规则:
    antecedents consequents antecedent support ... lift    leverage conviction
```

0	(C)	(A)	0.75	...	1.333333	0.1250	1.5
1	(A)	(C)	0.50	...	1.333333	0.1250	inf
4	(B)	(E)	0.75	...	1.333333	0.1875	inf
5	(E)	(B)	0.75	...	1.333333	0.1875	inf
8	(B, C)	(E)	0.50	...	1.333333	0.1250	inf
10	(C, E)	(B)	0.50	...	1.333333	0.1250	inf
11	(B)	(C, E)	0.75	...	1.333333	0.1250	1.5
13	(E)	(B, C)	0.75	...	1.333333	0.1250	1.5

代码总共输出了 8 条强规则，每条规则分别给出了它的前件（Antecedents）、后件（Consequents）、前件支持度（Antecedent Support）、后件支持度（Consequent Support）、规则支持度（Support）、置信度（Confidence）、提升度（Lift）、杠杆率（Leverage）等指标。

9.2.5 进一步讨论

虽然 Apriori 算法可以帮助我们较为便捷地找到频繁项集，并生成强关联规则，但是该算法有如下两个明显的缺点。

- 需要生成候选项集，规模可能非常大。特别是当项目比较多时，将产生大量的候选二项集。
- 需要多次扫描数据集以便计算候选项集的支持度计数，造成了大量的时间开销。

9.3 FP-growth 算法

由于 Apriori 算法在挖掘频繁模式时需要生成大量的候选项集，并且在计算候选项集上浪费了大量的时间，因此时间复杂度和空间复杂度都很高。为了解决这些问题，FP-growth 算法通过构造频繁模式树（FP-tree），然后在 FP-tree 上遍历生成关联规则，在此过程中无须产生候选项集，只需要扫描事务数据集两次，极大地提升了算法效率。

FP-growth 算法的主要思想：将事务数据集压缩存储在一棵 FP-tree 中，也包括事务中每个项目之间的关系；然后，将 FP-tree 按照条件模式拆分成一组条件 FP-tree，并迭代地挖掘这些条件 FP-tree，以生成频繁项集。

使用表 9-3 中的零售事务数据集，可以将所有事务表示为一棵 FP-tree，如图 9-3 所示。

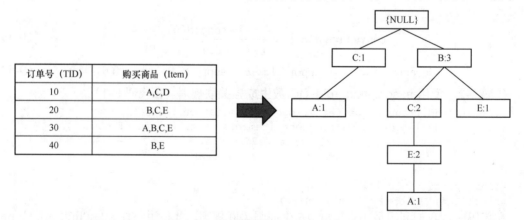

图 9-3　事务数据集用 FP-tree 表示

FP-growth 算法如此高效的原因在于它是一种分而治之的方法，使用树、链表和深度优先搜索技术。该算法的步骤可以分为两个主要阶段，如表 9-6 所示。

表 9-6 **FP-growth 算法的主要步骤**

阶段	步骤
FP-tree 构建	（1）清洗和排序数据
	（2）利用排序后的数据集构造 FP-tree
挖掘主 FP-tree 和条件 FP-tree	（1）将主 FP-tree 分割为若干条件 FP-tree
	（2）递归挖掘每个条件 FP-tree

9.3.1 FP-tree 的构建

在算法的第一阶段中，FP-tree 的构建主要包含以下两个步骤。

利用 FP-tree 挖掘
频繁项集的过程

1. 清洗和排序数据

首先，扫描事务数据集，对于每个事务记录中的 1 项集进行支持度计数的计算，并删除低于最小支持度阈值的项。以图 9-4 的数据为例，假设设定最小支持度计数为 2，由于项目 D 只在事务中出现了 1 次（其支持度计数为 1），因此，将它从数据集中删除。

订单号 (TID)	购买商品 (Item)
10	A,C,D
20	B,C,E
30	A,B,C,E
40	B,E

商品 ID	支持度计数
A	2
B	3
C	3
D	1
E	3

订单号	购买商品	排序
10	A,C,D	C,A
20	B,C,E	B,C,E
30	A,B,C,E	B,C,E,A
40	B,E	B,E

商品 ID	支持度计数
B	3
C	3
E	3
A	2

图 9-4 清洗和排序数据

然后，将满足最小支持度计数的 1 项集按支持计数降序排列，并对每一条事务记录，将其中的项目按此顺序重排。例如，对订单号为 30 的交易记录，重新排序为{B,C,E,A}。

2. 利用排序后的数据集构造 FP-tree

首先，创建 FP-tree 的根节点，标记为{NULL}，并用频繁 1 项集及其支持度计数创建一个项头表，设置其初始链接指针为 NULL，如图 9-5 所示。

然后，第二次扫描事务数据集，逐条地把排序后的事务记录插入 FP-tree 中。具体方法如下。

（1）对于事务记录中的第一个项目，如果它不是根节点的子节点，则在根节点下方创建一个子节点，并标记其计数值为 1，将该节点链接到项头表中该项目的指针上；如果它是根节点的子节点，则只对树中该节点的计数值进行更新（增加 1）。

（2）对于事务记录中的第二个项目，如果它不在树中第一个项目节点下方，则在第一个项目节点下方创建一个子节点，并标记其计数值为 1，将该节点链接到项头表中该项目的指针上；如果它已经是第一个项目节点下方的子节点，则只对树中该节点的计数值进行更新（增加 1）。

（3）对于事务记录中的剩余项目，按照同样的操作，依次将它们添加到 FP-tree 中，并更新计数值。

（4）重复上述操作，直到所有的事务记录都被插入 FP-tree 中。

例如，将排序后的记录{C,A}插入 FP-tree 后的结果如图 9-5（a）所示。将记录{B,C,E}插入 FP-tree 后的结果如图 9-5（b）所示，此时，第二个项目 C 只能放在节点 B 下方，并链接到项头表中已有的关于 C 的指针上（见图 9-5 中的虚线）。当全部记录插入后，最终的 FP-tree 的结构如图 9-5（c）所示，我们也称这棵树为主 FP-tree 或主树。

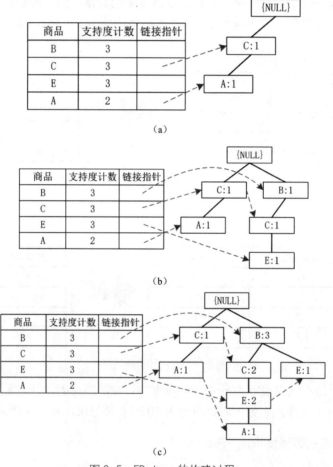

图 9-5　FP-tree 的构建过程

实际上，FP-tree 中每一条从根节点到叶子节点的路径，都对应着数据集中的一个事务，即把整个数据集压缩成一棵 FP-tree。另外，项头表的作用是使我们可以在很短的时间内找到树上出现的项，而不用遍历树。

9.3.2　挖掘主 FP-tree 和条件 FP-tree

在算法的第二阶段中，挖掘主 FP-tree 和条件 FP-tree 也包含如下两个步骤。

1．将主 FP-tree 分割为若干棵条件 FP-tree

按照频繁 1 项集的倒序，以每一个 1 项集作为后缀，从主 FP-tree 上找出所有从叶子节点到根节点的路径，这些路径就构成了以该 1 项集（为后缀）的条件模式基。例如，频繁 1 项集{A}的条件模式基如表 9-7 所示。

表 9-7　　　　　　　　　　　　　频繁项集{A}的条件模式基

路径	条件模式基
{C:1}-{A:1}	{C:1}
{B:3}-{C:2}-{E:2}-{A:1}	{B:1, C:1, E:1}

显然，条件模式基表示了以某个频繁项集为后缀的事务数据集合，按照此前生成主 FP-tree 的方法，使用该事务数据集构建条件 FP-tree。例如，按表 9-7 绘制的项集{A}的条件 FP-tree 如图 9-6 所示。由于项目{B},{E}不满足最小支持度计数阈值，所以被删除。

这样，以每一个频繁 1 项集为后缀，可以将主 FP-tree 分割为多棵条件 FP-tree。

2．递归挖掘每棵条件 FP-tree

按照前面的方法，我们可以以深度优先

图 9-6　以频繁项集{A}为后缀的条件 FP-tree

的方式对每一棵条件 FP-tree 生成它的更长后缀的条件模式基，继而递归地生成更长后缀的条件 FP-tree。例如，对于图 9-6 中项头表中的项目{C}，可以生成以{C,A}为后缀的条件模式基（在此例中为空集），并用它来绘制以{C,A}为后缀的条件 FP-tree。依次递归地生成条件 FP-tree，直到树为空。

这样，在递归过程中的所有用来生成条件 FP-tree（包括最后一层的空树）的后缀项集，就是我们要搜索的频繁项集。对一棵 FP-tree 而言，由于采用了深度优先的方式，在其上挖掘出的频繁项集（后缀）是逐渐增长的，这也是算法名称中"growth"（增长）的由来。

表 9-8 列出了图 9-4 所示的交易数据集中全部频繁项集及支持度计数。

表 9-8　　　　　　　　　　　　基于 FP-tree 挖掘的频繁项集

后缀	频繁项集
{A}	{C,A}:2, {A}: 2
{E}	{B,E}:3, {C,E}:2, {B,C,E}:2, {E}:3
{C}	{B,C}:2, {C}: 3
{B}	{B}

在找到所有的频繁项集后，我们可以按 9.2.3 节中的方法生成关联规则，此过程不再赘述。

9.3.3　基于 Python 的 FP-growth 算法实现

Scikit-learn 模块没有给出 FP-growth 算法的实现。可以使用 mlxtend 库的 frequent_patterns

模块中的 fpgrowth()函数生成频繁项集，然后使用 association_rules()函数生成强关联规则。这里，fpgrowth()函数的基本语法：

```
fpgrowth(df, min_support = 0.5, use_colnames = False, max_len = None)
```

它的参数和表 9-4 中 apriori()的参数完全一致。

代码 9-3 演示了使用 fpgrowth ()函数发现表 9-3 所示的零售数据集中的频繁项集的过程。这里，我们设置最小支持度为 0.5。

代码 9-3　FP-growth 算法 Python 代码实现

```python
import pandas as pd
from mlxtend.preprocessing import TransactionEncoder
from mlxtend.frequent_patterns import fpgrowth, association_rules

itemSetList = [['A', 'C', 'D'],
               ['B', 'C', 'E'],
               ['A', 'B', 'C','E'],
               ['B', 'E']]
#数据预处理——编码
te = TransactionEncoder()
te_array = te.fit(itemSetList).transform(itemSetList)
df = pd.DataFrame(te_array, columns = te.columns_)

#利用FP-growth算法发现频繁项集，最小支持度为0.5
frequent_itemsets = fpgrowth(df, min_support = 0.5, use_colnames = True)
print("发现的频繁项集包括: \n", frequent_itemsets)

#生成强规则（最小置信度为0.5，提升度>1）
rules = association_rules(frequent_itemsets, metric = 'confidence',
                          min_threshold = 0.5, support_only = False)
rules= rules[ rules['lift'] > 1]
print("生成的强关联规则为: \n", rules)
```

代码运行后的主要结果如下。可见，FP-growth 算法在此例子中挖掘的频繁项集和强关联规则同 Apriori 算法的结果一致，但运行速度更快。

```
发现的频繁项集包括:
    support    itemsets
0     0.50        (A)
1     0.75        (B)
2     0.75        (C)
3     0.75        (E)
4     0.50     (C, A)
5     0.50     (B, C)
6     0.75     (B, E)
7     0.50     (C, E)
8     0.50  (B, C, E)

生成的强关联规则:
     antecedents  consequents  antecedent support  ...      lift   leverage  conviction
0           (C)          (A)                0.75  ...  1.333333     0.1250         1.5
1           (A)          (C)                0.50  ...  1.333333     0.1250         inf
4           (B)          (E)                0.75  ...  1.333333     0.1875         inf
5           (E)          (B)                0.75  ...  1.333333     0.1875         inf
8        (B, C)          (E)                0.50  ...  1.333333     0.1250         inf
10       (C, E)          (B)                0.50  ...  1.333333     0.1250         inf
11          (B)       (C, E)                0.75  ...  1.333333     0.1250         1.5
13          (E)       (B, C)                0.75  ...  1.333333     0.1250         1.5
```

9.3.4 进一步讨论

为了更好地了解 FP-growth 算法与 Apriori 算法之间的区别，这里我们将针对 5 个不同的方面对两个算法进行比较，如表 9-9 所示。

表 9-9 　　　　　　　　　　　　　FP-growth 算法与 Apriori 算法比较

比较项	FP-growth	Apriori
速度	较快，运算时间随事务数量线性增加	较慢，运算时间随事务数量呈指数增加
内存占用	较小，用 FP-tree 压缩数据集	较大，所有候选项集的自连接都将存储在内存中
候选项集	不产生候选项集	使用自连接产生候选项集
频繁项集的获得方式	通过递归地挖掘条件 FP-tree 获得频繁项集	通过筛选满足最小支持度阈值的候选项集
扫描数据库次数	两次	多次

9.4 Eclat 算法

Apriori 算法和 FP-growth 算法使用水平格式的数据集，每一行代表一个事务数据，其行索引是事务 ID（或 TID）。而等价类转换（Equivalence Class Transformation，Eclat）算法基于倒排的思想，使用垂直格式的数据挖掘频繁项集。

9.4.1 事务数据集的表示方式

水平格式的事务数据集是关联分析中最常用的数据布局。每行数据都代表一个事务，由唯一索引（TID）和该事务中的项目列表构成，如表 9-10 左侧的例子。垂直格式数据是另一种常用的数据布局，它使用项目作为行索引，每一行都代表与某个项目有关的事务集合（TID 集合），如表 9-10 右侧的例子所示。

显然，对于垂直格式的数据，我们可以直接统计每一个项目的发生次数，从而直接得出频繁 1 项集。例如，如果最小支持度计数为 2，那么 {D} 不是频繁 1 项集。

表 9-10 　　　　　　　　　　　　　水平格式数据和垂直格式数据

订单号（TID）	购买商品（Item）	购买商品（Item）	订单号集合（TID）
10	A,C,D	A	10,30
20	B,C,E	B	20,30,40
30	A,B,C,E	C	10,20,30
40	B,E	D	10
		E	20,30,40

9.4.2 Eclat 算法生成频繁项集

Eclat 算法是一种使用垂直格式数据挖掘频繁项集的算法，只需要扫描事务数据库 1 次。它的关键操作是"取交集"，具体方法：对于频繁 k 项集，我们也可以将其表示为如表 9-10 右侧所示的垂直格式；然后，将频繁 k 项集和频繁 1 项集进行连接得到候选的 $k+1$ 项集，对它们的

TID 集合"取交集"，如果交集的规模不低于最小支持度计数，该 k+1 项集就是频繁的。

例如，使用表 9-10 右侧的频繁 1 项集，通过连接操作和"取交集"操作，可以得到如表 9-11 所示的垂直格式的频繁 2 项集。其中，2 项集{A,C}的 TID 集合为{10,30}和{10,20,30}两个集合的交集，即{10,30}，并且是频繁的。类似地，使用频繁 2 项集与频繁 1 项集做连接和"取交集"操作，可以得到如表 9-12 所示的垂直格式的频繁 3 项集。

表 9-11　　　　　　　　　　频繁 2 项集

购买商品（Item）	订单号集合（TID）
{A,C}	10,30
{B,C}	20,30
{B,E}	20,30,40
{C,E}	20,30

表 9-12　　　　　　　　　　频繁 3 项集

购买商品（Item）	订单号集合（TID）
{B,C,E}	20,30

Eclat 算法流程如下。

（1）通过扫描一次事务数据集，把水平格式的数据转换成垂直格式。

（2）根据设定的支持度计数阈值，找出所有的频繁 1 项集。

（3）从 k=1 开始，通过将频繁 k 项集与频繁 1 项集连接，生成候选 k+1 项集，并对它们的 TID 集合做"取交集"操作，直接通过交集的长度识别出所有的频繁 k+1 项集。

（4）k 增加 1，重复步骤（3），直到不能再找到频繁项集或候选项集。

（5）根据最小置信度要求，按照 9.2.3 节中方法生成强关联规则。

9.4.3　基于 Python 的 Eclat 算法实现

Scikit-learn 模块中没有提供 Eclat 算法的实现。下面的代码给出了一个 Eclat 类的定义，其基本语法：

```
Eclat(min_support = 2, min_confidence = 0.5, min_lift = 1)
```

它的主要参数 min_support、min_confidence 和 min_lift 分别表示最小支持度计数、最小置信度、最小提升度。另外，它使用 fit()函数在二维列表数据上进行训练，无须通过 TransactionEncoder 编码。它的详细实现如代码 9-4 所示。

代码 9-4　Eclat 算法 Python 代码实现

```
#Eclat 类的定义
class Eclat:
    def __init__(self, min_support = 3, min_confidence = 0.6, min_lift = 1):
        self.min_support = min_support
        self.min_confidence = min_confidence
        self.min_lift = min_lift

    #函数: 倒排数据
    def invert(self, data):
        invert_data = {}
        fq_item = []
```

```
            sup = []
            for i in range(len(data)):
                for item in data[i]:
                    if invert_data.get(item) is not None:
                        invert_data[item].append(i)
                    else:
                        invert_data[item] = [i]

            for item in invert_data.keys():
                if len(invert_data[item]) >= self.min_support:
                    fq_item.append([item])
                    sup.append(invert_data[item])
        fq_item = list(map(frozenset, fq_item))
        return fq_item, sup

    #函数: 取交集
    def getIntersection(self, fq_item, sup):
        sub_fq_item = []
        sub_sup = []
        k = len(fq_item[0]) + 1
        for i in range(len(fq_item)):
            for j in range(i+1, len(fq_item)):
                L1 = list(fq_item[i])[: k-2]
                L2 = list(fq_item[j])[: k-2]
                if L1 == L2:
                    flag = len(list(set(sup[i]).intersection(set(sup[j]))))
                    if flag >= self.min_support:
                        sub_fq_item.append(fq_item[i] | fq_item[j])
                        sub_sup.append(
                            list(set(sup[i]).intersection(set(sup[j]))))
        return sub_fq_item, sub_sup

    #函数: 获得频繁项集
    def findFrequentItem(self, fq_item, sup, fq_set, sup_set):
        fq_set.append(fq_item)
        sup_set.append(sup)

        while len(fq_item) >= 2:
            fq_item, sup = self.getIntersection(fq_item, sup)
            fq_set.append(fq_item)
            sup_set.append(sup)

    #函数: 生成关联规则
    def generateRules(self, fq_set, rules, len_data):
        for fq_item in fq_set:
            if len(fq_item) > 1:
                self.getRules(fq_item, fq_item, fq_set, rules, len_data)

    #辅助函数: 删除项目
    def removeItem(self, current_item, item):
        tempSet = []
        for elem in current_item:
            if elem != item:
                tempSet.append(elem)
        tempFrozenSet = frozenset(tempSet)
        return tempFrozenSet
```

```python
    #辅助函数：生成关联规则
    def getRules(self, fq_item, cur_item, fq_set, rules,len_data):
        for item in cur_item:
                subset = self.removeItem(cur_item, item)
                confidence = fq_set[fq_item] / fq_set[subset]
                supp = fq_set[fq_item] / len_data
                lift = confidence / (fq_set[fq_item - subset] / len_data)

                if confidence >= self.min_confidence and lift > self.min_lift:
                    flag = False
                    for rule in rules:
                            if (rule[0] == subset) and (rule[1] == fq_item-subset):
                                flag = True

                    if flag == False:
                        rules.append(("%s --> %s,support=%5.3f, confidence=%5.3f,
                                lift = %5.3f"%(list(subset), list(fq_item - subset),
                                supp, confidence, lift)))

                    if len(subset) >= 2:
                        self.getRules(fq_item, subset, fq_set, rules, len_data)

    #函数：Eclat 模型训练
    def fit(self, data, display = True):
        frequent_item, support = self.invert(data)
        frequent_set = []
        support_set = []
        len_data= len(data)
        self.findFrequentItem(frequent_item, support, frequent_set, support_set)

        data = {}
        for i in range(len(frequent_set)):
                for j in range(len(frequent_set[i])):
                        data[frequent_set[i][j]] = len(support_set[i][j])

        rules = []
        self.generateRules(data, rules, len_data)

        if display:
                print("Association Rules:")
                for rule in rules:
                        print(rule)
                print("发现的规则数量: ", len(rules))
        return frequent_set, rules

#用 Eclat 类创建一个关联规则模型，训练后生成关联规则
itemSetList = [['A', 'C', 'D'],
               ['B', 'C', 'E'],
               ['A', 'B', 'C','E'],
               ['B', 'E']]

et = Eclat(min_support = 2, min_confidence = 0.5, min_lift = 1)
et.fit(itemSetList, True)
```

在上述代码的最后，我们用 Eclat 类创建了一个关联规则模型对象 et，设置它的最小支持度计数为 2，最小置信度为 0.5，最小提升度为 1。代码运行后的结果如下所示。可见，Eclat 算法生成的关联规则和 Apriori 算法、FP-growth 算法一致。

```
Association Rules:
['A'] --> ['C'], support=0.500, confidence=1.000, lift= 1.333
['C'] --> ['A'], support=0.500, confidence=0.667, lift= 1.333
['E'] --> ['B'], support=0.750, confidence=1.000, lift= 1.333
['B'] --> ['E'], support=0.750, confidence=1.000, lift= 1.333
['C', 'E'] --> ['B'], support=0.500, confidence=1.000, lift= 1.333
['E'] --> ['B', 'C'], support=0.500, confidence=0.667, lift= 1.333
['B', 'C'] --> ['E'], support=0.500, confidence=1.000, lift= 1.333
['B'] --> ['C', 'E'], support=0.500, confidence=0.667, lift= 1.333
发现的规则数量： 8
```

9.4.4 进一步讨论

Eclat 算法采用了垂直格式的数据挖掘频繁项集，其优点是能通过对两个项集的 TID 集合实施"取交集"操作，快速判断候选项集是否频繁，并且算法运行过程中只需扫描数据库一次。

Eclat 算法的主要缺点是，当项集的 TID 集合过于庞大时，取交集操作需要大量的存储空间和计算时间，效率较低。

9.5 案例：网上零售购物篮分析

本节将采用 Apriori 关联规则挖掘算法对一个在线零售数据集进行分析，生成一些有意义的强关联规则，并解释不同国家（如法国、葡萄牙、瑞典）的客户在购买行为上的特点。

9.5.1 数据集及案例背景

网上零售业务在过去 10 年发展迅速。据英国 IMRG 媒体集团测算，英国在 2011 年的在线购物额达到 500 亿英镑，比 2000 年增长了 50 倍以上。

与线下购物方式相比，网上购物有一些独特的特点：每个客户的购物活动都可以被及时、准确地跟踪，客户的地址、联系方式和支付信息等也非常容易获得。这些数据便于我们对不同群体的客户购买行为的特点进行分析和理解，以便提供个性化的商业服务。

"Online Retail"数据集记录了 2010 年 12 月 1 日至 2011 年 12 月 31 日之间在英国注册的某公司所有在线零售交易信息，该公司的主营业务是销售独特的全时礼品，且公司的许多客户都是批发商。该数据集原有 50 多万条交易记录。在本案例中，我们使用它的一个子集"Online_Retail.xlsx"，总计约 10538 条记录，数据集的特征及描述如表 9-13 所示。

表 9-13 Online_Retail 数据集的特征及描述

特征	描述
InvoiceNo	发票号码，是唯一分配给每笔交易的 6 位整数，为标称特征。若该值以字母 C 开头，则表示该交易已取消
StockCode	产品（项目）代码，是唯一分配给每个产品的 5 位整数，为标称特征
Description	产品（项目）名称，为标称特征

特征	描述
Quantity	每笔交易中每个产品（项目）的数量，为数值特征
Invoicdate	发票日期和时间，表示每个事务生成的日期和时间
UnitPrice	以英镑为单位的产品价格，为数值特征
CustomerID	客户编号，是唯一分配给每个客户的 5 位整数，为标称特征
Country	每个客户所在国家的名称，为标称特征

9.5.2　探索性分析和数据预处理

首先，对数据进行探索性分析，检查数据的缺失情况，并输出这些交易发生所在的国家名称。代码 9-5 中的步骤 1 给出了此部分工作的实现。

此部分代码运行后，我们发现 CustomerID 特征在 105 条交易中存在缺失值的情况。同时，这些交易都发生在法国（France）、葡萄牙（Portugal）、瑞典（Sweden）这 3 个国家。

接下来，我们对数据进行预处理，主要工作包括：

（1）对于 Description 特征取值中的多余空格，采用 strip()函数删除。

（2）删除 CustomerID 特征有缺失值的交易。

（3）删除已取消的交易，即把 InvoiceNo 特征下取值以 C 开头的交易删除。

经预处理后，剩余的有效记录数量约为 10255。

此外，根据研究目标我们将数据集按国家划分为 3 个子集，并把每个子集转换为以 InvoiceNo 为索引的事务型数据集，代码 9-5 中步骤 3 给出了具体的划分方法。其中，我们使用了自定义的 hot_encode()函数，将事务数据编码为符合 Apriori 算法要求的 0/1 取值的数据。图 9-7 展示了经转换后的与法国有关的部分事务数据集（用 Jupyter Notebook 输出）。可见，每一行代表在一个交易订单（InvoiceNo）中购买的商品列表情况。

代码 9-5　数据探索和预处理

```python
import numpy as np
import pandas as pd
from mlxtend.frequent_patterns import apriori, association_rules

inputfile = 'Online_Retail.xlsx'                # 输入的数据文件
data = pd.read_excel(inputfile)

#步骤 1: 数据探索
data.info()
print("不同的国家名称:\n", data.Country.unique())

#步骤 2: 预处理
data['Description'] = data['Description'].str.strip()              #去除空格
data.dropna(axis = 0,subset = ['CustomerID'], inplace = True)  #删除含缺失值的行
data['InvoiceNo'] = data['InvoiceNo'].astype('str')
data = data[~data['InvoiceNo'].str.contains('C')]                #删除所有已取消的交易

#步骤 3: 数据分割和转换
basket_France = (data[data['Country'] == "France"]
            .groupby(['InvoiceNo', 'Description'])['Quantity']
            .sum().unstack().reset_index().fillna(0)
            .set_index('InvoiceNo'))
```

```
basket_Por = (data[data['Country'] == "Portugal"]
            .groupby(['InvoiceNo', 'Description'])['Quantity']
            .sum().unstack().reset_index().fillna(0)
            .set_index('InvoiceNo'))
basket_Sweden = (data[data['Country'] == "Sweden"]
            .groupby(['InvoiceNo', 'Description'])['Quantity']
            .sum().unstack().reset_index().fillna(0)
            .set_index('InvoiceNo'))

def hot_encode(x):
    if(x<= 0):  return 0
    if(x>= 1):  return 1

basket_France = basket_France.applymap(hot_encode)        #0/1 编码数据
basket_Por = basket_Por.applymap(hot_encode)
basket_Sweden = basket_Sweden.applymap(hot_encode)
```

运行步骤 1：数据探索的输出结果展示如下。可以看出数据主要包括 8 列数据信息，包含 3 个不同国家的数据。

```
Data columns (total 8 columns):
 #   Column       Non-Null Count   Dtype
---  ------       --------------   -----
 0   InvoiceNo    10538 non-null   object
 1   StockCode    10538 non-null   object
 2   Description  10538 non-null   object
 3   Quantity     10538 non-null   int64
 4   InvoiceDate  10538 non-null   datetime64[ns]
 5   UnitPrice    10538 non-null   float64
 6   CustomerID   10433 non-null   float64
 7   Country       10538 non-null   object

不同的国家名称:
['France' 'Portugal' 'Sweden']
```

运行步骤 2：预处理后输出的前 5 行事务数据（法国）如下：

```
  InvoiceNo  StockCode ...  CustomerID  Country
0   536370     22728   ...   12583.0    France
1   536370     22727   ...   12583.0    France
2   536370     22726   ...   12583.0    France
3   536370     21724   ...   12583.0    France
4   536370     21883   ...   12583.0    France
```

9.5.3　使用 Apriori 算法挖掘关联规则

在这个案例中，我们只使用了 Apriori 算法挖掘关联规则，直接调用 mlxtend. frequent_patterns 中的 apriori()函数挖掘满足最小支持度的频繁项集，使用 association_rules()函数获取满足最小置信度和提升度要求的强规则。并且，分别对法国、葡萄牙和瑞典的事务数据进行关联规则挖掘，用以分析不同国家的客户在购买行为上的特点。具体的实现细节如代码 9-6 所示。

代码 9-6　使用 Apriori 算法挖掘关联规则（接代码 9-5）

```
# 法国数据集的关联规则挖掘
frq_items = apriori(basket_France, min_support = 0.1, use_colnames = True)
rules = association_rules(frq_items, metric = "confidence", min_threshold = 0.3)
rules = rules[ rules['lift'] >= 1.5]                    #设置最小提升度
rules = rules.sort_values(['confidence', 'lift'], ascending = [False, False])
rules.head()                                    #显示前 5 条强关联规则
```

```
#葡萄牙数据集的关联规则挖掘
frq_items = apriori(basket_Por, min_support = 0.1, use_colnames = True)
rules = association_rules(frq_items, metric = "confidence", min_threshold = 0.3)
rules = rules[ rules['lift'] >= 1.5]                    #设置最小提升度
rules = rules.sort_values(['confidence', 'lift'], ascending = [False, False])
rules.head()                                            #显示前5条强关联规则

#瑞典数据集的关联规则挖掘
frq_items = apriori(basket_Sweden, min_support = 0.05, use_colnames = True)
rules =association_rules(frq_items, metric = "confidence", min_threshold = 0.3)
rules = rules[ rules['lift'] >= 1.5]                    #设置最小提升度
rules = rules.sort_values(['confidence', 'lift'], ascending = [False, False])
rules.head()                                            #显示前5条强关联规则
```

对于与法国有关的事务数据集，设置最小支持度为 0.1，最小置信度为 0.3，最小提升度为 1.5，最后挖掘出 20 条强关联规则。我们按关联规则的置信度和提升度降序排列后，前 5 条规则的情况如图 9-7 所示。

antecedents	consequents	antecedent support	consequent support	support	confidence	lift	leverage	conviction
(SET/6 RED SPOTTY PAPER CUPS, SET/20 RED RETRO...	(SET/6 RED SPOTTY PAPER PLATES)	0.102828	0.128535	0.100257	0.975000	7.585500	0.087040	34.858612
(SET/6 RED SPOTTY PAPER PLATES, SET/20 RED RET...	(SET/6 RED SPOTTY PAPER CUPS)	0.102828	0.138817	0.100257	0.975000	7.023611	0.085983	34.447301
(SET/6 RED SPOTTY PAPER PLATES)	(SET/6 RED SPOTTY PAPER CUPS)	0.128535	0.138817	0.123393	0.960000	6.915556	0.105550	21.529563
(SET/6 RED SPOTTY PAPER PLATES, POSTAGE)	(SET/6 RED SPOTTY PAPER CUPS)	0.107969	0.138817	0.102828	0.952381	6.860670	0.087840	18.084833
(SET/6 RED SPOTTY PAPER CUPS)	(SET/6 RED SPOTTY PAPER PLATES)	0.138817	0.128535	0.123393	0.888889	6.915556	0.105550	7.843188

图 9-7　Apriori 算法挖掘的强关联规则（法国，前 5 条）

可见，这几条规则的置信度和提升度都非常高，并且都和"PAPER CUPS""PAPER PLATES"商品有关。以其中的第一条关联规则为例，它可表示为

```
{'SET/20 RED RETROSPOT PAPER NAPKINS', 'SET/6 RED SPOTTY PAPER CUPS'}
--> {'SET/6 RED SPOTTY PAPER PLATES'} (support:0.10, confidence:0.96, lift:7.59)
```

该条关联规则的含义：购买了餐巾纸（PAPER NAPKINS）和纸杯（PAPER CUPS）的客户，很大可能性（约 96%）会购买纸盘（PAPER PLATES）。这种情况可能是因为法国有与朋友和家人每周至少聚会一次的文化，并且法国政府禁止在该国使用一次性塑料，人们不得不大量地购买纸质替代品。

同样地，我们可以对葡萄牙的事务数据集进行关联规则挖掘（设置同样的阈值参数），总计获得 306 条强关联规则。图 9-8 显示了排序后的前 5 条规则。

antecedents	consequents	antecedent support	consequent support	support	confidence	lift	leverage	conviction
(PLASTERS IN TIN VINTAGE PAISLEY, PLASTERS IN ...	(PLASTERS IN TIN CIRCUS PARADE)	0.105263	0.122807	0.105263	1.0	8.142857	0.092336	inf
(PLASTERS IN TIN VINTAGE PAISLEY, PLASTERS IN ...	(PLASTERS IN TIN WOODLAND ANIMALS)	0.105263	0.122807	0.105263	1.0	8.142857	0.092336	inf
(SCANDINAVIAN PAISLEY PICNIC BAG)	(PINK VINTAGE PAISLEY PICNIC BAG)	0.122807	0.140351	0.122807	1.0	7.125000	0.105571	inf
(SCANDINAVIAN PAISLEY PICNIC BAG, LUNCH BAG RE...	(PINK VINTAGE PAISLEY PICNIC BAG)	0.105263	0.140351	0.105263	1.0	7.125000	0.090489	inf
(LUNCH BAG PINK POLKADOT, JUMBO BAG PINK VINTA...	(JUMBO BAG SCANDINAVIAN BLUE PAISLEY, JUMBO SH...	0.105263	0.140351	0.105263	1.0	7.125000	0.090489	inf

图 9-8　Apriori 算法挖掘的强关联规则（葡萄牙，前 5 条）

对瑞典的事务数据集采用同样方法挖掘后生成了 6 条强关联规则，其中的前 5 条关联规则如图 9-9 所示。

antecedents	consequents	antecedent support	consequent support	support	confidence	lift	leverage	conviction
(PACK OF 60 SPACEBOY CAKE CASES)	(PACK OF 72 RETROSPOT CAKE CASES)	0.111111	0.111111	0.111111	1.0	9.000000	0.098765	inf
(PACK OF 72 RETROSPOT CAKE CASES)	(PACK OF 60 SPACEBOY CAKE CASES)	0.111111	0.111111	0.111111	1.0	9.000000	0.098765	inf
(GUMBALL COAT RACK)	(POSTAGE)	0.138889	0.611111	0.138889	1.0	1.636364	0.054012	inf
(RABBIT NIGHT LIGHT)	(POSTAGE)	0.111111	0.611111	0.111111	1.0	1.636364	0.043210	inf
(RED TOADSTOOL LED NIGHT LIGHT)	(POSTAGE)	0.138889	0.611111	0.138889	1.0	1.636364	0.054012	inf

图 9-9　Apriori 算法挖掘的强关联规则（瑞典，前 5 条）

读者可以进一步对这些关联规则进行分析，解释其含义。鉴于篇幅有限，我们不再详述。

9.6　本章小结

本章主要介绍了 3 种较为常见的关联规则分析算法，包括 Apriori 算法、FP-growth 算法和 Eclat 算法。

（1）Apriori 算法：是最常用也是最经典的关联规则挖掘算法，它通过连接和剪枝操作，逐层地生成频繁项集，需要多次扫描数据集。

（2）FP-growth 算法：将事务数据集压缩为一棵 FP-tree，然后递归地生成条件模式基和条件 FP-tree，从而在条件 FP-tree 上发现频繁项集。它只需要扫描数据集两次。

（3）Eclat 算法：它基于垂直格式的数据，采用"取交集"操作快速搜索频繁项集，只需要扫描数据集一次。

习题

1. 请简述关联规则分析主要应用于怎样的场景。
2. 请简述你对支持度、置信度、频繁项集和提升度的理解。
3. 基于表 9-14 所示交易数据和最小支持度 50%，请计算有多少个频繁 3 项集？

表 9-14　　　　　　　　　　　　　交易数据

订单号（TID）	购买商品（Items）
10	Ball, Nuts, Pen
20	Ball, Coffee, Pen, Nuts
30	Ball, Pen, Eggs
40	Ball, Nuts, Eggs, Milk
50	Nuts, Coffee, Pen, Eggs, Milk

4. 本章综合案例数据来自 UCI 网站的在线零售数据，详细记录了 2009 年 12 月 1 日至 2011 年 12 月 9 日在英国注册的某公司所有在线零售交易信息。为方便读者理解，案例中只选取 3 个国家（法国、葡萄牙、瑞典）的交易数据，读者可以到 UCI 网站下载全部数据集，并自行尝试使用 FP-growth 算法和 Eclat 算法对全部数据进行关联规则分析。

第 10 章 时间序列挖掘

时间序列是按照发生的时间顺序进行排序的一组随机变量。从宏观角度来说，它是在不同时刻观测结果的集合，即按照时间顺序把随机事件或变量的发展过程、趋势记录下来就构成了一条时间序列。一般收集到的时间序列反映了某个或者某些随机变量随时间不断变化的趋势。根据时间序列所反映的变化趋势、方向等观测结果，对其进行挖掘可以预测时间序列未来的变化趋势。时间序列挖掘是数据挖掘领域重要的研究内容，其核心是根据历史时间序列数据预测它的未来发展动向。例如：在零售商销售数据方面，时间序列挖掘可以对历史销售数据进行分析建模，将历史销售数据分解为趋势、周期、时期和随机噪声 4 部分因素，然后综合这些因素，对未来的销售情况进行预测。

10.1 时间序列挖掘概述

10.1.1 时间序列挖掘的目的

时间序列挖掘的目的是通过对历史时间序列数据进行观测、分析或研究以寻找其变化发展规律，并用于预测它未来变化的规律或趋势。时间序列挖掘在诸多行业中广泛应用。

（1）在国民经济领域，经济学家经常需要对我国过去一段时间的 GDP 总额等数据进行分析，并预测下一年度的 GDP 增长率。

（2）在股票市场领域，投资人一般会根据市场中潜在投资股票进行历史股价分析，以判断未来股票涨跌情况，最终选择是否进行股票交易。

（3）在天气预报领域，气象台需要对历史天气变化情况、当前气候、风速、湿度等因素进行分析，以精准预测未来天气变化情况。

10.1.2 时间序列挖掘的意义

时间序列挖掘本质上是掌握时间序列所包含的内在变化规律。其意义可归纳如下。

（1）可以了解事物发展变化的过程，揭示事物发展变化的特点和特征，使人们更清楚地认识事物的运动方式，把握事物发展变化的趋势和规律。

（2）可以对事物未来的发展变化进行有效的推断和预测。

（3）通过对多种不同指标的时间序列的共同分析，可以揭示各种指标变动之间的相互关系，有助于理解事物间的相互联系。

10.1.3 时间序列挖掘的基本概念

1．时间序列定义

通常，我们使用按照时间顺序排列的一组随机变量来表示一个时间序列，即

$$X_1, X_2, \cdots, X_t, \cdots$$

其中，t 表示随机变量发生或采集的时间。通过对随机变量的观察，可以分析序列演化的规律。例如，收集一周的销售额就组成了一个简单销售额时间序列：

$$200, 400, 300, 200, 500, 600, 400$$

时间序列一般有以下特征。

（1）趋势性：时间序列在长时间内呈现出来的上升或下降的趋势。

（2）季节性：时间序列在一定时间范围内表现出来的周期性波动。例如，航空业的销售淡季和销售旺季。

（3）随机性：时间序列的无规律地、偶然性地随机波动。

2．时间序列类型

根据以上特征，时间序列可分为**平稳序列**和**非平稳序列**两大类。平稳序列是不存在趋势性、季节性，只存在随机性的序列；非平稳序列则是包含趋势性、季节性和随机性的序列。

时间序列反映随机时间变化趋势，一般包含以下 3 种类型。

（1）纯随机序列：也称为白噪声序列，指序列上的随机变量之间没有任何相关关系，它们完全随机地波动。由于白噪声序列不包含有价值的信息，我们通常不对此类序列进行分析。图 10-1（a）给出了一个独立同分布采样的纯随机序列。

（2）平稳非白噪声序列：序列的均值和方差是常数，常采用 ARMA 等模型对此类序列进行建模，描述其变化规律。图 10-1（b）给出了一个平稳非白噪声序列。

（3）非平稳序列：序列的均值和方差不为常数，有明显的趋势性或季节性变化。来自实际应用的序列数据多数都是非平稳序列，我们一般是将它们先转化为平稳序列，进而按平稳序列的处理方式进行建模。例如，图 10-1（c）给出了一个非平稳序列的例子。它有明显的增长趋势。

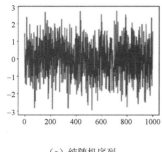
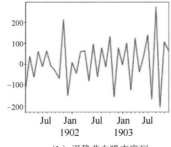

| （a）纯随机序列 | （b）平稳非白噪声序列 | （c）非平稳序列 |

图 10-1 常见的时间序列

3．常用时间序列模型

目前，学习时间序列变化规律有多种成熟的模型，表 10-1 概括了常用的时间序列模型。

表 10-1　　　　　　　　　　　　常用的时间序列模型

模型名称	描述
AR(p)模型	自回归模型，认为时间序列的当前值主要受过去 p 期的观察值的影响
MA(q)模型	移动平均模型，认为时间序列的当前值主要受过去 q 期的随机误差的影响
ARMA(p,q)模型	自回归移动平均模型，是 AR(p) 和 MA(q) 模型的组合。认为时间序列的当前值主要受过去 p 期的"观察值"和 q 期的随机误差的共同影响
ARIMA(p,d,q) 模型	自回归差分移动平均模型，它首先将非平稳序列经过 d 阶差分后转换为平稳序列，再应用 ARMA(p,q)模型进行建模
ARCH 模型	自回归条件异方差模型，认为自回归模型中的随机噪声的方差不是常数，而是前几期随机噪声的平方的线性组合，适用于对金融时间序列的建模
GARCH 模型	GARCH 模型称为广义 ARCH 模型，是 ARCH 模型的拓展。相比于 ARCH 模型，GARCH 模型及其衍生模型更能反映实际数据中的长期记忆性、信息的非对称性等性质

10.2　时间序列预处理

拿到一个观测的时间序列数据后，需要先对序列的平稳性和纯随机性进行检验，我们称这两个步骤为"时间序列预处理"。

10.2.1　常用序列特征统计量

我们需要了解一些常用的序列特征统计量。对于一个时间序列 $\{X_t \mid t=1, 2,\cdots,T\}$，常用均值、方差、自协方差函数和自相关函数等统计量来描述时间序列的统计特征。

使用单位根检验方法判断时间序列的平稳性

1．均值

我们不妨假设一个时间序列 $\{X_t\}$ 在任意时刻的值都是一个随机变量，并且都采样于一个未知概率分布，设它的分布函数为 $F_t(x)$，只要满足：

$$\int_{-\infty}^{+\infty} x \mathrm{d}F_t(x) < \infty \qquad (10\text{-}1)$$

那么一定存在某个常数 μ_t，使得第 t 个时刻的随机变量 X_t 总是在常数 μ_t 附近随机波动。因此，我们称 μ_t 为时间序列 $\{X_t\}$ 在时刻 t 的均值，即

$$\mu_t = E[X_t] \qquad (10\text{-}2)$$

实际上，对于每一个时刻的随机变量都可以计算它的均值。这样，我们可以得到时间序列 $\{X_t\}$ 的均值序列 $\{\mu_t \mid t=1,2,\cdots,T\}$，它反映时间序列在每个观测时刻的平均水平。

2．方差

我们知道随机变量 X_t 总是在均值 μ_t 附近随机波动，可以定义该序列的方差函数以描述序列值 X_t 在均值 μ_t 附近变动的幅度。因此，定义时刻 t 的方差

$$\sigma_t^2 = D(X_t) = E(X_t - \mu_t)^2 \qquad (10\text{-}3)$$

同样，类似于均值序列 $\{\mu_t\}$，也可以得到一个方差序列 $\{\sigma_t^2 \mid t=1,2,\cdots,T\}$，它反映时间序列在每个观测时刻的波动情况。

3．自协方差函数

在时间序列分析中，我们引入自协方差函数（Auto Covariance Function，ACVF）以度量两个随机变量之间的相依关系。对于随机序列$\{X_t\}$，任意取两个观测时刻$t,s \in T$，则该序列的自协方差函数$\gamma(t,s)$定义为

$$\gamma(t,s) = E(X_t - \mu_t)(X_s - \mu_s) \tag{10-4}$$

4．自相关函数

类似于自协方差函数，自相关函数（Auto Correlation Function，ACF）也度量时间序列中两个随机变量之间的相依关系，但它消除了量纲的影响。对于随机序列$\{X_t\}$，任意取两个观测时刻$t,s \in T$，则该序列的自相关函数$\rho(t,s)$定义为

$$\rho(t,s) = \frac{\gamma(t,s)}{\sqrt{D(X_t) \times D(X_s)}} \tag{10-5}$$

可见，自协方差函数和自相关函数反映了不同观测时刻的两个观测值之间的相互影响或相关程度。假设t时刻是比当前时刻s更早的时间，则这两个函数可以衡量序列在过去的t时刻的观测值对当前时刻s的观测值的影响程度。

10.2.2　平稳序列

平稳序列一般分为严平稳序列和宽平稳序列。其中，严平稳序列是一种比较苛刻的平稳序列，要求序列所有的统计特征（包括 3 阶矩、4 阶矩等）都不随时间变化。宽平稳序列只要求序列的低阶统计特征（如均值和方差）不随时间发生变化。

在实际应用场景中，我们一般研究较多的是宽平稳序列。因此，如果不做特殊说明，本章描述的平稳序列均是指宽平稳序列。

定义 10.1：平稳序列

如果时间序列$\{X_t \mid t = 1,2,\cdots,T\}$的观测值在某一个常数附近波动并且波动范围有限（即存在常数的均值和方差），而且还观察到延迟k期的自协方差和自相关系数为常数，那么我们称该时间序列是"平稳序列"。

那么，根据平稳序列定义，可以获得该序列的一些统计性质。

（1）常数均值。其定义：

$$E(X_t) = \mu, \ \forall t \in T \tag{10-6}$$

（2）常数方差。根据平稳序列的性质，容易推断出平稳序列$\{X_t, t \in T\}$一定具有常数方差：

$$D(X_t) = \gamma(t,t) = \gamma(0), \forall t \in T \tag{10-7}$$

（3）自协方差函数和自相关函数只依赖于两个观测点的时间间隔长度，而与时间的起止点无关。对于任意两个观测时刻$t,s \in T$，假设$s = t + k$，我们称s为时刻t延迟k期后的时刻。此时，平稳序列满足：

$$\gamma(t,s) = \gamma(k, k+s-t), \ \forall t,s \in T \tag{10-8}$$

$$\rho(t,s) = \rho(k, k+s-t), \ \forall t,s \in T \tag{10-9}$$

依据这个性质，我们引入延迟 k 期的自协方差函数和自相关函数，分别表示为 $\gamma(k) = \gamma(t, t+k)$ 和 $\rho(k) = \rho(t, t+k)$。

10.2.3　平稳性检验

对时间序列的平稳性检验一般有两种方法。一种是根据时序图和自相关图的特征做出判断的图检验方法，该方法简单但带有一定的主观性；另一种是构造检验统计量进行假设检验的方法，如单位根检验方法。

1．时序图检验

图检验是根据平稳序列具有常数均值和常数方差这一性质，主观判断该序列是否具有平稳性。即平稳序列的时序图应该始终在一个常数附近波动，而且波动的范围有界。如果该序列有明显的趋势性或周期性，那么该序列就不是平稳序列。

但是，图检验具有一定的主观性和局限性。如果时间序列的趋势明显，则可以直接判断；但是对于趋势与周期不明显的序列，该方法则难以做出判断。例如，以"1950—1998 年北京城乡居民定期储蓄占比"时间序列为例，它的时序图如图 10-2 所示。可以看出，该序列中间部分较平稳，但是后期出现了下降趋势，难以直接判断其平稳性。为此，可以使用统计检验方法，如单位根检验方法。

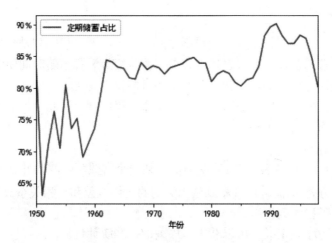

图 10-2　"1950—1998 年北京城乡居民定期储蓄占比"的时序图

2．自相关图检验

平稳序列具有短期相关性的特性，只有近期的序列值对当前观测值有影响，间隔越远的历史观测值对当前值影响越小。也就是说，随着延迟期数 k 的增加，平稳序列的自相关系数会比较快地衰减到 0，并且在 0 附近随机波动。而对于非平稳序列，它的自相关系数衰减较慢。

自相关图是以自相关系数值为纵轴，延迟期数 k 为横轴的平面图形，如图 10-3 所示，它给出了"1950—1998 年北京城乡居民储蓄占比"时间序列的自相关图。

通常，图检验方法联合时序图和自相关图来判断时间序列的平稳性。

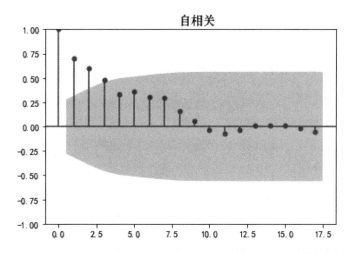

图 10-3 "1950—1998 年北京城乡居民储蓄占比"时间序列的自相关图

3．单位根检验

单位根检验是通过构造统计量进行随机序列平稳性检验最常用的方法。根据平稳序列的性质，如果一个序列是平稳的，那么该序列的所有特征根都应该在单位圆内。由于单位根检验最早是由统计学家 Dickey 和 Fuller 提出来的，因此该方法也称为"DF 检验"。

DF 检验假设时间序列的确定性部分只由过去 1 期的历史数据描述，也就是序列可以表达成：

$$x_t = \phi_1 x_{t-1} + \xi_t \tag{10-10}$$

其中，ξ_t 表示序列的随机性部分，满足 $\xi_t \sim N(0, \sigma^2)$。那么显然该随机序列只有一个特征根且特征根为

$$\lambda = \phi_1$$

当单位根 ϕ_1 在单位圆内，该序列为平稳序列，即

$$|\phi_1| < 1$$

否则，该序列为非平稳序列，即

$$|\phi_1| \geqslant 1$$

因此，通过检验特征根 ϕ_1 是否在单位圆内就可以判断该序列的平稳性。按照统计学的方法，原假设是"序列非平稳"，备择假设是"序列平稳"，即

$$H_0: |\phi_1| \geqslant 1 (序列\{X_t\}非平稳)$$

$$H_1: |\phi_1| < 1 (序列\{X_t\}平稳)$$

检验统计量：

$$t(\phi_1) = \frac{\hat{\phi_1} - \phi_1}{S(\hat{\phi_1})} \tag{10-11}$$

这里 $\hat{\phi}$ 为参数 ϕ_1 的样本估计值；$S(\hat{\phi_1})$ 是 $\hat{\phi}$ 的样本标准差。

特别地，当参数 $\phi_1 = 0$ 时，$t(\phi_1)$ 的极限分布为标准正态分布：

$$t(\phi_1) = \frac{\hat{\phi}_1}{S(\hat{\phi}_1)} \xrightarrow{\text{极限}} N(0,1) \tag{10-12}$$

当参数 $\phi_1 < 1$ 时，$t(\phi_1)$ 的渐近分布为标准正态分布：

$$t(\phi_1) = \frac{\hat{\phi}_1 - \phi_1}{S(\hat{\phi}_1)} \xrightarrow{\text{渐近}} N(0,1) \tag{10-13}$$

但是当参数 $\phi_1 > 1$ 时，$t(\phi_1)$ 的渐近分布未知，也不是熟悉的常用参数分布，该序列为非平稳序列。一般我们使用式（10-14）表示 DF 统计量以区分传统的 t 分布检验统计量：

$$t = \frac{|\hat{\phi}_1|}{S(\hat{\phi}_1)} \tag{10-14}$$

4. 增广单位根检验

DF 检验在时间序列的确定性部分只由上一期历史数据描述的情况下适用。如果序列的确定性部分需要多于一期的历史数据共同进行描述，那么需要使用增广单位根检验来进行平稳性检验。增广单位根检验是对 DF 检验的修正，简记为"ADF 检验"。

ADF 检验假设序列的确定性部分可以由过去 p 期的历史数据描述，序列表达为

$$X_t = \phi_1 x_{t-1} + \phi_2 x_{t-2} + \cdots + \phi_p x_{t-p} + \xi_t \tag{10-15}$$

其中，$\xi_t \sim N(0,\sigma^2)$ 为序列的随机性部分，很容易得到其特征方程为

$$\lambda^p - \phi_1 \lambda^{p-1} - \phi_2 \lambda^{p-2} - \cdots - \phi_p = 0$$

根据特征方程，可以将特征方程的非零特征根记为 $\{\lambda_i \mid i = 1, 2, \cdots, p\}$。

当所有特征根均在单位圆内，即 $|\lambda_i| < 1, i = 1, 2, \cdots, p$ 时，则序列平稳。如果有一个单位根存在，则序列非平稳。因此，如果序列非平稳，存在特征根，则序列的回归系数之和恰好等于 1，所以对式（10-15）的序列平稳性检验可以通过检验它的回归系数之和的性质来实现。

序列的平稳性检验可以转换为对构造参数 $\rho = \phi_1 + \phi_2 + \phi_3 + \cdots + \phi_p - 1$ 的检验。假设条件为

$$H_0: \rho \geq 0 \leftrightarrow H_1: \rho < 0 \tag{10-16}$$

构造 ADF 检验统计量为

$$t = \frac{\hat{\rho}}{S(\hat{\rho})} \tag{10-17}$$

和 DF 检验类似，通过蒙特卡罗方法可以得到 ADF 检验统计量的临界值表。当统计量的 p 值小于显著水平 α（通常 $\alpha = 0.05$）时，可以认为序列显著平稳。

10.2.4 纯随机性检验

当一个序列通过了平稳性检验，我们还需要对其进行纯随机性检验。只有那些序列值之间有密切关系、历史数据对当前值有影响的非随机性序列才有分析的价值，而序列值之间无任何相关性的纯随机序列没有任何分析价值。对于时间序列

使用 LB 统计量检验时间序列的纯随机性

$\{X_t \mid t=1,2,\cdots,T\}$，如果它是纯随机序列，则具有以下的性质。

（1）$E(X_t) = \mu, \forall t \in T$。

（2）$\gamma(t,s) = \begin{cases} \sigma^2, & t=s \\ 0, & t \neq s \end{cases}, \forall t, s \in T$。

纯随机序列简记为 $X_t \sim N(\mu, \sigma^2)$，常称为"白噪声序列"。由于白噪声序列的序列值之间没有任何相关关系，很容易验证它一定是平稳序列（最简单的平稳序列），满足：

$$\gamma(k) = 0, \forall k \neq 0 \tag{10-18}$$

当然这是一种理想状态，实际上白噪声序列的样本自相关系数不会绝对为 0，而是很接近 0，并在 0 附近随机波动。纯随机性检验一般是构造检验统计量来检验序列的纯随机性。常用的检验统计量有 Q 统计量和 LB 统计量。

Q 统计量是由 Box 和 Pierce 推导出的，公式如下：

$$Q = n \sum_{k=1}^{m} \hat{\rho}_k^2 \tag{10-19}$$

其中，n 为序列观测期数；m 为指定延迟期数。Q 统计量近似服从自由度为 m 的卡方分布。

如果 Q 统计量的 p 值明显大于显著性水平 α，那么表示该随机序列不能拒绝纯随机的原假设，即不需要进行分析。针对 Q 统计量在小样本情况下不太精确的问题，Ljung 和 Box 推导出了 LB 统计量：

$$LB = n(n+2) \sum_{k=1}^{m} \frac{\hat{\rho}_k^2}{n-k} \tag{10-20}$$

其中，n 为序列观测期数；m 为指定延迟期数。两人同样证明了 LB 统计量近似服从自由度为 m 的卡方分布。

10.3　平稳非白噪声序列建模

如果一个时间序列经过预处理后被识别为平稳非白噪声序列，那么说明该序列中蕴含可挖掘的序列变化规律，可以用时间序列模型对其建模和分析。我们一般使用自回归移动平均（Autoregressive Moving Average，ARMA）模型来拟合这样的序列发展趋势，并提取序列有用信息。ARMA 实际上是一个模型族，它又可以细分为 AR 模型、MA 模型和 ARMA 三大类。

10.3.1　AR 模型

具有如下结构的模型称为"p 阶自回归模型"，记作 AR(p)：

$$x_t = \phi_0 + \phi_1 x_{t-1} + \phi_2 x_{t-2} + \cdots + \phi_p x_{t-p} + \varepsilon_t \tag{10-21}$$

它的特点：t 时刻的随机变量 X_t 的取值 x_t 是前 p 期取值 $x_{t-1}, x_{t-2}, \cdots, x_{t-p}$ 的线性组合，即 x_t 的取值主要受过去 p 期的序列值影响。这里的误差项 ε_t 表示 t 时刻序列值的随机观测噪声，通常为零均值白噪声。

AR 模型具有如下性质，如表 10-2 所示。

表 10-2   AR 模型的性质

统计量	性质	统计量	性质
均值	常数均值	自相关系数（ACF）	拖尾
方差	常数方差	偏自相关系数（PACF）	p 阶截尾

（1）均值。对于满足平稳性条件的 AR(p) 模型的方程，在等式两边取期望，得

$$E(x_t) = E(\phi_0 + \phi_1 x_{t-1} + \phi_2 x_{t-2} + \cdots + \phi_p x_{t-p} + \varepsilon_t) \tag{10-22}$$

根据平稳序列性质，其均值为常数，可以得到 $E(x_t) = \mu$。并且，由于误差项 ε_t 为白噪声序列，即 $\varepsilon_t = 0$。因此，有 $\mu = \phi_0 + \phi_1\mu + \phi_2\mu + \cdots + \phi_p\mu$，解得

$$\mu = \frac{\phi_0}{1 - \phi_1 - \phi_2 - \cdots - \phi_p} \tag{10-23}$$

（2）方差。同样根据平稳序列性质，得到平稳 AR(p) 模型的方差有界，等于常数（$\text{Var}(x_t) = \sum_{j=0}^{\infty} G_j^2 \sigma_\varepsilon^2$）。

（3）自相关系数。AR(p) 模型延迟 k 期的自相关系数 ρ_k 具有明显的拖尾性，不会在 k 大于某个常数之后就接近 0，仍然小幅度随机波动。

（4）偏自相关系数。在计算延迟 k 期自相关系数 ρ_k 时，实际上得到的并不是 X_t 和 X_{t-k} 两个随机变量之间单纯的相关关系，因为 X_t 同时还会受到中间 $k-1$ 个随机变量 $X_{t-1}, X_{t-2}, \cdots, X_{t-k+1}$ 的影响。为了能单纯地测量 X_{t-k} 对 X_t 的影响，我们引入偏自相关系数的概念。偏自相关系数就是剔除了序列中 $k-1$ 个随机变量的干扰滞后，X_{t-k} 对 X_t 相关影响的度量。AR(p) 模型的偏自相关系数具有 p 阶截尾性，即延迟阶数 p 之后，偏自相关系数趋于 0。

10.3.2   MA 模型

具有如下结构的模型称为 q 阶移动平均模型，简记为 MA(q)。

$$x_t = \mu + \varepsilon_t - \theta_1 \varepsilon_{t-1} - \theta_2 \varepsilon_{t-2} - \cdots - \theta_q \varepsilon_{t-q} \tag{10-24}$$

它的特点：t 时刻的随机变量 X_t 的取值 x_t 是前 q 期的随机误差 $\varepsilon_{t-1}, \varepsilon_{t-2}, \cdots, \varepsilon_{t-q}$ 的线性组合，即 x_t 主要受过去 q 期的误差项影响。这里，误差项 ε_t 项是零均值白噪声，μ 是序列 $\{X_t\}$ 的均值。

MA 模型具有如下性质，如表 10-3 所示。

表 10-3   平稳 MA 模型性质

统计量	性质	统计量	性质
均值	常数均值	自相关系数（ACF）	q 阶截尾
方差	常数方差	偏自相关系数（PACF）	拖尾

10.3.3   ARMA 模型

具有如下结构的模型称为 ARMA 模型，简记为 ARMA(p,q)。

$$x_t = \phi_0 + \phi_1 x_{t-1} + \phi_2 x_{t-2} + \cdots + \phi_p x_{t-p} + \varepsilon_t - \theta_1 \varepsilon_{t-1} - \theta_2 \varepsilon_{t-2} - \cdots - \theta_q \varepsilon_{t-q} \tag{10-25}$$

它的特点：t 时刻的随机变量 X_t 的取值 x_t 是前 p 期取值 $x_{t-1}, x_{t-2}, \cdots, x_{t-p}$ 和前 q 期随机误差 $\varepsilon_{t-1}, \varepsilon_{t-2}, \cdots, \varepsilon_{t-q}$ 的线性组合。也即，x_t 主要受过去 p 期的序列值和过去 q 期的误差项的共同影响。显然，当 $q=0$ 时，ARMA 模型退化为 AR 模型；当 $p=0$ 时，它退化为 MA 模型。

ARMA 模型具有如下性质，如表 10-4 所示。

表 10-4　　　　　　　　　　　　　　平稳 ARMA 模型性质

统计量	性质	统计量	性质
均值	常数均值	自相关系数（ACF）	拖尾
方差	常数方差	偏自相关系数（PACF）	拖尾

10.3.4　建模过程

当某个时间序列经过预处理后被判定为平稳非白噪声序列时，就可以利用 ARMA(p,q) 模型进行建模，主要是确定模型的阶数 p 和 q。具体的步骤如下，图 10-4 展示了其主要流程。

（1）计算平稳非白噪声序列 $\{X_t\}$ 的自相关系数 ACF 和偏自相关系数 PACF。

（2）模型识别和定阶：根据 ACF 和 PACF 拖尾和截尾性，识别模型的类别，然后采用 BIC、AIC 等判定准则估计模型的参数。

（3）模型检验：使用自相关检验、DW 检验等方法验证模型的正确性。如果未通过检验，则重新调整模型参数并检验。

（4）模型优化：根据检验结果回溯优化模型。

（5）模型应用：使用建立的 ARMA(p,q) 对序列的未来值进行预测。

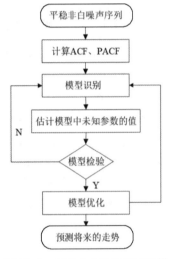

图 10-4　平稳非白噪声序列建模流程

需要注意的是，在模型参数选择的过程中，可能会出现多组满足序列建模的参数（阶数 p 和 q）。那么可以通过贝叶斯信息准则（BIC）来挑选最优模型。BIC 是 1978 年由 Schwarz 提出的用于评估模型的复杂度和训练精度的标准，计算式为

$$BIC = K \cdot \ln(n) - 2\ln(L) \tag{10-26}$$

其中，k 为模型参数个数；n 为样本数量；L 为似然函数。

BIC 指标的意义在于：在训练模型时，增加参数数量，也就是增加模型复杂度，会增大似然函数，但是也会导致过拟合现象。$K \cdot \ln(n)$ 惩罚项在样本数量较多的情况下可有效防止模型精度过高造成模型复杂度过高的问题，避免出现维度灾难现象。

10.3.5　模型检验方法

模型检验主要指对所建立的时间序列模型的显著性进行检验。

对一个好的拟合模型来说，其拟合残差项中将不再覆盖任何相关信息，即模型的残差序列是一个白噪声序列，所以对模型的显著性检验就是对残差序列的白噪声检验。其检验统计量为 LB 统计量，如果 p 值明显大于显著性水平 α，那么表示该随机序列不能拒绝纯随机的原假设，则认为拟合模型显著有效。一般可以通过对序列进行正态性检验和 DW 检验来判定

残差序列是否为白噪声序列。

对模型的正态性检验：该方法用于检验残差是否具有正态性，当 $p>0.05$ 时认为序列不具有正态性，则拒绝原假设，说明残差序列中还存在相关信息残留。

对模型的 DW 检验（自相关性）：DW 检验是用于检验随机误差项具有一阶自回归形式的序列相关问题的检验方式，是最常用的序列自相关检测方式之一。当检验结果靠近 0 时说明序列正自相关，靠近 2 时说明不具有太高的相关性，当靠近 4 时说明具有负自相关性。

10.4 非平稳序列建模

在前文介绍了关于平稳序列的处理方法，但是在现实生活中，我们经常遇到的时间序列大多数是非平稳的。因此，对非平稳序列进行挖掘、分析更加重要。

10.4.1 非平稳序列概述

非平稳时间是指具有趋势性、季节性和随机性特点的序列，其均值或方差不为常数。目前，非平稳序列的分析方法常包括以下两大类：一是确定性因素分解的时序分析；二是随机时序分析。

确定性因素分解的方法是把时间序列的变化归结为长期趋势、季节变动、循环波动和随机波动这 4 个因素。其中，长期趋势、季节变动和循环波动的规律性通常比较容易提取，但是由随机因素导致的波动则难以分析。

随机时序分析方法弥补了确定性因素分解方法的不足。它通过差分等运算将非平稳序列转换为平稳序列，然后使用 ARMA 等模型进行建模。常用的随机时序分析方法包括：ARIMA 模型、残差自回归模型、季节模型等。后文将重点介绍 ARIMA 模型的特点。

10.4.2 差分运算

1. d 阶差分

给定时间序列 $\{X_t \mid t=1,2,\cdots,T\}$，相距 1 期的两个序列值之间的减法运算称为"1 阶差分运算"，即 1 阶差分后的新时间序列为 $\{Y_t \mid Y_t = X_t - X_{t-1}, t=2,3,\cdots,T\}$。1 阶差分的实质就是一个 1 阶自回归过程，它用延迟 1 期的历史数据作为自变量来解释当前序列值的变动情况。

如果经过 1 阶差分后，时间序列仍不平稳，可以继续对结果做下一步 1 阶差分，直至时间序列平稳。对于连续 d 次的 1 阶差分运算，我们称为"d 阶差分"。它经常用来去除时间序列中的趋势性因素。

2. k 步差分

给定时间序列 $\{X_t \mid t=1,2,\cdots,T\}$，相距 k 期的两个序列值之间的减法运算称为"k 步差分运算"。即 k 步差分后的新时间序列为 $\{Y_t \mid Y_t = X_t - X_{t-k}, t=k+1,k+2,\cdots,T\}$。$k$ 步差分常用来消除时间序列的季节性因素，其中，k 是季节性周期。

10.4.3 ARIMA 模型

差分运算具有强大的确定性信息提取能力，许多非平稳序列差分后显示出平稳序列的特征，这时我们称该非平稳序列为差分平稳序列。

ARIMA 模型的实质就是差分运算和 ARMA 模型的组合。对差分平稳序列做 d 阶差分后得到一个平稳序列，然后使用 ARMA 建模，这样的模型称为 ARIMA(p,d,q)模型。显然，差分阶数 $d=0$ 时，ARIMA 模型就退化为 ARMA 模型。

差分平稳序列建模的一般步骤如图 10-5 所示。

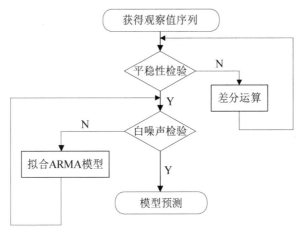

图 10-5　差分平稳序列建模的一般步骤

在建模过程中，我们首先用 10.2.3 节介绍的方法对所获得的时间序列数据做平稳性检验，如果序列不平稳，则采用 d 阶差分操作将其转换为平稳序列；接着，在判断此序列非白噪声之后，采用 10.3.4 节介绍的建模方法对其建立 ARMA(p, q)模型；如果模型拟合的残差通过了白噪声检验，则我们就获得了所需的 ARIMA(p,d,q)模型。

10.5　基于 Python 的 ARIMA 模型实现

Python 的 statsmodels. tsa.arima.model 模块给出了 ARIMA 模型的实现类，它的基本语法：

```
ARIMA (endog, order = (p, d, q) )
```

ARIMA 类的主要参数、属性和函数如表 10-5 所示。

表 10-5　　　　　　　　　　　　ARIMA 类的主要参数、属性和函数

项目	名称	说明
参数	endog	时间序列数据，可以为 DataFrame 对象或 Ndarray 对象
	order	(p,d,q)表示 ARIMA 模型参数的元组
属性	resid	返回模型训练后拟合的残差
	aic	返回模型训练后的 AIC 指标
	bic	返回模型训练后的 BIC 指标
函数	fit(X)	在数据集 X 上训练聚类算法
	forecast(step)	预测未来 step（整数值）个时间点的序列值
	summary()	返回一份格式化的模型报告，包含模型的系数、标准误差、p 值、AIC、BIC 等详细指标

另外，在时间序列建模时，还需要一系列的判别操作，例如，平稳性检验、白噪声检验、

差分等。statsmodels 模块也提供了一些辅助函数，如表 10-6 所示。

表 10-6 statsmodels 模块常用辅助函数

函数名	功能	所属子模块
acf(X)	计算自相关系数，参数 X 为输入时间序列，可以是 DataFrame 或 Series 对象	statsmodels.tsa.stattools
plot_acf(X)	绘制自相关系数图，参数 X 为输入时间序列，可以是 DataFrame 或 Series 对象	statsmodels.graphics.tsaplots
pacf(X)	计算偏相关系数，使用方法与 acf( )类似	statsmodels.tsa.stattools
plot_pacf(X)	绘制偏自相关系数图	statsmodels.graphics.tsaplots
adfuller(X)	进行单位根检验，返回 adf 值及其 p 值，参数 X 为时间序列，可以是 Series 对象	statsmodels.tsa.stattools
diff()	对序列值进行差分计算	Pandas 对象自带的函数
acorr_ljungbox(X, lags)	LB 检验，用于检验白噪声。输入参数 X 为时间序列，lags 为滞后期数，返回 LB 统计量和 p 值	statsmodels.stats.diagnostic

10.6 案例：基于 ARIMA 模型的销售额预测

本节将结合一个具体案例介绍 ARIMA 模型在时间序列预测方面的应用。

1. 数据集说明

构建高水平社会主义市场经济体制需要"着力扩大内需，增强消费对经济发展的基础性作用"。最近二十年，我国电子商务的发展非常迅速，处于全球领先地位。电子商务的发展已成为构建高水平社会主义市场经济的重要支撑力量。在电子商务中，销售额预测是一个热门话题。我们以来自 Kaggle 的洗发水销售额数据为例，说明如何利用 ARIMA 模型进行建模，并预测未来 5 个月的销售额。数据集的基本情况如下。

数据集：洗发水销售额预测

该数据集描述了 3 年间每月洗发水的销售额。数据包含两个统计量，分别为时间和对应的销售额，总计 36 个序列值。表 10-7 列出了部分数据。

表 10-7 洗发水销售额数据（部分）

月	销售额/元
1 月	266
2 月	145.9
3 月	183.1
4 月	119.3
5 月	180.3
……	……

2. 数据预处理

我们先通过 Pandas 读取该数据集，实现过程如下。在此过程中，我们编写了函数 date_parser()将字符串表示的日期转换为日期型数据。

```
import pandas as pd
from pandas import datetime

file = './data/shampoo.csv'          #该数据放置在 data 文件夹下，读者可以自行定义
#函数：日期型数据解析
def date_parser (x):
    return datetime.strptime('190'+x, '%Y-%m')

data = pd.read_csv(file, header = 0, parse_dates = [0], index_col = 0, squeeze = True,
                   date_parser = date_parser)
```

然后，对时间序列的平稳性进行检验。下面的代码展示了使用 3 种方法进行平稳性检验的过程，包括时序图判断方法、自相关图判断方法和 ADF 检验方法。

```
# 时序图
import matplotlib.pyplot as plt
plt.rcParams['font.sans-serif'] = ['SimHei']     #用来正常显示中文标签
plt.rcParams['axes.unicode_minus'] = False       #用来正常显示负号
plt.plot(data)
plt.legend()
plt.show()

# 自相关图
from statsmodels.graphics.tsaplots import plot_acf
plot_acf(data).show()
plt.show()

# ADF 检验方法
from statsmodels.tsa.stattools import adfuller as ADF
print('原始序列的 ADF 检验结果为', ADF(data))       #返回值依次为 adf、p 值等
```

从图 10-6 所示的时序图中可以看到，该时间序列具有明显的单调递增趋势，可以初步判断它是非平稳序列。进一步观察图 10-7 所示的自相关图，可以看到自相关系数长期大于 0，这说明该序列具有很强的长期相关性，验证了它不是平稳序列。最后，我们还通过 ADF 统计量的结果（见表 10-8）发现，p 值显著大于 0.05，即接受原假设，判断该时间序列为非平稳序列。

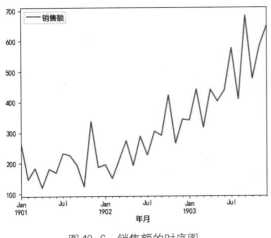

图 10-6 销售额的时序图

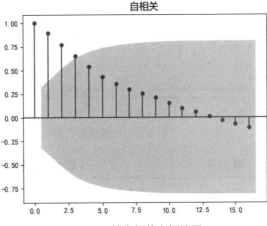

图 10-7 销售额的自相关图

表 10-8　　　　　　　　　　　　　　　　ADF 检验结果

ADF	cValue			p 值
	1%	5%	10%	
3.0601	−3.7239	−2.9865	−2.6328	1.0

其中，cValue 是指 1%、5% 和 10% 水平的检验统计量的临界值。

需要说明的是，本代码运行时建议使用的 statsmodels 包的版本为 0.12.2。

3．差分处理

对于非平稳序列，我们先对其进行 1 阶差分，再检验其平稳性，实现代码如下。

```
#差分操作
Date_data = data.diff().dropna()
plt.plot(Date_data)                  #差分序列的时序图
plt.show()
#差分序列的平稳性检验
plot_acf(Date_data).show()           #自相关图
from statsmodels.graphics.tsaplots import plot_pacf
plot_pacf(Date_data).show()          #偏自相关图
plt.show()

print('差分序列的 ADF 检验结果为：', ADF(Date_data))    #ADF 检验方法
```

使用 1 阶差分后该序列的时序图如图 10-8 所示，显然其具有围绕均值上下波动的特点，初步判断其平稳。从图 10-9 所示的自相关图可以看出，除了延迟 1 期的自相关系数比较大以外，其他期的自相关系数均在 0 附近波动（后期有增大的趋势），目前还不能直接判断差分序列平稳。最后，通过观察 ADF 检验统计量的判断结果（见表 10-9），可以得到单位根检验 p 值远小于 0.05，可以判断 1 阶差分后的序列是平稳序列。

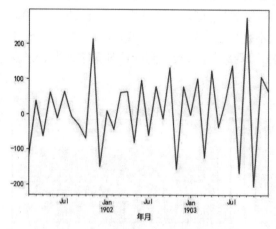

图 10-8　1 阶差分后的序列时序图

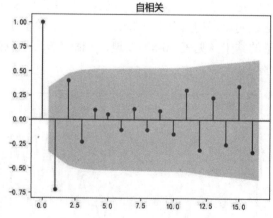

图 10-9　1 阶差分后序列的自相关图

表 10-9　　　　　　　　　　　　1 阶差分后序列的 ADF 检验结果

ADF	cValue			p 值
	1%	5%	10%	
−7.2491	−3.6461	−2.9441	−2.6159	1.7999e−10

4．对差分序列进行纯随机性检验

接下来，对于 1 阶差分后的平稳序列，需要进一步分析它是不是白噪声序列。我们使用了 LB 统计量方法对其进行检验，代码如下：

```
#纯随机性检验
from statsmodels.stats.diagnostic import acorr_ljungbox
print('差分序列的白噪声检验结果为', acorr_ljungbox(Date_data, lags = 1))
                                  #分别返回 LB 统计量和 p 值
```

代码运行后输出的结果如表 10-10 所示。

表 10-10 纯随机性检验的结果

LB 统计量	p 值
19.769	8.7389e-06

可见，LB 统计量的值为 19.769，其对应的 p 值远小于 0.05，说明该差分后的序列不是白噪声序列。

5．构建 ARIMA 模型

接下来，我们对差分后的平稳非白噪声序列进行建模，采用 ARIMA(p,1,q)模型进行拟合。模型的定阶方法有两种：一是根据自相关图和偏自相关图的拖尾/截尾特点，确定模型参数 p、q 的值。其中，1 阶差分序列的偏自相关图如图 10-10 所示。

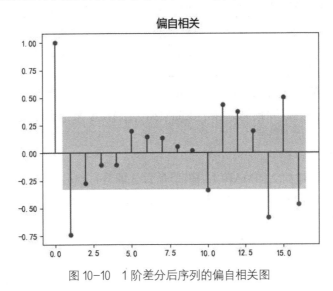

图 10-10 1 阶差分后序列的偏自相关图

从图 10-9 和图 10-10 可以看出，1 阶差分后的序列自相关图显示出拖尾特性，而偏自相关图也在延迟 1 期后呈现出一定的拖尾性。因此，可以考虑使用 ARIMA(1,1,1)模型拟合该序列。

第二种方法是根据相对最优模型进行识别。最优模型可以通过比较 ARMA(p,q)模型的 BIC 信息量确定。具体来说，可以计算 p、q 期数均小于 3 的所有组合的 BIC 信息量，选择 BIC 信息量达到最小的 p,q 组合作为模型参数。其实现代码如下。

```
# 模型定阶：相对最优模型法
from statsmodels.tsa.arima.model import ARIMA
data = data.astype(float)
pmax = int(len(Date_data) /10)          #阶数 p 不超过序列长度的 1/10
qmax = int(len(Date_data) /10)          #阶数 q 不超过序列长度的 1/10
bic_matrix = []                         #BIC 矩阵
for x in range(pmax + 1):
    tmp = []
    for y in range(qmax + 1):
        try:                            #错误处理块
            tmp.append(ARIMA(data.values, order=(x,1,y)).fit().bic)
        except:
            tmp.append(None)
    bic_matrix.append(tmp)

bic_matrix = pd.DataFrame(bic_matrix)
print(bic_matrix)
p,q = bic_matrix.stack().idxmin()       #找出最小值位置
print('BIC 最小的 p 值和 q 值为: %s、%s' % (p,q))
```

代码运行后输出的 BIC 信息量矩阵如表 10-11 所示。

表 10-11　　　　　　　　　　　　　　　　BIC 信息量结果

p	q			
	0	1	2	3
0	433.983808	413.678706	405.827653	409.315186
1	410.688334	408.688045	409.301535	412.856261
2	409.848956	412.062955	NaN	NaN
3	412.469199	415.471633	NaN	NaN

可以看出，当 p 值为 0、q 值为 2 时，BIC 信息量的值最小。因此，我们选择 AR(2)模型来拟合 1 阶差分后的序列，并最终选择了 ARIMA(0,1,2)模型来拟合原始序列。

6．模型拟合检验

接下来，需要对构建的 ARIMA(0,1,2)模型是否合理进行检验。采用的方法是对模型拟合结果进行残差白噪声检验和参数显著性检验。此部分的代码如下。

```
#获取残差序列
resid = arima012.resid
plt.figure(figsize = (12, 8))
plt.plot(resid)

#残差序列的正态性检验
import scipy
print(scipy.stats.normaltest(resid))
#输出结果为 NormaltestResult(statistic=5.94796807843208,pvalue=0.05109932254912462)

#残差序列的 DW 检验
from statsmodels.stats.stattools import durbin_watson
print(durbin_watson(arima012.resid.values))
#输出结果为 1.7687583479487772，相关性较弱
```

代码运行后，正态性检验 *p* 值约为 0.0511，大于 0.05，表明残差为白噪声序列。DW 检验的结果约为 1.769，比较接近 2，说明残差近似为白噪声。这两项检验说明 ARIMA(0,1,2) 模型是合理的。

7．模型预测

最后，我们应用 ARIMA(0,1,2)对未来 5 个月的洗发水销售额进行预测，其代码如下，预测结果如表 10-12 所示。

```
model = ARIMA(data.values, order = (0, 1, 2)).fit()   # 建立ARIMA(0, 1, 2)模型，并训练
print('模型的基本报告为\n', model.summary())
print('预测未来5个月的销售额: \n', model.forecast(5))
```

表 10-12 未来 5 个月的销售额预测结果

月份	1	2	3	4	5
销售额	590.7	607.1	617.2	627.4	637.6

10.7 本章小结

本章主要介绍了时间序列挖掘的目的和意义，介绍了基本的概念和统计量；详细分析了时间序列的预处理过程，包括非平稳序列的处理和纯随机序列的识别；介绍了几种常用的时间序列分析模型，即 AR 模型、MA 模型、ARMA 模型和 ARIMA 模型；并通过洗发水销售额数据预测的案例介绍了 ARIMA 模型的应用。

习题

1．时间序列常见类型有哪些？有何依据判断类型归属？
2．时间序列建模过程中，平稳性检验的目的是什么？
3．请解释 ARIMA 模型中重要参数的含义。
4．关于 AR 模型和 MA 模型，从统计量角度分析它们的区别是什么？
5．量化交易是目前金融领域研究的重点之一，预测股票价格趋势可以帮助投资者避免风险和提高利润回报，试收集我国上市公司股票指数数据，例如，从 Tushare 平台中获取我国 2021 年 1 月到 2021 年 12 月的股票数据。利用 ARIMA 模型进行股价预测，并对股价波动趋势进行分析。

第 **11** 章 异常检测

异常检测（Anomaly Detection）是一种重要的数据挖掘任务，其主要目的是识别与其他观测数据相比有明显偏离的数据，而这些数据被称为异常点（Anomaly）或者离群点（Outlier）。它们是极少数、不可预测或者不确定、罕见的事件，不同于常规模式下的数据对象。在一般的数据挖掘任务中，这些异常数据经常被当作噪声被舍弃。然而在一些特殊的应用中，如信用卡欺诈、网络入侵检测、天气预报等，异常数据可能蕴含着有特别含义的事件或者知识，因此对这些数据进行检测显得十分重要。

从数据分布的角度来看，异常点通常位于明显偏离于绝大部分数据的位置，如图 11-1 所示，这是因为异常点的某些特征值会明显偏离这些特征的期望或者常见值。因此，从这个意义上来说，异常检测也经常被称为偏差检测（Deviation Detection）或者例外挖掘（Exception Mining）。但是，异常点的分布未知、来源复杂，使得异常检测常面临着如下困难。

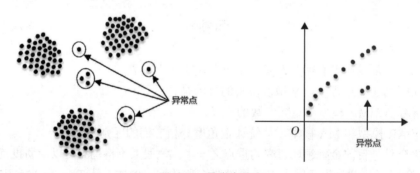

图 11-1 异常点示意

（1）未知性：异常点的出现与许多未知因素密切有关。例如，异常点通常具有未知的突发行为、异常的数据结构或者分布，它们直到真正发生时才被人所知，比如极端天气、诈骗和网络入侵等。

（2）异构性：异常点之间也可能体现极大的差异性和不规则性，一类异常可能表现出与另一类异常完全不同的特征。例如，在视频监控中，抢劫、交通事故和盗窃等异常事件在视觉上有很大差异。此外，即使存在两件抢劫事件，也很难总结出相似规律。

（3）类别不平衡：异常点是罕见的数据实例，在训练数据中仅占据极小的比例。因此，与正常数据相比，收集并标记大量的异常实例是非常困难，甚至是不可能的。造成训练数据集存在严重的类别不平衡问题。

上述困难使得一般的数据挖掘模型（如分类）很难直接应用于异常检测任务。为此，研究者提出了多种方法以识别数据中的异常，它们大都属于无监督模型，即通过对正常数据进行建模，再根据建模结果将显著异于正常范围的数据识别为异常点，主要包括基于统计的方法、基于距离的方法、基于密度的方法、基于聚类的方法。表 11-1 列出了这几类方法的基本原理和特点。

表 11-1 常用的异常检测方法

类别	基本原理	特点
基于统计的方法	通常假设数据服从某种概率分布（如正态分布），根据现有数据估算出概率的参数以后，再计算每一数据对象隶属于该分布的概率，把概率值最低的少数数据对象视为异常点。以一维数据为例，若假设数据符合正态分布，则可以将与均值相距过大的数据当作异常点	优点：复杂度低，计算速度快，泛化能力强。因为没有训练过程，即使没有前期的数据积累，也可以快速地投入生产并使用。如果事先知道数据所服从的分布，则检验效果通常会非常好。 缺点：对数据的分布估计必须比较准确，否则效果一般，特别是对于高维数据的检验结果可能很差
基于距离的方法	通过计算数据之间的距离或者相似度，将远离大部分数据的对象视为异常点。例如，可以将数据对象和它的第 k 个近邻之间的距离视为异常得分，如果该值明显大于其他对象的异常得分，则可以将该对象视为异常点	优点：简单、直观、容易理解和使用。计算数据之间的距离比估计数据的分布更容易、更准确。 缺点：不适用于大数据，计算效率不高；对于超参数（如 k 值、异常得分的阈值、距离函数等）的选择较为敏感
基于密度的方法	认为异常值通常位于数据分布的低密度区域。这样，通过估计每个数据对象的密度值，将低于阈值的点视为异常点	优点：直观，易于理解，且给出了数据对象是否为异常点的定量得分。 缺点：不适用于大数据，依赖于密度估计方法的选择，对阈值设置较为敏感
基于聚类的方法	先将所有数据进行聚类，然后评估它们与簇心的距离或与簇心的相似度，作为异常得分，然后将低于阈值的点视为异常点	优点：方法直观、高效。 缺点：对聚类算法选择、聚类超参数设置、阈值设置等较为敏感

需要指出的是，后 3 种方法具有一定的相关性，实际都是通过阈值将异常点和正常的数据或簇区分开。本章重点介绍基于统计和基于聚类的异常检测方法。

11.1 基于统计的异常检测方法

基于统计的异常检测方法一般通过两个步骤来识别异常点：①假设数据服从一定的概率分布（如正态分布、泊松分布），并利用现有数据估计分布函数中的参数；②计算每个数据对象隶属于该分布的概率，最后将概率最低的少数数据对象视为异常点。

正态分布是实际应用中最为常用的一种概率分布模型。如果假定数据服从正态分布，则它的均值和标准差参数可以很容易在训练数据上估计出来。下面，我们分别以一元正态分布和多元正态分布为例，介绍基于统计的异常检测过程。

11.1.1 基于一元正态分布的异常检测方法

如果数据只有一维特征（如单变量时间序列数据），则可以使用该方法进行异常检测。

在统计学中，如果一个随机变量 x 服从均值为 μ、标准差为 σ 的正态分布 $N(\mu, \sigma^2)$，它

的概率密度函数为 $p(x) = \dfrac{1}{\sqrt{2\pi}\sigma} e^{-\frac{(x-\mu)^2}{2\sigma^2}}$。其中，均值 μ 和标准差 σ 可以在训练集上估计出来。图 11-2 显示了标准正态分布 $N(0,1)$ 的概率密度函数。

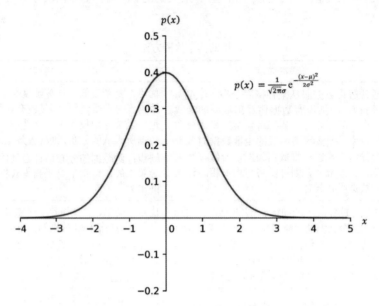

图 11-2　标准正态分布 $N(0,1)$ 的概率密度函数

正态分布的一个重要特点：数据对象出现在远离中心点的位置的概率很小。例如，x 的取值在 $[3,+\infty)$ 和 $(-\infty,-3]$ 的概率仅为 0.27%。更一般地，如果 c 是常数，x 是服从 $N(0,1)$ 正态分布的变量，则 $|x| \geqslant c$ 的概率随着 c 的增大而迅速减小。令 $p(|x| \geqslant c)$ 表示 x 在区间 $(-c,+c)$ 之外的取值概率，表 11-2 给出了该概率值和 c 之间的关系。

表 11-2　　　　　　　服从 $N(0,1)$ 正态分布的变量在区间 $(-c,+c)$ 之外的取值概率

c	$p(|x| \geqslant c)$
1.00	31.73%
1.50	13.36%
2.00	4.55%
2.50	1.24%
3.00	0.27%
3.50	0.05%

对于其他参数的正态分布模型，我们同样可以制作类似的取值概率表。在进行异常检测时，可以先计算数据对象 x 与均值的距离，然后查表获得该对象的发生概率。如果概率低于某个预设的阈值（例如 1%），将判定对象 x 为异常值。

实际上，4.2.3 节介绍的在预处理阶段使用的 3σ 异常值检测方法就是基于一元正态分布的异常检测技术，它被用来发现单个特征中存在的异常值。

11.1.2　基于多元正态分布的异常检测方法

数据通常都具有多维特征，此时需要使用基于多元正态分布的方法进行异常检测。

给定一个有 n 维特征的数据对象 x，假设它服从多元正态分布，均值向量为 $\boldsymbol{\mu}$，协方差矩阵为 $\boldsymbol{\Sigma}$，它的概率密度函数：

$$p(x \mid \boldsymbol{\mu}, \boldsymbol{\Sigma}) = \frac{1}{(2\pi)^{\frac{n}{2}} |\boldsymbol{\Sigma}|^{\frac{1}{2}}} \exp\left(-\frac{1}{2}(x-\boldsymbol{\mu})^{\mathrm{T}} \boldsymbol{\Sigma}^{-1}(x-\boldsymbol{\mu})\right) \tag{11-1}$$

其中，$\boldsymbol{\mu}$ 和 $\boldsymbol{\Sigma}$ 均可以在训练数据集上估计获得。

当需要判断一个数据对象 x 是否为异常点时，可以将 x 代入式（11-1），得到对应的概率值 $p(x)$。如果 $p(x)$ 小于一个预先定义的阈值，则可判断 x 为异常点。

下面的算法 11-1 详细描述了基于多元正态分布的异常检测方法的流程。

算法 11-1：基于多元正态分布的异常检测方法

输入：$D = \{x^{(1)}, x^{(2)}, \cdots, x^{(d)}\}$：训练集包含 d 条数据，每条数据有 n 维特征；

ϵ：预先设定的全局阈值。

（1）根据训练集 D，计算均值向量 $\boldsymbol{\mu}$ 和协方差矩阵 $\boldsymbol{\Sigma}$；

$$\boldsymbol{\mu} = \frac{1}{d} \sum_{i=1}^{d} x^{(i)}$$

$$\boldsymbol{\Sigma} = \frac{1}{d} \sum_{i=1}^{d} (x^{(i)} - \boldsymbol{\mu})(x^{(i)} - \boldsymbol{\mu})^{\mathrm{T}}$$

（2）给定一个未知数据 x，计算 x 在正态分布上的概率值；

$$p(x) = \frac{1}{(2\pi)^{\frac{n}{2}} |\boldsymbol{\Sigma}|^{\frac{1}{2}}} \exp\left(-\frac{1}{2}(x-\boldsymbol{\mu})^{\mathrm{T}} \boldsymbol{\Sigma}^{-1}(x-\boldsymbol{\mu})\right)$$

（3）如果 $p(x) < \epsilon$，则判定 x 为异常点。

在上述算法中，全局阈值 ϵ 的设置与异常检测的准确度息息相关。一般来说，对于低维度的数据集，可通过绘制散点图等可视化手段来经验性地设置 ϵ。对于高维度数据集，可通过网格搜索等超参数设置手段，在一定范围内搜索使得异常检测准确度最高的参数 ϵ。

11.1.3　基于 Python 的实现

本节我们将展示使用基于多元正态分布的统计方法在二维合成数据上进行异常检测的案例，如代码 11-1 所示。首先，我们使用 Scikit-learn 模块中的数据生成函数 make_blobs() 在二维平面上合成了 500 个正常数据（其均值坐标为[0,0]，两个轴上的标准差均为 1.0），用 rand() 函数生成了 20 个异常数据（每个维度均在[–5,5]范围内均匀取值）。数据的分布散点图如图 11-3（a）所示，其中，"×"表示异常数据，"〇"表示正常数据。从图 11-3 中可见，异常数据的分布范围比较广且十分稀疏（也与正常数据有少量的重叠部分）。

然后，我们使用 np.mean() 和 np.cov() 函数分别计算数据集的均值和协方差，以便估计二元正态分布的参数。接着，使用自定义的 multivariate_Gaussian() 计算每个数据对象在二元正态分布上的概率值。

最后，我们将概率值低于指定阈值（此案例取 0.25%）的数据对象判断为异常点，并绘图显示识别结果。具体的代码如下。

代码 11-1 基于多元正态分布的异常检测方法实现

```python
import matplotlib.pyplot as plt
import numpy as np
from sklearn.datasets._samples_generator import make_blobs

#函数：生成数据集
def generate_data(n_normal = 500, n_anomaly = 20):
    X_normal, Y_normal = make_blobs(n_samples = n_normal, centers = [[0, 0]],
                                    cluster_std = 0.8, random_state = 5)
    X_anomaly = np.random.rand(n_anomaly, 2) * 10 - 5
    Y_anomaly = np.zeros(n_anomaly)

    X = np.vstack([X_normal, X_anomaly])
    Y = np.hstack([Y_normal, [1 for _ in range(X_anomaly.shape[0])]])
    return X, Y

#函数：计算数据在正态分布上的概率值
def multivariate_Gaussian(X, mu, sigma):
    d = len(mu)                           #特征维度
    X -= mu.T
    cov_mat_inv = np.linalg.pinv(sigma)
    cov_mat_det = np.linalg.det(sigma)
    p = (np.exp(-0.5 * np.dot(X, np.dot(cov_mat_inv, X.T)))
         / (2. * np.pi) ** (d/2.) / np.sqrt(cov_mat_det))
    return p

#获得人工合成数据集
X, Y = generate_data()

#计算均值和协方差，设置全局阈值（经验给定）
mu = X.mean(axis = 0)
sigma = np.cov(X.T)
threshold = 0.0025

#计算每个训练样本的概率
pro = []
for i, _ in enumerate(X):
    p = multivariate_Gaussian(X[i], mu, sigma)
    pro += [p]
pro = np.array(pro)

#识别异常对象，并绘图显示
anomaly_index = (pro <= threshold)
plt.figure(figsize = (6, 4))
predict_anomaly = X[anomaly_index]
predict_normal = X[~anomaly_index]
```

```
plt.scatter(predict_normal[:, 0], predict_normal[:, 1],
            s = 60, marker = 'o', alpha = 0.6)
plt.scatter(predict_anomaly[:, 0], predict_anomaly[:, 1],
            s = 60, marker = 'x', c = 'r')
plt.grid(True, which = 'major', linestyle = '--', linewidth = 1)
plt.show()
```

代码运行后，估计的正态分布的均值向量为 $[-0.03329121\quad 0.01700314]$，协方差矩阵为 $\begin{bmatrix} 0.91614405 & 0.02583717 \\ -0.02583717 & 0.86993806 \end{bmatrix}$。最后识别的异常点如图 11-3（b）所示。从图中可以看出：①大部分异常数据都被正确识别出来；②位于正常数据中心区域的异常数据由于同正常数据重叠（无法区分）而被识别为正常，这是非常合理的；③个别位于正常数据分布边缘的异常数据被识别错误，这是由于它们和正常数据过于接近。综合而言，基于多元正态分布的统计方法在异常识别时表现出优异的性能。

读者也可以改变异常阈值，观察识别结果的变化。

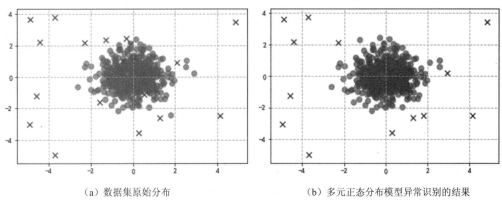

（a）数据集原始分布　　　　　　　　　　　　（b）多元正态分布模型异常识别的结果

图 11-3　基于统计方法的异常识别结果

11.2　基于聚类的异常检测方法

11.2.1　基本原理

聚类分析是指发现强相关数据对象的过程，而异常检测是指发现不与其他数据强相关对象的过程。因此，聚类分析天然可以用于异常检测。

将聚类分析应用在异常检测中通常有两种思路。

1．丢弃远离其他簇的小簇

聚类算法将所有的数据按照其相似度分为若干个簇。在此种情况下，远离其他数据对象的小簇在特征空间中处于"孤立"的位置，如果这个簇内的数据特别少，则自然地可以认为这个"小簇"内所有的数据点均为异常点。这种方法可以与各种聚类算法结合使用，但是在使用前需要确定两个阈值：用于区分"大簇"和"小簇"的阈值；判断一个簇是否远离另一个簇的阈值。该种方法对于这两个阈值的设置敏感度较高，错误的阈值设置将导致大量的正常数据被识别为异常点，或者将异常点识别为正常数据。一种简化的做法：省略第二个阈值的设置，直接丢弃数据量小于某个最小阈值的小簇。

2．基于原型的聚类方法

基于原型的聚类方法是更为系统的方法，其中簇的原型通常是质心（即簇中所有点的平均值）或中心点（即簇中最有代表性的点）。它首先对所有数据进行聚类，然后评估每个数据对象隶属于它所在的簇的程度。通常，可以用每个数据到它的原型的距离来衡量隶属度。更一般的做法：聚类算法一般基于某种目标函数进行优化，因此可以用该目标函数来评估对象属于其所在簇的程度。例如，对于 k-means 算法，如果删除一个数据对象能够显著提升该簇的误差平方和，则删除的对象对其所在簇的隶属度就很低，有很大可能是异常点。

11.2.2　基于 Python 的实现

本节我们以 DBSCAN 聚类算法为例，介绍基于聚类的异常检测过程。由 8.4 节的介绍可知，DBSCAN 算法是一种不需要预先指定簇数目，只需要指定邻域半径 Eps 和密度阈值 MinPts 即可自动确定簇数目的基于密度的聚类算法。DBSCAN 会自动将远离簇心的数据对象识别为异常点，因此天然地适用于异常检测任务。

代码 11-2 演示了使用 Scikit-learn 提供的 DBSCAN 算法在图 11-3（a）所示的数据集上进行异常检测的流程。其中，DBSCAN 聚类算法的参数经验性地设置为 eps=0.4，min_samples=4。在调用 fit_predict()函数对训练集进行预测时，被预测为-1 类别的样本被识别为异常点（噪声），剩余点为正常数据。

DBSCAN 的参数 eps（邻域半径）的设置与异常识别结果息息相关。在图 11-4 的结果中，我们分别展示了将 eps 设置为 0.4 和 1.0 时的异常识别结果。可以发现，在本数据集上，设置较小的 eps 值会导致 DBSCAN 算法将正常簇边界附近的样本识别为异常，因此假警率偏高；当设置较大的 eps 值时，它很少将正常簇边界附近的样本识别为异常数据，因此假警率较低。读者可以自行验证，如果 eps 值过大（如 eps>2），使用 DBSCAN 聚类方法难以识别出异常数据。

代码 11-2　基于 DBSCAN 聚类的异常检测方法（接代码 11-1）

```
from sklearn.cluster import DBSCAN
model = DBSCAN(eps = 0.4, min_samples = 4)     # DBSCAN 聚类建模

# 根据 DBSCAN 的聚类结果识别异常点（DBSCAN 将-1 类作为异常点）
Y_pred = model.fit_predict(X)
anomaly_index = (Y_pred == -1)
X_anomaly = X[anomaly_index]
X_normal = X[~anomaly_index]

#绘图
plt.figure(figsize = (6, 4))
plt.scatter(X_normal[:, 0], X_normal[:, 1], s=60, marker = 'o', alpha = 0.6)
plt.scatter(X_anomaly[:, 0], X_anomaly[:, 1], s = 60, marker = 'x', c = 'r')
plt.grid(True, which = 'major', linestyle = '--', linewidth = 1)
plt.show()
```

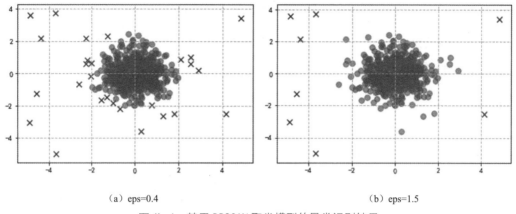

（a）eps=0.4　　　　　　　　　　　　　（b）eps=1.5

图 11-4　基于 DBSCAN 聚类模型的异常识别结果

×—异常数据；○—正常数据

11.3　孤立森林方法

11.3.1　基本原理

孤立森林模型的
基本原理

除了前面介绍的基于统计的方法、基于聚类的方法外，基于集成学习的
方法也被应用于解决异常检测问题，以适应复杂的数据情况。其中，孤立森林（Isolation Forest）
是代表性的一种方法。

孤立森林是一种无监督集成学习模型，它通过组合多棵决策树来实现异常检测。我们先举
一个简单的例子来说明孤立森林的基本原理。给定一组一维数据（见图 11-5），该组数据的最
小值和最大值分别为 $x_{\min}$ 和 $x_{\max}$。如果对这组数据进行随机切分，希望可以把点 A 和点 B 单独
切分出来。我们的方法是：先在该组 $x_{\min}$ 和 $x_{\max}$ 之间随机选择一个值 x，则 x 可将整个取值范
围分为 $[x_{\min}, x]$ 和 $(x, x_{\max}]$ 两个区间；然后，在这两个区间中重复上述切分步骤，直到所得区间
只有一个数据点。显然，点 B 跟其他数据对象比较疏远，只用很少的切分次数就可以把它单独
分离出来，而点 A 跟其他数据对象聚集在一起，可能需要更多的次数才能把它单独切分出来。

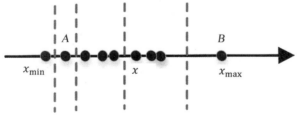

图 11-5　一维数据的切分

将数据空间从一维扩展到二维以后，需要沿着两个坐标轴进行随机切分。如果我们试图
将图 11-6 中的点 A' 和点 B' 分别独立地切分出来，可以使用的方法：先随机选择一个特征维度，
在此维度的最大值 $x_{\max}$ 和最小值 $x_{\min}$ 之间随机选择一个值 x，并将所有数据对象按照其特征
值划分到 $[x_{\min}, x]$ 和 $(x, x_{\max}]$ 两个区间；接下来，重复上述步骤，再随机选择一个特征维度，

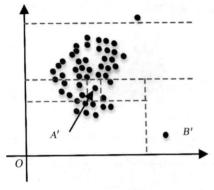

图 11-6　多维数据的切分

在其上随机选取值对区间进行细分，直到所划分的区间中只包含一个数据对象。跟上一个例子类似，直观上，点 B' 跟其他数据点比较疏离，可能只需要很少的几次操作就可以将它细分出来；点 A' 需要的切分次数可能会更多一些。

回忆关于"异常点"的定义：明显"偏离"于其他数据点的数据。在上述两个例子中，点 B 和点 B' 由于跟其他数据对象的距离比较远，显然符合"异常点"的定义，而点 A 和点 A' 会被认为是正常数据。直观上，异常数据由于跟其他数据点较为疏离，只需要较少几次随机切分就可以将它们单独划分出来，而正常数据恰恰相反，这正是孤立森林模型的核心思想。孤立森林采用二叉树对数据进行划分，数据在一棵二叉树中的深度（即与根节点的距离）反映了该数据相对于其他数据的"偏离"程度或"异常得分"。越靠近根节点的数据越容易被分开，越"偏离"其他数据，属于异常点的概率越高；反之，越靠近叶子节点的数据，属于异常点的概率越低。与 CART 二叉树的构建过程不同，孤立森林采用的二叉树称为"孤立树"，它在分裂节点时采用的特征及属性测试条件的阈值完全是随机选取的，也不对树的深度进行限制，直到将每一个数据对象划分到一个叶子节点上，因此，树的复杂度更高。考虑到孤立树是随机生成的，孤立森林同时使用多棵树，共同判断数据的"偏离"程度或者"异常评分"。

孤立森林算法如算法 11-2 所法，要求所有的数据特征均是连续型的，具体步骤如下。

算法 11-2：孤立森林算法

输入：数据集 $D = \{x_1, x_2, \cdots, x_n\}$，其中，$x_i$ 的维度为 d；孤立树的数量为 m。

输出：孤立森林模型

（1）从数据集 D 中随机抽样出 n' 个样本构成训练数据集 D'，并生成孤立树的根节点；

（2）对于当前节点上的数据集，从 d 个特征中随机选择一个特征 q，确定其在数据集上的取值范围 $[x_{\min}, x_{\max}]$，然后随机选取一个值 τ 作为分割点，构造属性测试条件 $q \geqslant \tau$，从而将数据集分割到树的左右两个子节点上；

（3）递归地重复步骤（2），直到节点上数据只有 1 个或者孤立树已达到指定的高度；

（4）重复步骤（1）至步骤（3），产生 m 棵孤立树。

当建立孤立森林模型之后，对于其中的任何一棵孤立树（iTree），我们可以根据数据对象 x 在孤立树上的路径长度 $h(x)$ 来计算其"异常得分"，计算式为

$$\text{Score}(x) = 2^{-\frac{E(h(x))}{C(\psi)}} \tag{11-2}$$

其中，$E(h(x))$ 表示数据 x 在多棵孤立树上的平均路径长度；ψ 表示单棵孤立树采用的训练样本的数目；$C(\psi)$ 表示使用 ψ 个数据构建的二叉树的平均路径长度，这里主要用来进行归一化，它的计算方法可以使用式（11-3）实现：

$$C(\psi) = 2H(\psi - 1) - \frac{2(\psi - 1)}{\psi} \tag{11-3}$$

这里，$H(\psi - 1)$ 可用 $\ln(\psi - 1) + 0.5772156649$ 估算，其中 0.5772156649 是欧拉常数。

容易分析，Score(x) 的取值范围为[0, 1]，数据的异常情况分以下几种。

（1）得分越接近 1 表示异常点的可能性高。

（2）得分越接近 0 表示正常点的可能性高。

（3）如果大部分训练样本的得分都接近 0.5，说明整个数据集都没有明显的异常点。

对于已知的数据集，我们只需要用式（11-2）计算每一个样本的异常得分，然后把得分接近 1 的样本视为异常。

11.3.2　基于 Python 的实现

本节采用 Pyod 工具包中实现的孤立森林模型进行异常检测。Pyod 是美国卡内基梅隆大学和加拿大多伦多大学在 2019 年联合发布的一个基于 Python 的异常检测工具包，它包含多种异常检测模型的实现，包括基于密度的方法、基于聚类的方法、基于对抗神经网络的方法等，是目前较为全面的异常检测实现工具。读者可以在 Anaconda 的命令行终端使用 conda 命令或者 pip 命令安装，如下所示。

```
conda install -c conda-forge pyod
```

或者

```
pip install pyod
```

工具包的 pyod.models.iforest 模块提供了 IForest 类，用于创建一个孤立森林模型，其基本语法：

```
IForest(n_estimators = 100, max_samples = 'auto', max_features = 1.0,
        contamination = 0.1, bootstrap = False, random_state = None)
```

它的主要参数、属性和函数如表 11-3 所示。

表 11-3　　　　　　　　　　IForest 类的主要参数、属性和函数

	名称	说明
参数	n_estimators	孤立树的数量
	max_samples	每棵树使用的样本数量，可以是整数（数量）、小数（比例），或者'auto'（在 256 和样本总数之间随机取值）
	max_features	每棵树使用的特征数量，可以是整数（数量）或小数（比例）
	contamination	异常值的比例，默认为 0.1
	bootstrap	是否按有放回的方式产生训练集
属性	decision_scores_	返回模型训练后的训练集的异常得分
	threshold_	返回模型训练后的异常得分阈值
	labels_	返回模型训练后的训练集的异常标签（正常为 0，异常为 1）
函数	fit()	在数据集 X 上训练孤立森林
	predict()	预测一个数据对象是否为异常点
	decision_function ()	返回一个在[0, 1]范围的实数，该实数用于表示分类置信度，越靠近 1 表示数据为异常数据的概率越大

在下面的例子中，我们以 Kaggle 竞赛中的信用卡欺诈检测数据集为例，演示孤立森林算法在异常检测问题中的应用。数据集的基本情况如下。

> **数据集：信用卡欺诈检测数据集**
>
> 数据集包含由欧洲信用卡用户于 2013 年 9 月使用信用卡进行交易的数据，共计 284807 笔交易，其中有 492 笔被盗刷（存在欺诈）。显然，数据集严重不平衡，正类（被盗刷）占所有交易笔数的 0.172%。全部数据保存在 creditcard.csv 文件中。
>
> 每个数据包含 30 个特征和 1 个类别特征。其中，出于隐私保护的目的，30 个特征中有 28 个均由发布者使用主成分分析方法从原始特征提取而来，剩余 2 个特征是时间（time）和数量（amount）。time 特征指信用卡的当前交易和上一个交易之间经过的秒数，amount 特征指交易金额。类别特征如果取值为 1 表示被盗刷，取值为 0 表示正常。

1．探索性数据分析和预处理

首先读入数据集，再用柱状图展示两个类别的数量差异，然后通过 Pandas 的 describe() 函数查看各特征的统计情况。由于数据集的所有特征已经是连续数据，我们不再对数据进行预处理。此部分的代码如代码 11-3 所示。

代码 11-3　探索性数据分析和预处理

```python
import numpy as np
import pandas as pd
from pandas import*
import matplotlib.pyplot as plt

data = pd.read_csv('./creditcard.csv',encoding='gbk')

# 绘制柱状图，查看两个类别的数量
plt.rcParams['font.sans-serif'] = ['SimHei']
count_classes = pd.value_counts(data['Class'], sort = False)

plt.figure(figsize = (12,8))
plt.bar([0,1], count_classes, width = 0.6)
plt.xticks([0,1], ['0','1'], fontsize = 20)
plt.yticks(fontsize = 20)
plt.title ("不同类别的数量", fontsize = 20)
plt.xlabel ("Class", fontsize = 20)
plt.ylabel ("Frequency", fontsize = 20)
plt.show()

#查看是否有缺失值
print(data.isnull().sum())

#查看数据的描述性统计信息
print(data.describe())
```

上述代码所输出的柱状图如图 11-7 所示，可以看出正负类别呈现极度不平衡。

2．孤立森林建模和评价

我们对数据集进行划分后，使用 IForest 类建立孤立森林模型。它包括 300 棵孤立树，设置异常样本的比例为 0.00172。最后绘制了混淆矩阵来评价异常识别结果的正确性。需要注意的是孤立森林模型本身是无监督的，但该数据集提供了类别标签，因此，我们可以用混淆矩阵进行评价。主要代码如代码 11-4 所示。

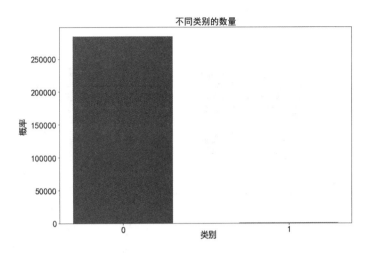

图 11-7 正常交易和异常交易的数量比较（0 表示正常，1 表示异常）

代码 11-4 孤立森林模型实现异常检测（接代码 11-3）

```
from pyod.models.iforest import IForest   #孤立森林
from sklearn.model_selection import train_test_split
from sklearn.metrics import confusion_matrix
import seaborn as sns

#划分训练集和测试集
X = data.iloc[:, data.columns != 'Class']
y = data.iloc[:, data.columns == 'Class']
X_train, X_test, y_train, y_test = train_test_split (X, y, test_size = 0.3,
                                 random_state= 123456, stratify = y)

#创建 IForest 模型
iforest = IForest(n_estimators = 300, contamination = 0.00172)
iforest.fit(X_train)

# 得到测试结果
y_test_pred = iforest.predict(X_test)              #预测的类别标签
y_test_scores = iforest.decision_function(X_test)  #预测的属于异常的概率

# 混淆矩阵绘图函数
def plot_confusion_matrix(cm, title = "Confusion Matrix"):
    sns.set()
    f,ax=plt.subplots()
    sns.heatmap(cm, annot = True, ax = ax, cmap = "Blues", fmt = "4d")
    ax.set_title("confusion matrix")
    ax.set_xlabel("predict")
    ax.set_ylabel("true")
    plt.show()

#绘制混淆矩阵
cm= confusion_matrix(y_test, y_test_pred1, labels = [0,1])
plot_confusion_matrix(cm)
```

代码运行后的主要结果如图 11-8 所示。可见，孤立森林模型在数据极度不平衡的情况下，正确识别了测试集中的 47 个异常对象（识别率为 31.76%），并且对于正常样本错误识别率

（假警率）非常低，只有 0.12%。这表明该模型具有良好的异常识别能力。读者也可以自行调整 IForest 模型的参数，以获得更好的性能。

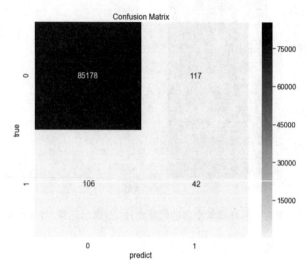

图 11-8　IForest 模型识别结果的混淆矩阵

11.4　本章小结

异常检测是数据挖掘领域基础且核心的任务之一。在数据量不大的情况下，研究者可以付出有限的代价对所有数据进行标注，进而使用有监督学习很好地解决该问题。然而在大数据背景下，对所有数据进行标注需要耗费巨大的标注代价，此外整个数据集所体现出的极度不平衡（正常数据远多于异常数据）也使得标准的有监督学习方法失效。在此背景下，研究者倾向于使用本章所介绍的无监督异常检测方法识别数据集中的异常样本。

习题

1. 为什么大部分的异常检测算法都是无监督学习算法？
2. 常用的异常检测算法有几种？各自有何优缺点？
3. 如果要对一个异常检测算法进行评估，应该用哪种模型评估指标？
4. 请简述类不平衡学习任务与异常检测任务的相同点和不同点，并说明哪个任务的难度更大。
5. UCI 数据库中的玻璃识别（Glass Identification）数据集包含了 6 种玻璃的 214 个数据样本，每个样本的属性包括折射率、化学成分等（9 个）特征。该数据集常用于多分类模型的研究，读者可以到 UCI 网站下载该数据集。然而，研究表明，该数据集存在 9 个异常样本，明显影响分类模型的准确度。请采用合适的异常检测技术识别出这些异常样本，并比较去除异常样本前后分类模型的性能。

第12章　智能推荐

随着互联网的普及，特别是移动互联网的广泛使用，各类信息出现"井喷式"增长。面对海量的信息，用户无法迅速且准确地获得自己所需要的内容。例如，在电子商务领域，用户面对海量的商品无法快速搜索到自己感兴趣的内容或物品。尽管搜索引擎的出现可以满足大众对特定内容的获取，但是它无法对用户进行个性化和定制化的信息反馈。此时，智能推荐技术的出现大大满足了用户对个性化信息的获取需求，缓解了信息"爆炸"所带来的信息过载问题。智能推荐不同于搜索引擎技术，它通过对海量用户历史信息的挖掘，学习用户潜在的偏好和兴趣，然后向用户推荐与其兴趣点一致的物品或项目。

本章将介绍常用的协同过滤推荐技术、矩阵分解推荐技术，并通过实际案例讨论这些方法的应用及其 Python 实现。

12.1　智能推荐概述

12.1.1　智能推荐定义

智能推荐可以描述为通过一定的智能算法解决信息过载问题并有效地实现信息过滤，为用户提供个性化或感兴趣的信息技术。例如，在商品推荐系统中，智能推荐通过分析用户和物品的历史交互数据，筛选用户可能感兴趣的信息（如潜在消费物品）。不同于信息检索技术，智能推荐不依赖于具体的检索条件，是主动地、隐式地为用户提供个性化的推荐结果。

12.1.2　智能推荐场景

智能推荐的应用十分广泛，在电子商务、音乐推荐、电影推荐、导航应用等领域都需要借助智能推荐系统为用户提供个性化服务。

- 购物平台：以京东、淘宝为代表的电商平台，通过收集用户的历史购买行为数据，可以为用户推送可能感兴趣的商品。
- 视频平台：以抖音为代表的视频观看平台，通过智能推荐算法学习用户的观看偏好，推送个性化视频内容。
- 导航应用：以高德地图和百度地图为代表的移动应用，基于智能推荐系统通过学习用户历史的位置选择、路径偏好，提供个性化的导航路线推荐、停车场推送等服务。

- 社交平台：以微博为代表的社交软件，通过挖掘相似用户的社交行为，为特定用户推送潜在好友。

12.1.3　常用智能推荐技术

智能推荐技术自诞生以来就受到了广泛重视，先后提出了大量不同类型的推荐方法。例如，基于流行度（如内容流行度、点击率）的推荐方法、协同过滤推荐方法、基于模型的推荐方法、基于深度学习的推荐方法等。其中，协同过滤（Collaborative Filtering，CF）推荐是智能推荐领域的经典方法，主要分为基于用户的协同过滤和基于物品的协同过滤。

（1）**基于用户的协同过滤**（User CF）：其通过用户对不同物品或内容的偏好找到相似用户，然后将相似用户感兴趣的而自身未发现的物品或内容推荐给当前用户。它的关键步骤：通过计算用户的相似度，寻找当前用户的 K 个最相似的近邻用户，然后根据近邻用户的相似度和他们对物品的偏好，预测当前用户对未发现的物品的偏好度，并将排序后的物品列表推荐给当前用户。

（2）**基于物品的协同过滤**（Item CF）：与基于用户的协同过滤的步骤类似，它是从物品的角度出发，计算其他物品同用户已购买物品的相似度，然后把最相似的物品列表推荐给用户。

基于模型的推荐方法目前也受到极大关注。实际上，第 9 章提到的关联规则挖掘算法可以通过分析项目之间的关联关系实现智能推荐。然而，随着物品数和用户数的增加，关联规则挖掘方法的效率将急速下降。基于矩阵分解（Matrix Decomposition）的推荐方法是目前比较流行的一类技术。它通过对 $m×n$ 阶的"用户—物品"评分矩阵进行分解，获得 $m×k$ 阶和 $n×k$ 阶的两个小矩阵，分别代表用户和物品在 k 维隐空间中的低维嵌入，也称为"隐因子向量"（Latent Factor Vector），这些低维向量分别体现了用户的偏好和物品的特征。在做推荐时，用户隐向量和物品隐向量的乘积代表了用户对物品的感兴趣程度。目前，常用的矩阵分解技术有以下几种。

（1）奇异值分解（Singular Value Decomposition，SVD）：它将矩阵分解为正交的左奇异矩阵、右奇异矩阵及奇异对角矩阵。它在数据挖掘、推荐系统、信号处理、金融学等领域都有广泛应用。

（2）非负矩阵分解（Non-negative Matrix Factorization，NMF）：是在矩阵中所有元素均为非负数约束条件之下的矩阵分解方法。

（3）概率矩阵分解（Probabilistic Matrix Factorization，PMF）：起初用于解决电影评分数据中缺失评分的预测，通过引入先验分布假设（如高斯分布）来最大化预测评价的后验概率。

近年来，以矩阵分解思想为基础的高级隐语义模型如嵌入技术、张量分解等也获得广泛研究与应用。

12.2　基于用户的协同过滤技术

12.2.1　概述

基于用户的协同过滤技术的基本原理：根据用户对物品的偏好数据（如购买数据、交互数据、评分数据等），发现与当前用户兴趣相似的近邻用户，然后基于这些近邻用户的历史偏好，为当前用户进行推荐。

我们常说"物以类聚，人以群分"，基于用户的协同过滤技术也采用了类似的思想。举例来说，假设用户 A 在网上购物平台购买了海尔洗衣机、海尔电视和美的空调，当用户 B 也购买了海尔洗衣机和美的空调时，那么推荐系统可能大概率把海尔电视推荐给用户 B，这是因为用户 A 和用户 B 具有相似的购物行为（偏好）。

基于用户的协同过滤技术主要分为以下两个步骤。

> **步骤 1：**
> 找到与目标用户兴趣相似的近邻用户集合。
> **步骤 2：**
> 计算近邻用户对物品的偏好度，将其中未被目标用户发现、偏好度排序高的物品推荐给目标用户。

协同过滤技术中的一个关键操作是计算用户之间或物品之间的相似度。3.4.2 节介绍的杰卡德相似系数、皮尔逊相关系数、欧氏距离、余弦相似度等均可用于计算相似度。

12.2.2　常用的评价指标

建立智能推荐模型后，我们同样需要对其推荐结果的优劣进行评价，常用的评价指标如下。

1．精确率

精确率指推荐列表中用户真正感兴趣的物品数量占推荐列表物品总数的比例，反映了推荐结果的准确性。

$$\text{Precision} = \frac{\sum_{u \in U} |R(u) \cap T(u)|}{\sum_{u \in U} |R(u)|} \tag{12-1}$$

其中，$R(u)$ 是根据推荐模型为用户 u 做出的推荐物品列表；$T(u)$ 是用户 u 在测试集上真正感兴趣的物品列表。

2．召回率

召回率是指推荐列表中用户真正感兴趣的物品数量占用户实际感兴趣的物品数量的比例，反映了推荐结果的全面性。

$$\text{Recall} = \frac{\sum_{u \in U} |R(u) \cap T(u)|}{\sum_{u \in U} |T(u)|} \tag{12-2}$$

3．F_1 值

F_1 值是精确率和召回率的调和平均，是对它们两者进行整体性评价，其计算公式如下：

$$F_1 = \frac{2 \times \text{Precision} \times \text{Recall}}{\text{Precision} + \text{Recall}} \tag{12-3}$$

4．RMSE

对于将物品评分作为推荐依据的这一类问题，可以使用均方根误差（Root Mean Square Error，RMSE）表示评分的准确性。它度量推荐模型给出的物品评分和测试集上的实际评分之间的差异，其计算公式如下：

$$\text{RMSE} = \sqrt{\frac{\sum_{(i,u)\in E^U}(y_{ui} - \hat{y}_{ui})^2}{(E^U)}} \tag{12-4}$$

其中，E^U 表示测试集中所有的"用户—物品"评分集合；y_{ui} 表示用户 u 对物品 i 的实际评分；$\hat{y}_{ui}$ 表示推荐模型预测的用户 u 对物品 i 的评分。

5．MAE

平均绝对误差（Mean Average Error，MAE）与 RMSE 类似，是实际评分值与模型预测值之间的差异，其计算公式如下：

$$\text{MAE} = \frac{\sum_{(i,u)\in E^U}(y_{ui} - \hat{y}_{ui})}{(E^U)} \tag{12-5}$$

12.2.3　基本过程描述

下面通过两个简单的例子来说明基于用户的协同过滤算法实现推荐的基本过程。在第一个例子中，我们考虑一般的协同推荐场景，假设只获得了用户的交易数据，希望利用基于用户的协同过滤算法为用户 A 推荐新的商品列表。在第二个例子中，假设我们进一步获得了用户对商品的反馈，即用户的评分数据，希望利用协同过滤算法计算用户对新商品的评分，进而推荐评分高的商品列表。

需要注意的是，不管是交互数据集还是评分数据集，它们都可以表示成矩阵的形式。但是，这些矩阵由于交互或评分行为较少，通常具有高度稀疏性。

1．一般的用户协同过滤推荐方法

假设某购物平台目前有 4 个用户（A, B, C, D）和 5 种商品（a, b, c, d, e）。每个用户的交易数据如表 12-1 所示。

表 12-1　　　　　　　　　　　　　　用户交易数据集

用户	购买商品
A	a,b,d
B	a,c
C	b,e
D	c,d,e

我们先建立"商品—用户"倒排表，如表 12-2 所示。

为了计算用户之间的相似度，我们生成用户交互矩阵。如果两个用户都购买了同一个商品，则他们有相似的偏好（商品），此时认为他们之间存在交互（用 1 表示），否则不存在交互（用 0 表示）。这样，我们得到的用户交互矩阵如表 12-3 所示。

表 12-2　　　　　　　　　　　　　商品—用户倒排表

物品	用户
a	A,B
b	A,C
c	B,D
d	A,D
e	C,D

表 12-3　　　　　　　　　　　　　用户交互矩阵

用户	A	B	C	D
A	0	1	1	1
B	1	0	0	1
C	1	0	0	1
D	1	1	1	0

显然，如果两个用户有共同的偏好，他们在交互矩阵上的值不为 0。接下来，我们就可以使用余弦相似度公式（或皮尔逊相似度、杰卡德相似系数等）计算任意两个用户之间的偏好相似度。

$$\mathrm{cosine(A,B)} = \frac{(N(\mathrm{A}) \bigcap N(\mathrm{B}))}{\sqrt{(N(\mathrm{A}) \times N(\mathrm{B}))}} \tag{12-6}$$

其中，$N(\mathrm{A})$ 表示用户 A 购买的商品列表；$N(\mathrm{A})\bigcap N(\mathrm{B})$ 则是用户 A 和用户 B 购买的相同商品的集合。容易分析，两个用户购买的相同商品的数量占比越大，他们之间的相似度越高。这样，我们就可以得到用户相似度矩阵，如表 12-4 所示。

表 12-4　　　　　　　　　　　　　用户相似度矩阵

用户	A	B	C	D
A	0	$\frac{1}{\sqrt{3\times 2}}$	$\frac{1}{\sqrt{3\times 2}}$	$\frac{1}{\sqrt{3\times 3}}$
B	$\frac{1}{\sqrt{3\times 2}}$	0	0	$\frac{1}{\sqrt{3\times 2}}$
C	$\frac{1}{\sqrt{3\times 2}}$	0	0	$\frac{1}{\sqrt{3\times 2}}$
D	$\frac{1}{\sqrt{3\times 2}}$	$\frac{1}{\sqrt{3\times 2}}$	$\frac{1}{\sqrt{3\times 2}}$	0

在完成用户相似度计算后，就可以进行物品推荐了。

首先，需要从矩阵中找出与目标用户 u 最相似的 k 个用户作为 u 的近邻，用集合 $S(u, k)$ 表示。将近邻用户已购买的商品全部提取出来并去除用户 u 已经购买的商品，作为候选的推荐列表。对于每个候选商品 i，可以用式（12-7）计算用户 u 对它感兴趣的程度：

$$\hat{r}_{u,i} = \sum_{v \in S(u,k)} w_{uv} \times r_{vi} \tag{12-7}$$

这里，r_{vi} 表示近邻用户 v 对商品 i 的偏好程度（已购买则表示偏好为 1，未购买表示偏好为 0）；w_{uv} 表示用户 u 和 v 的相似度。

假设我们要给目标 A 推荐商品，选取 $k=3$ 个近邻（相似）用户，他们是 B、C、D。那么，近邻用户已购买但 A 从未购买的商品有 c、e，它们是候选推荐列表。

分别计算 $\hat{r}_{A,c}$ 和 $\hat{r}_{A,e}$，如下：

$$\hat{r}_{A,c} = w_{AB} + w_{AD} = \frac{1}{\sqrt{6}} + \frac{1}{\sqrt{9}} \approx 0.7416$$

$$\hat{r}_{A,e} = w_{AC} + w_{AD} = \frac{1}{\sqrt{6}} + \frac{1}{\sqrt{9}} \approx 0.7416 \tag{12-8}$$

由于推荐分数一样，因此可以随机向用户 A 进行推荐。但是，在真实推荐场景中，一般选择得分较高的几个商品进行推荐。

2. 基于评分数据的用户协同过滤推荐方法

有时候，用户会对所购买的商品进行反馈，如给予 1~5 的评分。显然，评分结果更加准确地反映了用户的偏好。对于含有评分的购物数据，可以采用更为精确的协同推荐模型。

假设某购物平台目前有 4 个用户（A, B, C, D）和 5 种商品（a, b, c, d, e）。我们已经获得的用户购买数据和商品评分如表 12-5 所示。

表 12-5 含有评分的交易数据集

用户	(购买商品，评分)
A	(a,5), (b,4), (c,1), (d,4)
B	(a,3), (b,1), (c,2), (d,3), (e,3)
C	(a,4), (b,3), (e,5)
D	(a,3), (b,3), (c,1), (3,4)

此时，可以建立"用户—商品"交互矩阵，并将评分值作为其内容，如表 12-6 所示。

表 12-6 "用户—商品"交互矩阵

用户	商品				
	a	b	c	d	e
A	5	4	1	4	?
B	3	1	2	3	3
C	4	3	?	?	5
D	3	3	1	?	4

显然，评分矩阵表示了用户对商品的偏好情况。矩阵中的"？"是用户尚未建立的评分关系，例如，用户 A 尚未购买商品 e 并未对其进行评分。基于评分的协同推荐方法实际就是先对交互矩阵中的未知评分进行预测，然后把预测评分值较高的商品推荐给用户。

同样地，我们需要先计算用户之间的相似度。考虑到使用的是用户评分数据，能更准确地反映用户的偏好，因此，我们基于评分数据定义如下的余弦相似度函数：

$$cos(x, y) = \frac{x \cdot y}{\| x \| \cdot \| y \|} \tag{12-9}$$

其中，x 和 y 代表两个用户在共同评分项目上的评分向量。

在实际计算时，我们将使用用户评分均值消除每个用户在评分时的主观差异，即将用户的每个评分值减去他的评分均值，这样度量的相似度更加客观。例如，用户 A 的评分均值为 $\overline{r}_A = \frac{5+4+1+4}{4} = 3.5$，用户 B、C、D 的评分均值分别为 2.4、4.0 和 2.75。

这样，更新后的"用户—商品"交互矩阵如表 12-7 所示。

表 12-7　　　　　　　　　更新后"用户—商品"交互矩阵

用户	商品				
	a	b	c	d	e
A	1.5	0.5	−2.5	0.5	?
B	0.6	−1.4	−0.4	0.6	0.6
C	0	−1	?	?	1
D	0.25	0.25	−1.75	?	1.25

此时，我们计算用户 A 和其他用户之间的相似度，如下：

$$cos(A, B) = \frac{\left((1.5 \times 0.6) + (0.5 \times (-1.4)) + ((-2.5) \times (-0.4)) + (0.5 \times 0.6)\right)}{\sqrt{(1.5^2 + 0.5^2 + 2.5^2 + 0.5^2)} \sqrt{(0.6^2 + 1.4^2 + (0.4)^2 + 0.6^2)}} \approx 0.297$$

$$cos(A, C) = \frac{((1.5 \times 0) + (0.5 \times (-1)))}{\sqrt{(1.5^2 + 0.5^2)} \sqrt{(0^2 + 1^2)}} \approx -0.316$$

$$cos(A, D) = \frac{((1.5 \times 0.25) + (0.5 \times 0.25) + ((-2.5) \times (-1.75)))}{\sqrt{(1.5^2 + 0.5^2 + 2.5^2)} \sqrt{(0.25^2 + 0.25^2 + 1.75^2)}} \approx 0.923$$

根据余弦相似度，确定用户 B 和 D 的偏好与 A 最相似，即他的近邻用户（$k = 2$）。进一步地，我们可以用近邻用户的评分预测用户 u 在商品 i 上的评分结果，计算公式如下：

$$\hat{r}_{u,i} = \overline{r}_u + \frac{\sum_{v \in N} s_{u,v} \cdot (r_{v,i} - \overline{r}_v)}{\sum_{v' \in N} | s_{u,v} |} \tag{12-10}$$

其中，N 是目标用户的近邻用户集合；$s_{u,v}$ 是两个用户的相似度；$r_{v,i}$ 是用户 v 对项目 i 的评分。这样，我们可以预测用户 A 对物品 e 的评价分数：

$$\hat{r}_{A,e} = 3.5 + \frac{(0.297 \times 0.6) + (0.932 \times 1.25)}{| 0.297 | + | 0.932 |} \approx 4.59$$

12.2.4　案例：使用基于用户的协同过滤方法进行电影推荐

本节将通过 GroupLens Research 收集的电影评分数据集 m1-1m 来说明基于用户的协同过滤方法的实现过程。在该数据集中，每个用户已评分的电影数量很少，因此数据严重稀疏。我们先用基于用户的协同过滤方法对用户的缺失评分进行预测，然后把评分最高的 5 部电影列表推荐给用户。

> **数据集：m1-1m 电影推荐数据集**
>
> 该数据集包含 users.dat、movies.dat 和 ratings.dat 3 个文件。数据集记录来自 6000 多个用户对近 4000 部电影的 100 万余条评分。
>
> 其中，users.dat 文件给出了用户 ID（UserID）、性别（Gender）、年龄（Age）、职业（Occupation）和邮政编码（Zip-code），数据格式：
>
> `UserID::Gender::Age::Occupation::Zip-code`
>
> movies.dat 文件中列出了电影 ID（MovieID）、标题（Title）和流派（Genres），数据格式：
>
> `MovieID::Title::Genres`
>
> ratings.dat 文件列出了用户 ID、电影 ID、评分（Rating）和评分时间（Timestamp），数据格式：
>
> `UserID::MovieID::Rating::Timestamp`

1．加载数据

首先，使用 Python 的 read() 函数读取 ./m1-1m/ 文件夹下的评分文件。

```python
import numpy as np
import pandas as pd
from sklearn.model_selection import train_test_split
from tqdm import tqdm

#评分数据读取
file_path = './ml-1m/'
file_rating = open(file_path+'ratings.dat','r',encoding = "ISO-8859-1")
data = file_rating.read()
data = data.split('\n')
file_rating.close()
```

2．构建训练和测试数据集

我们将数据集中约 80% 的数据作为训练集，剩余部分作为测试集。它们的数量分别为 800168 和 200042。

```python
train_data, test_data = train_test_split(data, test_size = 0.2)
print('训练数据数据量: '+ str(len(train_data)))
print('测试数据数据量: '+ str(len(test_data)))
```

3．构建"用户—电影"评分矩阵

在训练集上，构建与表 12-6 类似的评分矩阵，矩阵大小为 6040×3952。具体操作如下。

```python
CF_matrix = np.zeros((6040,3952))              #最大用户ID为6040,最大电影ID为3952
for each_data in train_data:
    if len(each_data) == 0:
        break
    str_temp = each_data.split(': :')           #分割数据
    user_id_temp = int(str_temp[0]) - 1         #将用户ID从0开始编码
    movies_id_temp = int(str_temp[1]) - 1       #将电影ID从0开始编码
```

```
rating_temp = int(str_temp[2])                    #读取评分
CF_matrix[user_id_temp][movies_id_temp] = rating_temp      #填充矩阵
```

4. 构建用户相似度矩阵

首先定义余弦相似度函数 sim_cosine()，然后根据评分矩阵计算获得一个 6040×6040 的用户相似度矩阵。

```
#余弦相似度函数
def sim_cosine(x, y):
    if np.linalg.norm(x) == 0 or np.linalg.norm(y) == 0:
        return 0
    return np.sum(x*y) / np.linalg.norm(x) / np.linalg.norm(y)


#计算用户相似度矩阵
print("计算用户相似度矩阵: ")
user_cross_sim = np.zeros((6040, 6040))        #矩阵初始化
for i in tqdm(range(CF_matrix.shape[0])):
    for j in range(i, CF_matrix.shape[0]):
        user_cross_sim[i, j] = sim_cosine(CF_matrix[i, :], CF_matrix[j, :])
#使用余弦相似度
        user_cross_sim[j, i] = user_cross_sim[i, j]
```

此部分的计算工作量很大，使用 tqdm 模块中的 tqdm()函数实现了运算过程的进度条显示，具体如下。

```
训练数据数据量: 800168
测试数据数据量: 200042
计算用户相似度矩阵:
 5%|         | 305/6040 [00:51<15:08,  6.31it/s]
```

5. 预测评分

首先设计了评分预测函数 predict_rating()，以实现任意用户对电影评分的预测。它是把所有近邻用户的评分按相似度进行加权后作为预测结果，计算方法与式（12-10）类似。然后，我们在测试集上对评分进行预测，并与测试集中的实际评分进行比较，用 MAE 指标评价推荐算法的性能。最后，对于编号为 1 的用户，将推荐模型预测评分最高的 5 部电影推荐给他。

```
#评分预测函数
def predict_rating(user_id, movies_id):
    sum_w = 0
    sum_w_rating = 0
    for i in range(6040):
        if CF_matrix[i, movies_id] != 0:
            sum_w += user_cross_sim[user_id, i]
            sum_w_rating += user_cross_sim[user_id, i]*CF_matrix[i, movies_id]
    return sum_w_rating / sum_w


mae = 0
#在测试集上对推荐模型的性能进行评价
for i in range(len(test_data)):
```

```
        temp_i = train_data[i]
        if len(temp_i) == 0:                #结束
            break
        str_temp = temp_i.split(': :')
        user_id_temp = int(str_temp[0]) - 1
        movies_id_temp = int(str_temp[1]) - 1
        rating_temp = int(str_temp[2])
        rating_pre = predict_rating(user_id_temp, movies_id_temp)
        rating_pre = int(rating_pre + 0.5)
        mae += abs(rating_temp-rating_pre)

print('推荐模型的平均绝对误差: ' + str(mae / (i + 1)))

#对用户1进行电影推荐
rating_pre_list = []
user_id_1 = 0
#通过预测的评分矩阵对用户1的评分序列排序，选取前5部其未观看的电影
for i in range(0, 3952):
    #最大电影 ID 为 3952
    rating_pre = predict_rating(user_id_1, i)
    rating_pre_list.append(rating_pre)

rating_pre_list_1 = sorted(rating_pre_list, reverse = True)

#输出评分前5的未观看电影
top5 = []
count_num = 5
for i in rating_pre_list_1:
    movies_id_temp = rating_pre_list.index(i)
    if CF_matrix[user_id_1, movies_id_temp] == 0:
        try:
            top5.index(movies_id_temp)
        except ValueError:
            top5.append(movies_id_temp)
            count_num -= 1
            rating_pre_list.pop(movies_id_temp)
        else:
            continue
    if count_num < 0:
        break
print("为用户1推荐的评分前5的未观看电影为", top5)
```

代码运行后的主要结果为：

推荐模型的平均绝对误差: 0.4492510149797004
为用户1推荐的评分前5的未观看电影为[665, 785, 986, 1791, 3211, 3227]

12.3 基于物品的协同过滤技术

基于物品的协同过滤技术的原理和基于用户的协同过滤技术类似，只是它度量物品之间

的相似度，而非用户相似度。根据用户的历史偏好，将相似的物品推荐给他。

具体来说，基于物品的协同过滤方法认为，如果两个不同的物品被同一个用户购买，则它们一定有共同的特点，并且符合用户的偏好。因此，每个物品可以使用购买它的用户列表或者用户评分向量表示其特征。可以利用与式（12-6）或者式（12-9）类似的余弦公式计算物品之间的相似度。

这样，就可以根据用户的历史偏好（如已购买的物品），将与用户偏好的物品最相似的其他物品推荐给他。例如，如果用户 A 已购买商品 b，经计算发现商品 d 和商品 b 最相似，用户 A 可能也喜欢商品 d，因此将商品 d 推荐给他。

由于基于物品的协同过滤方法和 12.2 节阐述的基于用户的协同过滤方法类似，我们不再详述其具体步骤。

12.4 非负矩阵分解

12.4.1 基本原理

非负矩阵分解（NMF）作为矩阵分解技术的实现方法之一，是将原来 $m \times n$ 的评分矩阵分解成 $m \times k$ 和 $k \times n$ 的两个小矩阵，并且分解后的每个元素值均为正值。其中，小矩阵中的一个 k 维向量就是隐因子向量，也称为隐因子、隐向量等。对于原矩阵中存在大量缺失值（或未知元素）的情况，NMF 技术仍能够很好地工作，因此，其经常被用于面向评分预测的智能推荐问题中。图 12-1 演示了矩阵分解的一个示例。

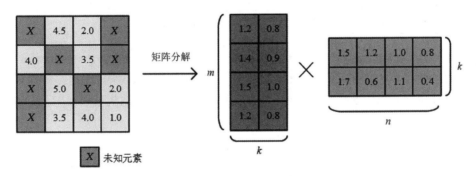

图 12-1　矩阵分解技术的示例

NMF 要求原始矩阵 $\boldsymbol{R}$ 的所有元素是非负的，推荐问题中的"用户—商品"评分矩阵显然符合该要求，即 $\boldsymbol{R} \in \boldsymbol{R}_+^{m \times n}$。NMF 的目标是将原矩阵 $\boldsymbol{R}$ 分解为两个非负低秩矩阵 $\boldsymbol{W} \in \boldsymbol{R}_+^{m \times k}$，$\boldsymbol{H} \in \boldsymbol{R}_+^{k \times n}$，并最小化以下函数：

$$L(\boldsymbol{W},\boldsymbol{H}) = \frac{1}{2}|\boldsymbol{R} - \boldsymbol{W}\boldsymbol{H}^{\mathrm{T}}| + \frac{\lambda}{2}(|\boldsymbol{W}|_F^2 + |\boldsymbol{H}|_F^2) \tag{12-11}$$

这里，$|.|_F$ 表示矩阵的 F 范数（F 范数是矩阵元素绝对值的平方和再开平方）。该目标函数的第一项表示分解后的两个小矩阵的乘积可以尽可能接近原矩阵；第二项是对小矩阵的正则化约束，防止其出现奇异值。将上述函数展开，可以将 NMF 的优化目标函数重写为

$$L(W,H) = \frac{1}{2}\sum_{i=1}^{m}\sum_{j=1}^{n}(r_{i,j} - w_i h_j^{\mathrm{T}}) + \frac{\lambda}{2}(|W|_F^2 + |H|_F^2) \qquad (12\text{-}12)$$

其中，w_i 和 h_j 均为 k 维行向量，其分别对应矩阵 W 的第 i 个行向量和矩阵 H 的第 j 个行向量。显然，即便原始矩阵是稀疏矩阵，也存在大量缺失值，我们仍然可以在已有评分值上对函数的第一项进行计算。

在推荐问题中，分解后的矩阵 W 可以理解为用户隐向量（或者用户偏好向量），矩阵 H 可以理解为商品隐向量（或者商品特征向量）。这样，当预测第 i 个用户对第 j 个商品的评分时，只需计算 w_i 和 h_j 的向量乘积，即如下的评分预测公式：

$$\hat{r}_{i,j} = w_i \cdot h_j \qquad (12\text{-}13)$$

12.4.2 基于 Python 的实现

Scikit-learn 中的 decomposition 模块实现了 NMF 类，可以轻松完成非负矩阵分解。它的基本语法：

```
NMF(n_components = None)
```

它的主要参数、属性和函数如表 12-8 所示。

表 12-8   NMF 类的主要参数、属性和函数

	名称	说明
参数	n_components	分解后的隐向量的维度，即 k 值
属性	components_	分解后的右侧小矩阵，即 H
函数	fit(X)	在原始矩阵上训练 NMF 模型
	fit_transform()	在原始矩阵上训练 NMF 模型，并返回左侧小矩阵，即 W

在下面的例子中，我们通过一个模拟的评分数据集，演示 NMF 技术在智能推荐中的应用。该评分矩阵共包含 5 个用户、8 个商品，评分值在 1~5，缺失值用 0 表示，如表 12-9 所示。

表 12-9   评分矩阵

用户	商品							
	item1	item2	item3	item4	item5	item6	item7	item8
A	5	5	4	0	5	1	0	0
B	4	0	2	0	0	3	5	0
C	0	0	3	5	5	0	0	4
D	0	2	0	5	5	2	3	3
E	3	3	0	0	0	2	0	5

1. 训练 NMF 模型

设置 NMF 模型的隐向量维度为 2，在评分矩阵上训练 NMF 模型。

```
import numpy as np
from sklearn.decomposition import NMF
import matplotlib.pyplot as plt

R = np.array( [[5, 5, 4, 0, 5, 1, 0, 0],
               [4, 0, 2, 0, 0, 3, 5, 0 ],
               [0, 0, 3, 5, 5, 0, 0, 4],
               [0, 2, 0, 5, 5, 2, 3, 3],
               [3, 3, 0, 0, 0, 2, 0, 5]]
             )
nmf = NMF(n_components=2)                          # 设有 2 个隐向量
user_distribution = nmf.fit_transform(R)
item_distribution = nmf.components_.T

print('用户的隐向量:\n', user_distribution )
print('商品的隐向量:\n', item_distribution )
```

代码运行后，输出的用户和商品的隐向量为

```
用户的隐向量:
 [[0.21784111 2.80812103]
 [0.         1.74106878]
 [2.23963082 0.        ]
 [2.13359644 0.26516842]
 [0.30644721 1.34266158]]


商品的隐向量:
 [[0.         1.95723411]
 [0.41684966 1.40239962]
 [0.60577359 1.07522834]
 [2.2520249  0.        ]
 [2.2125795  0.92657258]
 [0.38904518 0.83103088]
 [0.54881724 0.6746572 ]
 [1.67772412 0.37865821]]
```

可以看出，通过 NMF，我们获得了不同用户和不同商品的隐向量。

2. 隐向量的可视化

本例中我们设定用户隐向量和商品隐向量的维度为 2，因此可以直接在二维空间中观察它们的相似性。下面给出了对它们进行可视化的代码。

```
plt.rcParams['font.sans-serif']=['SimHei']
plt.rcParams['axes.unicode_minus'] = False
#可视化用户隐向量
users = ['A', 'B', 'C', 'D', 'E']
zip_data = zip(users, user_distribution)

plt.xlim((-1, 3))
plt.ylim((-1, 4))
for item in zip_data:
    user_name = item[0]
    data = item[1]
```

```
        plt.plot(data[0], data[1], "b*")
        plt.text(data[0], data[1], user_name, bbox = dict(facecolor = 'red', alpha = 0.2) )
plt.title(u'用户隐向量的分布')
plt.show()
plt.show()

plt.plot(item_distribution[:, 0], item_distribution[:, 1], "b*")
plt.xlim((-1, 3))
plt.ylim((-1, 3))
count = 1
for item in item_distribution:
        plt.text(item[0], item[1], 'item ' + str(count), bbox = dict(facecolor = 'red',
alpha = 0.2) )
        count += 1
plt.title(u'商品隐向量的分布')
plt.show()
```

上述代码运行后，将绘制如图 12-2 所示的用户隐向量分布图和图 12-3 所示的商品隐向量分布图。

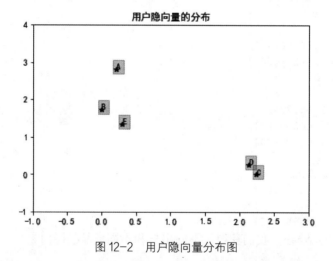

图 12-2　用户隐向量分布图

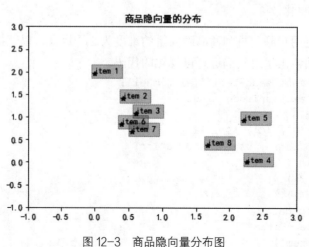

图 12-3　商品隐向量分布图

从图 12-2 可以看出，用户 C 和 D 的隐向量比较相似，即他们的偏好比较接近。从表 12-9 的评分矩阵也可以看出，用户 C 和 D 所给出的评分最相似。同样，从图 12-3 可以看出，商品 6 和商品 7 的隐向量比较接近，即它们的特征比较相似。因此，通过可视化结果，我们可以看出 NMF 得到的隐向量是有意义的，这也是该方法能够在智能推荐问题中取得成功应用的原因之一。

3．商品推荐

我们从未被评分的商品中，利用用户隐向量和商品隐向量计算出用户最可能感兴趣的商品，并推荐给用户。

```
pred_matrix = np.dot(user_distribution, item_distribution.T)      #预测的评分矩阵
filter_matrix = R < 1e-6                         # 小于 0 的索引
pred_R = pred_matrix * filter_matrix             #去掉在原矩阵中已评分商品

r_index = np.argmax(pred_R, axis=1)              #为用户的推荐（1 个）商品的索引

zip_data = zip(users, r_index)
for i in zip_data:
    user_name = i[0]
    item_name = i[1] + 1
    print("为用户%s 推荐的商品为 item%s。"% (user_name, item_name))
```

代码执行结果：

为用户 A 推荐的商品为 item7。
为用户 B 推荐的商品为 item2。
为用户 C 推荐的商品为 item7。
为用户 D 推荐的商品为 item3。
为用户 E 推荐的商品为 item5。

显然，NMF 算法为用户推荐了他们感兴趣的商品。例如，用户 C 由于和用户 D 的偏好接近，算法为用户 C 推荐的商品是用户 D 评分比较高的商品（item7）。

读者也可以在更大的电影评分数据集 ml-1m 上利用 NMF 推荐算法实现智能推荐，主要过程可以参考 12.2.4 节，在此不再赘述。

12.5 本章小结

本章主要介绍了协同过滤技术在智能推荐领域的应用，并详细介绍了基于用户的协同过滤方法及其实现。此外，本章还介绍了基于非负矩阵分解的推荐技术的原理和实现方法，并结合具体案例说明了它的应用。

习题

1．在日常生活中，有哪些智能推荐产品或应用？
2．请简述基于用户的协同过滤和基于物品的协同过滤的区别。

3．在智能推荐中，常用的距离度量方法有哪些？

4．矩阵分解的目的和意义是什么？

5．UCI 数据库中的芝加哥主菜推荐数据（Entree Chicago Recommendation Data）记录了从 1996 年 9 月到 1999 年 4 月与 Entree Chicago 餐厅推荐系统的交互。读者可以从 UCI 网站中下载该数据集。首先对数据进行统计分析和可视化分析，然后利用协同过滤技术或者矩阵分解技术进行菜品推荐。此外，可以比较两种方法在推荐能力上的差异。

参考文献

[1] TAN P N, STEINBACH M, KUMAR V. 数据挖掘导论[M]. 范明，范宏建，等，译. 北京：人民邮电出版社，2011.

[2] 张旭东. 图像编码基础和小波压缩技术：原理、算法和标准[M]. 北京：清华大学出版社，2004.

[3] 张良均. Python 数据分析与挖掘实战[M]. 2 版. 北京：机械工业出版社，2019.

[4] 易丹辉，王燕. 应用时间序列分析[M]. 5 版. 北京：中国人民大学出版社，2019.

[5] MCKINNEY W. 利用 Python 进行数据分析[M]. 唐学韬，等，译. 北京：机械工业出版社，2013.

[6] HARRINGTON P. 机器学习实战[M]. 李锐，李鹏，曲亚东，等，译. 北京：人民邮电出版社，2013.

[7] LUTZ M. Python 学习手册[M]. 李军，刘红伟，等，译. 北京：机械工业出版社，2011.

[8] SEGARAN T. 集体智慧编程[M]. 莫映，王开福，译. 北京：电子工业出版社，2009.

[9] CHUN W J. Python 核心编程[M]. 宋吉广，译. 2 版. 北京：人民邮电出版社，2008.

[10] 张良均，王路，谭立云，等. Python 数据分析与挖掘实战[M]. 北京：机械工业出版社，2015.

[11] HETLAND M L. Python 基础教程[M]. 袁国忠，译. 3 版. 北京：人民邮电出版社，2018.

[12] WICKHAM H. ggplot2：数据分析与图形艺术[M]. 统计之都，译. 西安：西安交通大学出版社，2013.

[13] YAU N. 鲜活的数据：数据可视化指南[M]. 向怡宁，译. 北京：人民邮电出版社，2012.

[14] 项亮. 推荐系统实践[M]. 北京：人民邮电出版社，2012.

[15] 方积乾. 生物医学研究统计方法[M]. 北京：高等教育出版社，2007.

[16] 廖芹，郝志峰，陈志宏. 数据挖掘与数学建模[M]. 北京：国防工业出版社，2010.

[17] 何晓群，刘文卿. 应用回归分析[M]. 2 版. 北京：中国人民大学出版社，2011.

[18] 张良均，陈俊德，刘名军. 数据挖掘：实用案例分析[M]. 北京：机械工业出版社，2013.

[19] HAN J, KAMBER M. 数据挖掘概念与技术[M]. 范明，孟小峰，译. 3 版. 北京：机械工业出版社，2012.

[20] 王燕. 应用时间序列分析[M]. 3 版. 北京：中国人民大学出版社，2012.

[21] 袁汉宁，王树良，程永，等. 数据仓库与数据挖掘[M]. 北京：人民邮电出版社，2015.

[22] 郑继刚. 数据挖掘及其应用研究[M]. 昆明：云南大学出版社，2014.

[23] 毛国君，段立娟，王实. 数据挖掘原理与算法[M]. 北京：清华大学出版社，2005.

[24] 贺昌政. 自组织数据挖掘与经济预测[M]. 北京：科学出版社，2005.

[25] MILTON M. 深入找出数据分析[M]. 李芳，译. 北京：电子工业出版社，2012.

[26] GÉRON A. 机器学习实战[M]. 宋能辉，李娴，译. 2 版. 北京：机械工业出版社，2020.

[27] 杉山将. 图解机器学习[M]. 许永伟. 北京：人民邮电出版社，2015.

[28] 刘铁岩，陈薇，王太峰，等. 分布式机器学习算法、理论与实践[M]. 北京：机械工业出版社，2018.

[29] 易丹辉. 数据分析与 EViews 应用[M]. 北京：中国人民大学出版社，2008.

[30] 吴今培，孙德山. 现代数据分析[M]. 北京：机械工业出版社，2006.

[31] CONWAY D, WBITE J M. 机器学习实用案例解析[M]. 陈开江，刘逸哲，孟晓楠，等，译. 北京：
机械工业出版社，2013.

[32] 邱江涛. 商业数据挖掘[M]. 成都：西南财经大学出版社，2020.

[33] LAYTON R. Python 数据挖掘入门与实践[M]. 杜春晓，译. 北京：人民邮电出版社，2016.

[34] 马超群，兰秋军，陈为民. 金融数据挖掘[M]. 北京：科学出版社，2007.

[35] HASTIE T, TIBSHIRANI R, FRIEDMAN J, Trevor H, Jerome F. 统计学习基础[M]，范明，柴玉梅，
昝红英，等，译. 北京：电子工业出版社，2004.

[36] 郑志明，缪绍日，荆丽丽. 金融数据挖掘与分析[M]. 北京：机械工业出版社，2015.